新工科·普通高等教育系列教材

机械工程学科导论

主　编　鲁植雄

副主编　肖茂华　周剑锋

参　编　毛卫平　史立新　杨　飞　鲁　杨

主　审　陈　南

机械工业出版社

本书是普通高等学校机械类专业学生导论课程的入门教材，用以指导低年级学生了解机械工程学科与专业，尽快适应高校的学习，建立对机械类专业的情感和责任心，为今后的专业学习打下良好的基础。全书共八章，分别是机械工程的学科与专业、机械设计制造及其自动化、材料成型及控制工程、机械电子工程、工业设计、过程装备与控制工程、车辆工程、汽车服务工程。

本书既可作为高校机械类专业教材，也可供其他专业学生、工程技术人员参考阅读。

本书配有 PPT 课件，采用本书作为教材的教师可以登录机械工业出版社教育服务网（www. cmpedu. com）免费下载，或联系编辑（tian. lee9913@ 163. com）索取。

图书在版编目（CIP）数据

机械工程学科导论/鲁植雄主编. —北京：机械工业出版社，2021. 8（2024. 8 重印）

新工科·普通高等教育系列教材

ISBN 978-7-111-68805-1

Ⅰ. ①机… Ⅱ. ①鲁… Ⅲ. ①机械工程-高等学校-教材 Ⅳ. ①TH

中国版本图书馆 CIP 数据核字（2021）第 150321 号

机械工业出版社（北京市百万庄大街 22 号 邮政编码 100037）

策划编辑：宋学敏 责任编辑：宋学敏

责任校对：孙莉萍 封面设计：张 静

责任印制：单爱军

北京虎彩文化传播有限公司印刷

2024 年 8 月第 1 版第 6 次印刷

184mm×260mm · 16. 5 印张 · 385 千字

标准书号：ISBN 978-7-111-68805-1

定价：52. 00 元

电话服务	网络服务
客服电话：010-88361066	机 工 官 网：www. cmpbook. com
010-88379833	机 工 官 博：weibo. com/cmp1952
010-68326294	金 书 网：www. golden-book. com
封底无防伪标均为盗版	机工教育服务网：www. cmpedu. com

前　言

党的二十大报告中明确指出，“从现在起，中国共产党的中心任务就是团结带领全国各族人民全面建成社会主义现代化强国、实现第二个百年奋斗目标，以中国式现代化全面推进中华民族伟大复兴”。

当前，世界正在经历百年未有之大变局，中华民族伟大复兴的前进步伐势不可挡。实现中华民族的伟大复兴要靠实干，从“中国制造”走向“中国创造”，需要中国科技和科技企业的崛起，需要涌现一批世界级的中国科技企业。而中国科技和科技企业的崛起，则需要涌现一批具有全球竞争力的科技产品，需要更多的工程师从事产品开发工作，这正是当代机械类专业大学生在新变局下中国制造与中国创造的使命担当。

每年新学年的伊始，在跨入高等学校的大门、满怀壮志和憧憬、准备接受高等教育的机械类专业的莘莘学子，都渴望了解自己所学的专业和学科，高等教育和中等教育的区别，大学的教学和管理特点，机械工程学科的发展历史、发展现状、发展趋势和研究领域，专业的培养目标、就业与升学前景，学校将通过哪些途径把自己培养成具有什么素质的机械工程专业技术人才，自己在大学环境里将学到哪些知识、获得哪些技能、培养哪些能力，将来的就业领域和工作范畴是什么，自己怎样适应大学的学习生活，怎样最大限度地挖掘自己的学习潜力、发挥自己学习的主动性、发展自己的特长和才华、创造性地进行学习等。

为了引导机械类专业新生正确认识、理解和处理上述问题，使学生尽早了解机械工程学科、机械类专业，明确学习的目的性，建立对机械类专业的情感和责任心，特编写了本书。

本书共八章，分别是机械工程的学科与专业、机械设计制造及其自动化、材料成型及控制工程、机械电子工程、工业设计、过程装备与控制工程、车辆工程、汽车服务工程。各章均设有思考题，适合小组作业和报告，即由5~10名学生组成小组，在主讲教师指导下，学生按特定题目各抒己见，然后展开讨论，互相切磋，这为学生提供了在课堂中难得的展现自我的机会。

本书由南京农业大学鲁植雄任主编，并负责全书统稿，南京农业大学肖茂华和南京工业大学周剑锋任副主编。江苏大学毛卫平，南京农业大学史立新、杨飞、鲁杨参加编写。本书的编写分工如下：鲁植雄编写第一章、第七章和第八章，肖茂华编写第二章，史立新编写第三章，毛卫平编写第四章，杨飞编写第五章，周剑锋编写第六章，鲁杨负责插图描绘和文字整理工作。

本书由东南大学陈南任主审。陈南仔细地审读了全部书稿，并提出了许多建设性的意见，在此向他表示最诚挚的谢意。本书的编写，得到了全国机械工程学科教学委员会等单位的支持，参阅了大量相关图书和文献资料，在此，编者向这些部门和有关文献的作者表示衷心的感谢。

为了方便教师授课，本书配有PPT课件，可免费赠送给采用本书作为教材的教师，教师可以登录机械工业出版社教育服务网（www.cmpedu.com）下载，或联系责任编辑索取。

由于编者水平有限，加之经验不足，书中难免有错误和疏漏之处，恳请广大读者批评斧正。

编　者

2021年2月

目 录

第一章

机械工程的学科与专业

对刚入校的大学生来说，很难理解学科和专业的关系、大类招生与专业分流的措施。为此，本章主要介绍学科与专业的内涵、机械工程是学科还是专业、机械工程的发展简史、机械工程学科的内涵、机械类专业与大类招生等内容。

第一节　机械与工程

一、机械

1. 机械的定义

“机械”词语由“机”与“械”两个汉字组成。

“机”在古汉语中原指某种、某类特定的装置，后来又泛指一般的机械。《尚书·太甲》有“若虞机张，往省括于度则释”。《庄子·齐物论》有：“其发若机栝。”《释文》称：“机，弩牙；栝，箭栝。”《说文解字》对“机”的解释是“机，主发者也”，指弩机。《庄子·山木》道：“夫丰狐文豹…然且不免于罔罗机辟之患”，这里“机”指夹子一类的东西。古代之“机杼”指织布机。《淮南子·氾论训》载“伯余之初作衣也，绬麻索缕，手经指挂，其成犹网罗。后世为之机杼胜复，以便其用……”。《史记·郦生陆贾列传》有“农夫释耒，工女下机”。由此可知，“机”的本义指机械装置中构成转动副的转动构件。

“械”在古代指器械、器物等实物。《庄子·天地》载“有械于此，一日浸百畦，用力甚寡而见功多”，其“械”在此为一般器械或器具；《墨子·公输》：“公输盘为楚造云梯之械，”在此指兵器；《汉书·司马迁传》载：“淮阴（韩信），王也，受械于陈，”在此“械”指刑具。

总体来讲，机械就是能帮人们降低工作难度或省力的工具装置，像筷子、扫帚以及镊子一类的物品都可以被称为机械，它们是简单机械。而复杂机械就是由两种或两种以上的简单机械构成的，通常把这些比较复杂的机械叫作机器。所以，机械就是机器与机构的总称。

2. 机械的分类

机械拥有一个按等级评定的家族，内容广泛，种类繁多，其分类方式多种多样。

（1）按功能不同分　按功能不同机械可分为动力机械、物料搬运机械、粉碎机械和交通运输机械等。

（2）按服务的产业不同分　按服务的产业不同机械可分为农业机械、化工机械、矿山机械、纺织机械和包装机械等。

(3) 按工作原理不同分 按工作原理不同机械可分为热力机械、流体机械和仿生机械。

(4) 按行业分 中国机械行业将机械产品分为12大类，即

1）农业机械：拖拉机、播种机、收割机械等。

2）重型矿山机械：冶金机械、矿山机械、起重机械、装卸机械、工矿车辆、水泥设备等。

3）工程机械：挖掘机械、铲土运输机械、起重机械、压实机械、桩工机械、钢筋混凝土机械、路面机械、凿岩机械等。

4）石化通用机械：石油钻采机械、炼油机械、化工机械、泵、风机、阀门、气体压缩机、制冷空调机械、造纸机械、印刷机械、塑料加工机械、制药机械等。

5）电工机械：发电机械、变压器、高低压开关、电线电缆、蓄电池、电焊机、家用电器等。

6）机床：金属切削机床、锻压机械、铸造机械、木工机械等。

7）汽车：载货汽车、公路客车、轿车、改装汽车、摩托车等。

8）仪器仪表：自动化仪表、电工仪器仪表、光学仪器、成分分析仪、汽车仪器仪表、电料装备、电教设备、照相机等。

9）基础机械：轴承、液压件、密封件、粉末冶金制品、标准紧固件、工业链条、齿轮、模具等。

10）包装机械：包装机、装箱机、输送机等。

11）环保机械：水污染防治设备、大气污染防治设备、固体废物处理设备等。

12）矿山机械：岩石分裂机、顶石机等。

3. 机械的特征

机械通常具有以下三个特征：

1）机械是一种人为的实物构件的组合。

2）机械各部分之间具有确定的相对运动。

3）机械能代替人类的劳动，以完成有用的机械功（如刨床的刨削工件）或转换机械能（如发电机将机械能转换为电能、内燃机将热能转换为机械能）。

二、工程

工程是将自然科学原理应用到工农业生产部门中而形成各学科的总称。

“工程”是科学的某种应用，自然界的物质和能源能够通过各种结构、机器、产品、系统和过程，以最短的时间和精而少的人力转化为高效、可靠且对人类有用的产品。

随着人类文明的发展，人们可以建造出比单一产品更大、更复杂的产品，这些产品不再是结构或功能单一的东西，而是各种各样的所谓“人造系统”（比如建筑物、轮船、铁路工程、海上工程、飞机、汽车等），于是工程的概念就产生了，并且它逐渐发展为一门独立的学科和技艺。

在现代社会中，“工程”一词有广义和狭义之分。

就狭义而言，工程定义为“以某组设想的目标为依据，应用有关的科学知识和技术

手段，通过一群人的有组织活动将某个（或某些）现有实体（自然的或人造的）转化为具有预期使用价值的人造产品过程”，如车辆工程、机械工程、水利工程、化学工程、土木建筑工程、遗传工程、系统工程、生物工程、海洋工程、环境微生物工程。

就广义而言，工程则定义为由一群人为达到某种目的，在一个较长时间周期内进行协作活动的过程，如城市改建工程、京九铁路工程、菜篮子工程、载人航天工程（921 工程)、阿波罗工程、中国探月工程（嫦娥工程）(图 1-1) 等。

图 1-1 中国探月工程（嫦娥工程）

三、机械工程

1. 机械工程的定义

机械工程是指以有关的自然科学和技术科学为理论基础，结合生产实践中的技术经验，研究和解决在开发、设计、制造、安装、运用和修理各种机械中的全部理论和实际问题的应用学科。机械是现代社会进行生产和服务的五大要素（人、资金、能源、材料和机械）之一，并参与能量和材料的生产。

2. 机械工程的服务领域

机械工程的服务领域很广，凡使用机械、工具，以至能源和材料生产的部门，无不需要机械工程的服务。现代机械工程主要有以下五大服务领域：

1）研制和提供能量转换机械。包括将热能、化学能、原子能、电能、流体压力能和天然机械能转换为适合于应用的机械能的各种动力机械，以及将机械能转换为所需要的其他能量的能量变换机械。

2）研制和提供用以生产各种产品的机械。包括应用于第一产业的农、林、牧、渔业机械和矿山机械，以及应用于第二产业的各种重工业机械和轻工业机械等。

3）研制和提供从事各种服务的机械，如物料搬运机械，交通运输机械，医疗机械，办公机械，通风、供暖和空调设备，以及除尘、净化、消声等环境保护设备等。

4）研制和提供家庭和个人生活用的机械，如洗衣机、电冰箱、钟表、照相机、运动器械和娱乐器械等。

5）研制和提供各种机械武器。

第二节　机械工程的发展简史

机械工程的发展过程与人类文明的发展紧密相关，通常将机械工程的发展分为三个阶段：古代机械工程、近代机械工程和现代机械工程。

一、古代机械工程发展简史（古代—1750 年）

古代机械史是指 18 世纪欧洲工业革命之前，人类创造和使用机械的历史。机械始于工具，工具是简单的机械。人类最初制造的工具是石刀、石斧和石锤。现代各种复杂精密的机械都是从古代简单的工具逐步发展而来的。

1. 世界古代机械史

公元前 3000 年以前（史前期），人类已广泛使用石制和骨制的工具。搬运重物的工具有滚子、撬棒和滑橇等，古埃及建造金字塔时就已使用这类工具。公元前 3500 年后不久，古巴比伦的苏美尔已有了带轮的车，是在橇板下面装上轮子而形成的。

史前期的重要工具有弓形钻和制陶器用的转台。弓形钻由燧石钻头、钻杆、窝座和弓弦等组成。往复拉动弓便可使钻杆转动，用来钻孔、扩孔和取火。弓形钻后来又发展成为弓形车床，成为更有效的工具。

埃及第三至第六王朝（约公元前 2686—公元前 2181 年）的早期，人类开始将牛拉的原始木犁和金属镰刀用于农业。铜制工具的制造多用锻打法。约公元前 2500 年，欧亚之间地区就曾使用两轮和四轮的木质马车。埃及古代墓葬中曾发现公元前 1500 年前后的两轮战车。叙利亚在公元前 1200 年制造了磨谷子用的手磨。

在建筑和装运物料过程中，已使用了杠杆、绳索滚棒和水平槽等简单工具。滑轮最早出现于公元前 8 世纪，亚述人将其用作城堡上的放箭机构。绞盘最初用在矿井中提取矿砂和从水井中提水。这一时期，埃及的水钟、虹吸管、鼓风箱和活塞式唧筒等古代水力机械也得到了初步的发展和应用。

公元前 600—公元 400 年的古希腊和古罗马被称为古典文化时期。这一时期在古希腊诞生了一些著名的哲学家和科学家，他们对古代机械的发展做出了杰出的贡献。如学者希罗关于五种简单机械（杠杆、尖劈、滑轮、轮与轴、螺纹）推动重物的理论，至今仍有

意义。这一时期木工工具有了很大改进，除木工常用的成套工具（如斧、弓形锯、弓形钻、铲和凿）外，还发展了球形钻、能拔铁钉的羊角锤、伐木用的双人锯等。广泛使用的还有长轴车床和脚踏车床，用来制造家具和车轮辐条。脚踏车床一直沿用到中世纪，为近代车床的发展奠定了基础。冲制钱币也是这一时期金属加工方面的一大成就，是现代成批生产技术的萌芽。但随着罗马帝国的灭亡，这种技术失传了几百年。

约在公元前1世纪，古希腊人在手磨的基础上制成了石磨，这是机械和机器方面的进步。约在同时期，古罗马也发展了驴拉磨和类似的石轮磨。

齿轮系在欧洲最早的应用是装在用来记录战车行车里程的里程计上。杠杆原理在机械上的应用此时已较普遍，如用在建筑上起吊重物的滑车和复式滑车。马车和战车也有了改进。

这一时期，在古代水力机械方面的发展是，首先扩大了桔槔式提水工具和吊桶式水车的使用范围；创造了涡形轮和诺斯水磨等新的流体机械，前者靠转动螺纹形杆，将水由低处提到高处，主要用于罗马城市的供水，后者用来磨谷物，靠水流推动方叶轮而转动，其功率不到0.5马力（1马力=735.5W）。功率较大的有维特鲁维亚水磨，水轮靠下冲的水流推动，通过适当选择大小齿轮的齿数，就可调整水磨的转速，其功率约3马力，后来提高到50马力，成为当时功率最大的原动机。

利用活塞和气缸制成的压力泵和吸水泵，在此时期也有发展。最早出现的是用来灭火的菲罗压力泵，后来又有了从井中提水的吸水泵和压力泵，以及罗马人用于灭火的双筒柱塞泵。

热力机械这时主要是作为希腊学者和哲学家们的玩物而出现的。在公元1世纪，希罗的汽转球（又叫作风神轮）就是一例。汽转球下部的蒸锅盛水，其上用支管连接着一只空心球。球上有两支方向相反的切向喷口。当锅下烧火、球内的水沸腾变成蒸汽喷出时，如产生的喷气反作用推力足够大，便会推动球体不断转动。汽转球作为第一个把蒸汽压力转化为机械动力的装置而闻名于世，它也许是最早应用喷气反作用原理的装置。

400—1000年（中世纪的前期），机械技术的发展因古希腊和罗马的古典文化处于消沉阶段而陷于长期停顿。1000—1500年（中世纪的后期），随着农业和手工业的发展，意、法、英等国相继兴办大学，发展自然科学和人文科学，培养人才，同时又吸取了当时中国和伊斯兰帝国的先进科学技术，机械技术开始恢复和发展。

首先在西欧开始用煤冶炼生铁，制造了大型铸件。随着水轮机的发展，已有足够的动力来带动用皮革制造的大型风箱，以获得较高的熔化温度，铸造大炮和大钟的作坊逐渐增多，铸件重量渐渐增大。在农业方面创造出装有曲凹面犁板的犁头，以取代罗马时代的尖劈犁头。

中世纪的后期还出现了手摇钻，其构造表明，曲柄连杆机构的原理已用于机械。加工机械方面出现了大轮盘的车床。12世纪和13世纪后半期，先后出现了装有绳索擒纵机构的原始钟和天平式的钟。天平式钟是第一种实际应用的机械式钟，其中装有时针和秒针，表明时钟齿轮系有了进一步的发展，在15世纪的欧洲家庭中已得到较为普遍的应用。

钟表是1500年前开始制造的。重要的改进是用螺旋弹簧代替重物，以产生动力，此外还加了棘轮机构。机械式钟表创造的成功，不仅为现代文明所必需，也推动了精密零件的制造技术。机械式钟表后来又得到了全面改进，如单摆式钟取代了原来的天平式钟。1676 年，英国为格林尼治天文台制作了摆长不同的两种精密时钟。这一时期的怀表采用双金属条，解决了平衡轮的温度补偿问题。

在古代水力机械方面，还出现了下冲或上冲式水轮机（水磨），以及风磨和风轮机。水平下冲式水轮机是由早期水磨改进而成的，到 12 世纪、13 世纪已用作采矿、粉碎、冶炼等作业的动力。这种水轮机经过改进后，于 14 世纪又发展成为大型上冲式水轮机，用于提升矿石。这一时期，西欧在水力利用方面有了很大的进展，水轮机作坊迅速增加。

1500—1750 年，机械技术发展极为迅速。材料方面的进展主要表现在用钢铁，特别是用生铁代替木材制造机器、仪器和工具。同时，为了解决采矿中的运输问题，在 1770 年前后，英国发展了马拉有轨货车。先是用木轨，后又换成铁轨。

这一时期，工具机也获得了不少成就，比如制造出水力辗轧机械和几种机床，如齿轮切削机床、螺纹车床、小型脚踏砂轮磨床及研磨光学仪器镜片的抛光机等。水泵在此时期也有了发展，它主要用于解决当时矿井排水和城市供水问题，包括矿井排水泵、正向旋转泵（1588 年）和离心泵（1689 年）等。

这一时期意大利发明了水压空气压缩机（俗称水风箱），它可用作熔炼钢铁的鼓风机，以取代旧式的皮老虎。1759 年又出现了大型鼓风机。风力机械（如风磨）的应用也更为广泛，数量不断增加，仅英国就已有数千台之多，用于磨粉、泵水和锯木。

在动力机械方面，1698 年，英国的萨弗里制造的矿井蒸汽水泵，被称为“矿工之友”，它开创了用蒸汽做功的先河。1705 年，英国的纽科门发明大气式蒸汽机，它虽然很不完善，但却是第一台工作比较可靠的蒸汽机，主要用于提水，功率可达 6 马力，这种蒸汽机在 1750 年前已在欧洲推广，后来又传到美国。

这一时期，在欧洲诞生了工程科学。许多科学家，如牛顿、伽利略、莱布尼兹、玻意耳、胡克等，他们为新科学奠定了多方面的理论基础。

为了鼓励创造发明，意大利和英国分别在 1474 年和 1561 年建立了专利机构。17 世纪 60 年代还建立了科学学会，如英国皇家学会。英国于 1665 年开始出版科学报告会文献，法国几乎同时建立了法国科学院。俄、德两国也分别于 1725 年和 1770 年建立了俄国科学院和柏林科学院。这些学术机构冲破了当时教会的禁锢，展开自由讨论，交流学术观点和实验结果，极大地促进了科学技术以及机械工程的发展。

2. 中国古代机械史

中国是世界上机械发展最早的国家之一。中国古代在机械方面有许多发明创造，在动力的利用和机械结构的设计方面都有自己的特色。许多专用机械的设计和应用（如指南车、地动仪和被中香炉等）均有独到之处，古代金属冶铸技术发明时间较早，且技术精湛。如商周青铜器质朴雄浑，春秋青铜器纤细精巧，形成了中国古代青铜器的独特风格。已发现的中国最早的青铜器，如甘肃东乡马家窑出土的铜刀，距今已有 4800 年左右了。

在 40 万~50 万年前就已出现加工粗糙的刮削器、砍砸器和三棱形尖状器等原始工具。4 万~5 万年前出现磨制技术，许多石器已比较光滑，刃部也较锋利，并有单刃、双刃、凸刃、凹刃和圆刃之分。2 万 8 千年前出现了弓箭，这是机械方面最早的一项发明。公元前 8000—公元前 2800 年期间出现了陶轮（制陶用转台）。农具大约出现在公元前 6000—

公元前5000年，除石斧、石刀外，还有石锄、石铲、石镰、蚌镰、骨镰和骨耜。石斧和石刀上已有用硬质砂子磨削的痕迹。

在夏代以前和夏代，先后出现了无辐条的辁和各种有辐条的车轮。殷商和西周时已有相当精致的两轮车。独木舟和筏等水上运输工具早就相继出现。新石器时代晚期，人们已能用石范和泥范铸造简陋的工具和武器。殷商时期，随着手工业生产的发展和技术水平的提高，形成了灿烂的青铜文化。青铜冶铸技术得到了快速发展，青铜铸件司母戊方鼎重达875kg，春秋时期的青铜铸件曾侯乙尊盘已十分精细。春秋至汉魏时期（公元前770—公元265年）是古代机械开始发展较快的时期。

春秋时期，铁器和生铁冶铸技术开始出现。黑心可锻铸铁、白心可锻铸铁和锻钢的出现加速了由铜器向铁器的过渡。春秋中期以后，发明了失蜡铸造法和低熔点合金铸焊技术。战国时期又有了叠铸和锚链铸造等工艺。西汉中期已炼出灰铸铁，并出现了壁厚3~5mm的薄壁铸铁件。铸铁热处理技术也有所发展。

春秋时期出现了弩，控制射击的弩机已是比较灵巧的机械装置。到汉代，弩机的加工精度和表面粗糙度已达到相当高的水平。汉弩有1~10石等八种规格，这些规格的形成表明机械制造标准在汉代已初步确立。弩机上留下了做工、锻工、磨工等的名字。

战国时期流传的《考工记》是现存最早的手工艺专著，其中记有车轮的制造工艺。对弓的弹力、箭的射速和飞行的稳定性等都做了深入的探索。

汉代已有各类舰艇和大量的三四层舱室的楼船。有些舰船已装备了艉舵和高效率的推进工具橹。西汉时的被中香炉构造精巧，无论球体香炉如何滚动，其中心位置的半球形炉体都能经常保持水平状态。

二、近代机械工程发展简史（1750—1900年）

近代机械工程发展阶段是指1750—1900年。这一历史时期内，发生了引起世界巨大变革的工业革命。工业革命首先在英国掀起，后来逐步波及其他各国，前后延续了一个多世纪。工业革命是从出现机器和使用机器开始的。在工业革命中最主要的变革是：用生产能力大和产品质量高的大机器，取代了手工工具和简陋机械；用蒸汽机和内燃机等无生命动力，取代了人和牲畜的肌肉动力；用大型的集中的工厂生产系统，取代了分散的手工业作坊。在这期间，动力机械、生产机械和机械工程理论都得到了飞跃性的发展。

18世纪从英国发起的工业革命，是技术发展史上的一次巨大革命，它开创了以机器代替手工工具的时代。这不仅是一次技术改革，更是一场深刻的社会变革。这场革命是以工作机的诞生开始的，以蒸汽机作为动力机被广泛使用为标志。在这一时期，英国的瓦洛和沃恩先后发明了球轴承；英国的威尔金森发明了较精密的炮筒镗床，这是第一台真正的机床——加工机器的机器。它成功地用于加工气缸体，使瓦特蒸汽机得以投入运行；英国的卡特赖特发明动力织布机完成了手工业和工场手工业向机器大工业的过渡；英国的威尔金森建成第一艘铁船；英国的圣托马斯发明缝制靴鞋用的单线链式线迹手摇缝纫机，这是世界上第一台缝纫机；德国的德莱斯发明木制、带有车把、依靠双脚蹬地行驶的两轮自行车；美国的奥蒂斯设计制造单斗挖掘机械等。1870年以后，科学技术的发展突飞猛进，各种新技术、新发明层出不穷，并被迅速应用于工业生产，大大促进了经济的发展。这就是第二次工业革命。当时，科学技术的突出发展主要表现在三个方面，即电力的广泛应用、内燃机和新交通工具的创制、新通信手段的发明。在这一时期内，美国发明家爱迪生发明了电灯；德国机械工程师卡尔·本茨制成了第一辆汽车；电话，飞机等这些重要的使用工具也被发明出来了。这两次工业革命都出现在西方，而东方国家依然停滞不前，注定了落后的局面。

18 世纪中叶，瓦特在前人科学研究和实验的基础上，对蒸汽机做了重大的改进，创造出更好、更实用的蒸汽机，对在英国发生的工业革命起到了关键性和主导的作用。到了 1804 年，英国的棉纺织业已普遍采用蒸汽机作为生产动力。

随着蒸汽机和内燃机的出现和使用，交通运输工具也得到了发展。第一辆蒸汽汽车是法国人居纽于 1769 年制成的，它有三个轮子，速度很慢；1803 年，英国特里维西克制成高压蒸汽汽车，并驾驶它行进在伦敦的街道上；19 世纪下半叶，汽油机汽车出现；至 19 世纪末，世界上已有成百家作坊式的汽车工厂。

1847 年，在英国伯明翰成立了机械工程师学会，机械工程作为工程技术的一个分支得到了正式的承认。后来，在世界其他国家也陆续成立了机械工程的行业组织。

机械工程的发展在工业革命的进程中起着重要的主干作用。如 18 世纪中叶以后，英国纺织机械的出现和使用，使纺纱和织布的生产技术迅速提高；蒸汽机的出现和推广使用，不仅促进了当时煤产量的迅速增长，并且使炼铁炉鼓风机有了机器动力，而使铁产量成倍增长，煤和铁的生产发展又推动了各行各业的发展；蒸汽机用于交通运输，出现了蒸汽机车、铁道、蒸汽轮船等，又促进了煤、铁工业和其他工业的发展；汽轮机、内燃机和各种机床也相继出现。

三、现代机械工程发展简史（1900 年至今）

20 世纪以来，世界机械工程的发展远远超过了 19 世纪。尤其是第二次世界大战以后，由于科学技术工作从个人活动走向社会化，科学技术的全面发展，特别是电子技术、核技术和航空航天技术与机械技术的结合，大大促进了机械工程的发展。

1900—1940 年，是第二次世界大战前的 40 年，机械工程发展的主要特点是继承 19 世纪延续下来的传统技术，并不断改进、提高和扩大其应用范围。如农业和采矿业的机械化程度有了显著的提高；动力机械功率增大，效率进一步提高，内燃机的应用普及到几乎所有的移动机械。随着工作母机设计水平的提高及新型工具材料和机械式自动化技术的发展，机械制造工艺的水平有了极大的提高。20 世纪初，美国人 F·W·泰勒首创的科学管理制度，在一些国家广泛推行，对机械工程的发展起到了推动作用。

1940—1970 年，第二次世界大战以后的 30 年间，机械工程的发展特点是：除原有技术的改进和扩大应用外，与其他科技领域的广泛结合和相互渗透明显加深，形成了机械工程许多新的分支，机械工程的领域空前扩大，发展速度加快。这个时期，核技术、电子技术、航空航天技术迅速发展。生产和科研工作的系统性、成套性、综合性大大增强。机器的应用几乎遍及所有的生产部门和科研部门，并深入生活和服务部门。

第二次世界大战催生了电子计算机、火箭和原子能三大技术。第二次世界大战后，世界大范围的和平形成了有利于经济和科技发展的大环境，第三次工业革命兴起。前两次工业革命首先是动力革命，而第三次工业革命是以电子计算机技术统领的，以航天技术、生

物技术、新材料技术和新能源技术为核心领域的一次信息化革命。在和平的环境中形成了更大的世界市场，激烈的竞争推动着机械产品不断地改进、提高和创新。机械工业和机械科技获得了全面的发展，其规模之大、气势之宏、水平之高，都是前两次工业革命所远远不能比拟的。

进入20世纪70年代以后，机械工程与电工、电子、冶金、化学、物理和激光等技术相结合，创造了许多新工艺、新材料和新产品，使机械产品精密化、高效化和制造过程的自动化等达到了前所未有的水平。从20世纪60年代开始，计算机逐渐在机械工业的科研、设计、生产及管理中普及应用，过去机械工程中许多不便计算和分析的工作，已能用计算机加以科学计算，为机械工程各学科向更复杂、更精密的方向发展创造了条件。

21世纪，机械正走向全面自动化、网络化、信息化、智能化。控制工程理论、计算机技术与机械技术相结合，在机械工程中产生了一个新的学科——机械电子工程，出现了一批机电一体化产品。特别是现代汽车、高速铁路车辆、飞机、航天器、大型发电机组、IC制造装备、机器人、精密数控机床和大型盾构掘进机械等复杂机电系统，其机械结构、动力学行为复杂。它们处于机械设计与制造领域的最高端，很多新方法、新技术出于这些高端领域的需要而产生，随后才向一般机械制造领域扩散。

新时期的机械设计向机械学理论提出了新的课题，断裂力学、多体力学、数值方法等领域的进步为机械学理论的发展注入了新的活力。包含机构学、机械强度学、机械传动学、摩擦学、机械动力学、机器人学和微机械学的现代机械学理论取得空前的发展。

21世纪，能源信息技术与制造技术的融合，使得工业的社会形态不断发生变化（经济全球化、信息大爆炸、资源受环境约束等），并引发了相应的工业革命。制造业进入第四次工业革命，制造系统正在由原先的能量驱动型转变为信息驱动型，要求制造系统表现出更高的智能。

为了紧跟第四次工业革命的步伐，使我国尽快由制造大国迈向制造强国，2015年我国发布了《中国制造2025》，提出三步走战略。第一步：到2025年迈入制造强国行列；第二步：到2035年整体达到世界制造强国阵营中等水平；第三步：到2049年综合实力进入世界制造强国前列。《中国制造2025》指出我国未来10年重点发展新一代信息技术产业、高档数控机床和机器人、航空航天装备、海洋工程装备及高技术船舶、先进轨道交通装备、节能与新能源汽车、电力装备、农机装备、新材料和生物医药及高性能医疗器械十大重点领域。

21世纪，机械工程技术有绿色、智能、超常、融合、服务五大发展趋势。

第三节　机械工程学科

一、机械工程学科的内涵

1. 机械工程学科的定义

机械工程学科是以有关的自然科学和技术科学为理论基础，结合生产实践中的技术经验，研究和解决在开发、设计、制造、安装、运用和维修各种机械中的全部理论和实际问题的应用学科。

学科分类有两种方式，一种是《学科分类与代码》（GB/T 13745—2009）按国家宏观管理和科技统计进行学科分类，另一种是《学位授予和人才培养学科目录》按学位授予和人才培养进行学科分类。

根据国务院学位委员会和教育部的《学位授予和人才培养学科目录》，我国高等学校研究生教育专业设置按“学科门类”“学科大类（一级学科）”“专业”（二级学科）三个层次来设置。一级学科是学科大类，二级学科是其下的学科小类。目前，教育部提出：淡化二级学科，重视一级学科，按一级学科为单位进行建设、管理和评估。

我国授予学位的学科门类为14个，即哲学、经济学、法学、教育学、文学、历史学、理学、工学、农学、医学、军事学、管理学、艺术学、交叉学科。学科门类下设有112个一级学科和近400个二级学科，学位授予和人才培养学科目录见表1-1。

表1-1 学位授予和人才培养学科目录（2020年）

学位的代码与名称	一级学科的代码与名称
01 哲学	0101 哲学
02 经济学	0201 理论经济学;0202 应用经济学
03 法学	0301 法学;0302 政治学;0303 社会学;0304 民族学;0305 马克思主义理论;0306 公安学
04 教育学	0401 教育学;0402 心理学;0403 体育学
05 文学	0501 中国语言文学;0502 外国语言文学;0503 新闻传播学
06 历史学	0601 考古学;0602 中国史;0603 世界史
07 理学	0701 数学;0702 物理学;0703 化学;0704 天文学;0705 地理学;0706 大气科学;0707 海洋科学;0708 地球物理学;0709 地质学;0710 生物学;0711 系统科学;0712 科学技术史;0713 生态学;0714 统计学
08 工学	0801 力学;0802 机械工程;0803 光学工程;0804 仪器科学与技术;0805 材料科学与工程;0806 冶金工程;0807 动力工程及工程热物理;0808 电气工程;0809 电子科学与技术;0810 信息与通信工程;0811 控制科学与工程;0812 计算机科学与技术;0813 建筑学;0814 土木工程;0815 水利工程;0816 测绘科学与技术;0817 化学工程与技术;0818 地质资源与地质工程;0819 矿业工程;0820 石油与天然气工程;0821 纺织科学与工程;0822 轻工技术与工程;0823 交通运输工程;0824 船舶与海洋工程;0825 航空宇航科学与技术;0826 兵器科学与技术;0827 核科学与技术;0828 农业工程;0829 林业工程;0830 环境科学与工程;0831 生物医学工程;0832 食品科学与工程;0833 城乡规划学;0834 风景园林学;0835 软件工程;0836 生物工程;0837 安全科学与工程;0838 公安技术;0839 网络空间安全
09 农学	0901 作物学;0902 园艺学;0903 农业资源与环境;0904 植物保护;0905 畜牧学;0906 兽医学;0907 林学;0908 水产;0909 草学
10 医学	1001 基础医学;1002 临床医学;1003 口腔医学;1004 公共卫生与预防医学;1005 中医学;1006 中西医结合;1007 药学;1008 中药学;1009 特种医学;1010 医学技术;1011 护理学
11 军事学	1101 军事思想及军事历史;1102 战略学;1103 战役学;1104 战术学;1105 军队指挥学;1106 军事管理学;1107 军队政治工作学;1108 军事后勤学;1109 军事装备学;1110 军事训练学
12 管理学	1201 管理科学与工程;1202 工商管理;1203 农林经济管理;1204 公共管理;1205 图书情报与档案管理
13 艺术学	1301 艺术学理论;1302 音乐与舞蹈学;1303 戏剧与影视学;1304 美术学;1305 设计学
14 交叉学	1401 交叉学

工学设有 39 个一级学科，机械工程（代码：080200）属于工学学科门类下的一级学科，机械工程一级学科设有四个二级学科，分别是：机械制造及自动化（代码：080201）、机械电子工程（代码：080202）、机械设计及理论（代码：080203）、车辆工程（代码：080207）。机械工程学科的技术构成如图 1-2 所示。

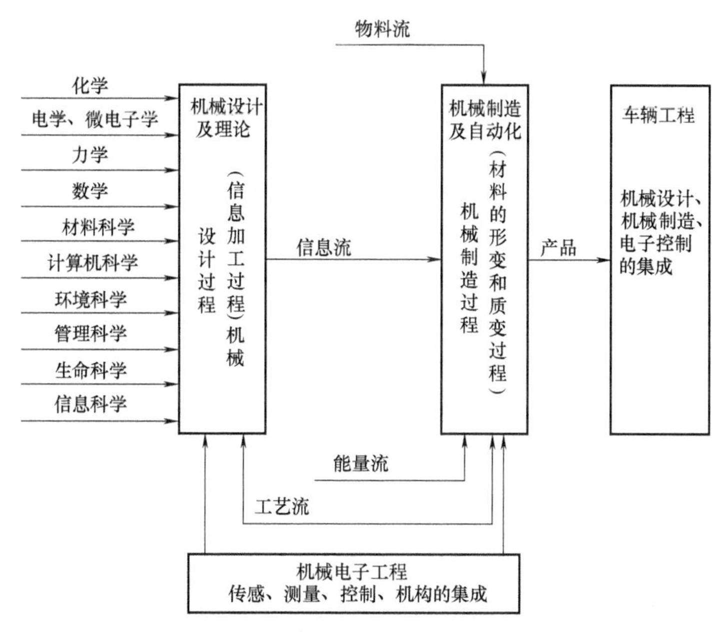

图 1-2　机械工程学科的技术构成

机械设计及理论是对机械进行功能综合并定量描述及控制其性能的基础技术学科，它的主要任务是把各种知识、信息注入设计中，加工成机械制造系统能接收的信息并输入机械信息系统。

机械制造及自动化是指接收设计输出的指令和信息，并加工出合乎设计要求的产品的过程。因此，机械制造及自动化是研究机械制造系统、机械制造过程手段的科学。

机械电子工程是用于描述机械工程和电子工程有机结合的一个术语。机械电子工程学科已经发展成为一门集机械、电子、控制、信息、计算机技术为一体的工程技术学科。该学科涉及的技术是现代机械工业最主要的基础技术和核心技术之一，是衡量一个国家机械装备发展水平的重要标志。

车辆工程是集机械、电子、计算机、信息、材料等方面工程技术在汽车、工程机械、拖拉机、军用车辆等应用的一门学科。车辆是一种机械产品，其技术先进程度是衡量一个国家机械制造业的主要标志。

2. 机械工程学科涉及的内容

按工作性质不同，机械工程学科涉及如下内容：

1）建立和发展可实际和直接应用于机械工程的工程理论基础。如工程力学、流体力学、工程材料学、材料力学、燃烧学、传热学、热力学、摩擦学、机构学、机械原理、机械零件、金属工艺学和非金属工艺学等。

2）研究、设计和发展新机械产品，改进现有机械产品和生产新一代机械产品，以适

应当前和未来的需要。

3）机械产品的生产，如生产设施的规划和实现，生产计划的制订和生产调度，编制和贯彻制造工艺，设计和制造工艺装备，确定劳动定额和材料定额以及加工、装配、包装和检验等。

4）机械制造企业的经营和管理，如确定生产方式、产品销售以及生产运行管理等。

5）机械产品的应用，如选择、订购、验收、安装、调整、操作、维修和改造各产业所使用的机械产品和成套机械设备。

6）研究机械产品在制造和使用过程中所产生的环境污染和自然资源过度耗费问题及处理措施。

3. 机械工程的学科分支

相同的工作原理、相同的功能或服务于同一产业的机械有相同的问题和特点，因此机械工程就有几种不同的分支学科体系。另外，全部机械在研究、开发、设计、制造和运用过程中，要经过若干工作性质不同的阶段。

这些分支学科系统互相交叉、互相重叠，使机械工程可能分化成上百个分支学科。例如按功能分的动力机械，与按工作原理分的热力机械、流体机械、透平机械、往复机械、蒸汽动力装置、核动力装置、内燃机、燃气轮机，以及按行业分的中心电站设备、工业动力装置、铁路机车、船舶轮机工程、汽车工程等有复杂的交叉和重叠关系。

船用汽轮机是动力机械，也是热力机械、流体机械和透平机械，属于船舶动力装置、蒸汽动力装置，也属于核动力装置。而驱动时钟用的发条和重锤装置也是动力机械，但不是热力机械、流体机械、透平机械或往复机械。其他分支之间也有类似的重叠、交叉关系。

二、机械工程的国家重点学科

国家重点学科是国家根据发展战略与重大需求，择优确定并重点建设的培养创新人才、开展科学研究的重要基地，在高等教育学科体系中居于骨干和引领地位。

重点学科建设对于带动我国高等教育整体水平全面提高，提升人才培养质量、科技创新水平和社会服务能力；满足经济建设和社会发展对高层次创新人才的需求，建设创新型国家提供高层次人才和智力支撑；提高国家创新能力，建设创新型国家具有重要的意义。

到目前，我国共组织了三次重点学科的评选工作。第三次评选工作是在 2006 年，共评选出 286 个一级学科、677 个二级学科、217 个国家重点（培育）学科。2014 年国务院取消教育部的国家重点学科审批制度。

与机械工程相关的一级学科和二级学科的国家重点学科名单见表 1-2。

表 1-2　与机械工程相关的一级学科和二级学科的国家重点学科名单

类别	学科代码及名称	学校名称
一级国家重点学科	0802 机械工程	清华大学、北京航空航天大学、北京理工大学、吉林大学、哈尔滨工业大学、燕山大学、上海交通大学、浙江大学、华中科技大学、湖南大学、中南大学、重庆大学、西南交通大学、西安交通大学

（续）

类别	学科代码及名称	学 校 名 称
二级国家重点学科	080201 机械制造及其自动化	大连理工大学、南京航空航天大学、山东大学、武汉理工大学
	080202 机械电子工程	上海大学、西北工业大学、国防科学技术大学
	080203 机械设计及理论	北京科技大学、天津大学、东北大学、同济大学、中国矿业大学、合肥工业大学
二级国家重点学科（培育点）	080201 机械制造及其自动化	东南大学、江苏大学、华南理工大学
	080203 机械设计及理论	东华大学
	080204 车辆工程	同济大学

我国机械工程为国家重点学科的学校有清华大学、北京航空航天大学、北京理工大学、吉林大学、哈尔滨工业大学、燕山大学、上海交通大学、浙江大学、华中科技大学、湖南大学、中南大学、重庆大学、西南交通大学、西安交通大学 14 所大学。

机械制造及其自动化为国家二级重点学科的学校有 4 所，机械电子工程为国家二级重点学科的学校有 3 所，机械设计及理论为国家二级重点学科的学校有 6 所。

三、机械工程的学科评估

自 2002 年开始，教育部学位与研究生教育发展中心对全国具有博士学位授予权、硕士学位授予权的一级学科进行的整体水平评估，简称为学科评估。学科评估采用自愿参加的方式进行，凡具有培养研究生资格的学科均可申请参加评估。第一轮学科评估是 2002—2004 年，第二轮学科评估是 2009 年，第三轮学科评估是 2012 年，第四轮学科评估是 2016 年，第五轮学科评估是 2020 年。

第四轮评估结果按照“精准计算、分档呈现”的原则公布。根据“学科整体水平得分”的位次百分位，将排位前 70% 的学科分为 9 档公布：前 2%（或前 2 名）为 A+，2%～5%为 A（不含 2%，下同），5%～10%为 A-，10%～20%为 B+，20%～30%为 B，30%～40%为 B-，40%～50%为 C+，50%～60%为 C，60%～70%为 C-。

教育部学位与研究生教育发展中心公布了全国第四轮学科评估结果。机械工程学科有 189 所高校参加了评估，前 9 档的结果见表 1-3。

表 1-3 《机械工程》一级学科在全国第四轮学科评估排名情况

档次	评选结果	学 校 名 称	数量
1	A+	清华大学、哈尔滨工业大学、上海交通大学、华中科技大学	4
2	A	北京理工大学、天津大学、大连理工大学、浙江大学、西安交通大学	5
3	A-	北京航空航天大学、吉林大学、燕山大学、同济大学、南京航空航天大学、湖南大学、中南大学、华南理工大学、重庆大学、国防科技大学	10
4	B+	北京交通大学、北京工业大学、北京科技大学、太原理工大学、东北大学、上海大学、东南大学、南京理工大学、中国矿业大学、江苏大学、浙江工业大学、合肥工业大学、山东大学、武汉理工大学、西南交通大学、西北工业大学、西安电子科技大学、广东工业大学	18

（续）

档次	评选结果	学 校 名 称	数量
5	B	中国农业大学、河北工业大学、太原科技大学、大连交通大学、沈阳建筑大学、长春理工大学、哈尔滨理工大学、哈尔滨工程大学、华东理工大学、上海理工大学、东华大学、浙江理工大学、福州大学、武汉大学、武汉科技大学、四川大学、电子科技大学、西南石油大学、西安理工大学、中国石油大学、陆军工程大学	21
6	B-	北京化工大学、中北大学、沈阳工业大学、长春工业大学、厦门大学、华侨大学、南昌大学、山东科技大学、山东理工大学、河南科技大学、湖南科技大学、桂林电子科技大学、贵州大学、昆明理工大学、长安大学、兰州理工大学、兰州交通大学	17
7	C+	北京邮电大学、北京林业大学、天津工业大学、沈阳理工大学、辽宁工程技术大学、东北林业大学、江南大学、南京林业大学、杭州电子科技大学、青岛科技大学、青岛理工大学、河南理工大学、西安工业大学、西安建筑科技大学、新疆大学、上海工程技术大学、重庆理工大学、火箭军工程大学	18
8	C	北方工业大学、天津科技大学、华北电力大学、石家庄铁道大学、沈阳航空航天大学、辽宁科技大学、东北石油大学、苏州大学、河海大学、南通大学、安徽工业大学、安徽理工大学、郑州大学、郑州轻工业学院、中国地质大学、武汉纺织大学、湖北工业大学、湘潭大学、长沙理工大学、广西大学、北京信息科技大学	21
9	C-	天津职业技术师范大学、华北理工大学、大连海事大学、上海海事大学、上海应用技术大学、江苏科技大学、南京工业大学、常州大学、济南大学、山东建筑大学、齐鲁工业大学、深圳大学、重庆交通大学、西华大学、陕西科技大学、青岛大学、广州大学	17

第四节　机械类专业与大类招生

一、专业与本科专业目录

1. 专业的含义

专业是指主要研究某种学业或从事某种事业，出自《后汉书》。

从大学的角度来看，专业是为学科承担人才培养职能而设置的基本教学单位；从社会的角度来看，专业是为了满足从事某类或某种社会职业的人才需求，需要接受相应的技能训练而设置的。因此，从人才培养供给与人才培养需求上看，专业是人才培养供给与需求的一个结合点。

2. 专业与学科的区别

专业是按行业职业体系划分的，学科是以知识结构体系划分的。

大学为社会培养专业人才按照行业职业体系划分专业，而进行科学研究按照知识结构体系划分为学科，学科是通过专业承担人才培养职能。

专业是“高等教育培养学生的各个专门领域”，是大学为了满足社会分工的需要而进行的活动。这表明了专业的范围、对象和功能，而“专门领域”是大学区别于其他层次教育的特征之一。大学中的专业是依据社会的专业化分工确定的，具有明确的培养目标。社会分工的需要作为一种外在刺激促成了专业的产生，专业处在学科体系与社会职业需求

的交叉点上。因此，专业的定义中有两个关键概念，即社会需求与学科基础。一个专业要完成培养人才的任务，必须首先根据社会对人才的需求，其次必须依托与它相关的学科来组织课程体系，然后实施教学过程，获得教学效果。

3. 本科专业类型

2020 版《普通高等学校本科专业目录》规定了 703 个专业。各专业都有独立的教学计划，以实现专业的培养目标和要求。

专业分为基本专业、特设专业和国家控制布点专业。基本专业是指学科基础比较成熟、社会需求相对稳定、布点数量相对较多、继承性较好的专业。特设专业是指针对不同高校办学特色，或适应近年来人才培养特殊需求设置的专业。国家控制布点专业一般是指那些专业性强但市场的人才需求不高、需要国家控制学生数量的专业。

特设专业在专业代码后加 T 表示；国家控制布点专业在专业代码后加 K 表示。

在 703 个本科专业中，基本专业 324 个，特设专业 287 个，控制布点专业 31 个，特设控制布点专业 61 个。

普通高等学校本科专业目录（2020 版）（节选）见表 1-4。

表 1-4　普通高等学校本科专业目录（2020 版）（节选）

学科门类	专业类	专业名称	
08 工学	0801 力学类	080101 理论与应用力学	080102 工程力学
	0802 机械类	080201 机械工程 080202 机械设计制造及其自动化 080203 材料成型及控制工程 080204 机械电子工程 080205 工业设计 080206 过程装备与控制工程 080207 车辆工程 080208 汽车服务工程	080209T 机械工艺技术 080210T 微机电系统工程 080211T 机电技术教育 080212T 汽车维修工程教育 080213T 智能制造工程 080214T 智能车辆工程 080215T 仿生科学与工程 080216T 新能源汽车工程
	0803 仪器类	080301 测控技术与仪器 080302T 精密仪器	080303T 智能感知工程
	0804 材料类	080401 材料科学与工程 080402 材料物理 080403 材料化学 080404 冶金工程 080405 金属材料工程 080406 无机非金属材料工程 080407 高分子材料与工程 080408 复合材料与工程 080409T 粉体材料科学与工程	080410T 宝石及材料工艺学 080411T 焊接技术与工程 080412T 功能材料 080413T 纳米材料与技术 080414T 新能源材料与器件 080415T 材料设计科学与工程 080416T 复合材料成型工程 080417T 智能材料与结构
	0805 能源动力类	080501 能源与动力工程 080502T 能源与环境系统工程	080503T 新能源科学与工程 080504T 储能科学与工程
	0806 电气类	080601 电气工程及其自动化 080602T 智能电网信息工程 080603T 光源与照明	080604T 电气工程与智能控制 080605T 电机电器智能化 080606T 电缆工程

（续）

学科门类	专业类	专业名称	
08 工学	0807 电子信息类	080701 电子信息工程 080702 电子科学与技术 080703 通信工程 080704 微电子科学与工程 080705 光电信息科学与工程 080706 信息工程 080707T 广播电视工程 080708T 水声工程 080709T 电子封装技术	080710T 集成电路设计与集成系统 080711T 医学信息工程 080712T 电磁场与无线技术 080713T 电波传播与天线 080714T 电子信息科学与技术 080715T 电信工程及管理 080716T 应用电子技术教育 080717T 人工智能 080718T 海洋信息工程
	0808 自动化类	080801 自动化 080802T 轨道交通信号与控制 080803T 机器人工程 080804T 邮政工程	080805T 核电技术与控制工程 080806T 智能装备与系统 080807T 工业智能
	0809 计算机类	080901 计算机科学与技术 080902 软件工程 080903 网络工程 080904K 信息安全 080905 物联网工程 080906 数字媒体技术 080907T 智能科学与技术 080908T 空间信息与数字技术 080909T 电子与计算机工程	080910T 数据科学与大数据技术 080911TK 网络空间安全 080912T 新媒体技术 080913T 电影制作 080914TK 保密技术 080915T 服务科学与工程 080916T 虚拟现实技术 080917T 区块链工程
	0810 土木类	081001 土木工程 081002 建筑环境与能源应用工程 081003 给排水科学与工程 081004 建筑电气与智能化 081005T 城市地下空间工程	081006T 道路桥梁与渡河工程 081007T 铁道工程 081008T 智能建造 081009T 土木、水利与海洋工程 081010T 土木、水利与交通工程
	0811 水利类	081101 水利水电工程 081102 水文与水资源工程 081103 港口航道与海岸工程	081104T 水务工程 081105T 水利科学与工程
	0812 测绘类	081201 测绘工程 081202 遥感科学与技术 081203T 导航工程	081204T 地理国情监测 081205T 地理空间信息工程
	0813 化工与制药类	081301 化学工程与工艺 081302 制药工程 081303T 资源循环科学与工程 081304T 能源化学工程	081305T 化学工程与工业生物工程 081306T 化工安全工程 081307T 涂料工程 081308T 精细化工
	0814 地质类	081401 地质工程 081402 勘查技术与工程 081403 资源勘查工程	081404T 地下水科学与工程 081405T 旅游地学与规划工程
	0815 矿业类	081501 采矿工程 081502 石油工程 081503 矿物加工工程	081504 油气储运工程 081505T 矿物资源工程 081506T 海洋油气工程
	0816 纺织类	081601 纺织工程 081602 服装设计与工程 081603T 非织造材料与工程	081604T 服装设计与工艺教育 081605T 丝绸设计与工程

（续）

学科门类	专业类	专业名称	
08 工学	0817 轻工类	081701 轻化工程 081702 包装工程 081703 印刷工程	081704T 香料香精技术与工程 081705T 化妆品技术与工程
	0818 交通运输类	081801 交通运输 081802 交通工程 081803K 航海技术 081804K 轮机工程 081805K 飞行技术	081806T 交通设备与控制工程 081807T 救助与打捞工程 081808TK 船舶电子电气工程 081809T 轨道交通电气与控制 081810T 邮轮工程与管理
	0819 海洋工程类	081901 船舶与海洋工程 081902T 海洋工程与技术	081903T 海洋资源开发技术 081904T 海洋机器人
	0820 航空航天类	082001 航空航天工程 082002 飞行器设计与工程 082003 飞行器制造工程 082004 飞行器动力工程 082005 飞行器环境与生命保障工程	082006T 飞行器质量与可靠性 082007T 飞行器适航技术 082008T 飞行器控制与信息工程 082009T 无人驾驶航空器系统工程
	0821 兵器类	082101 武器系统与工程 082102 武器发射工程 082103 探测制导与控制技术 082104 弹药工程与爆炸技术	082105 特种能源技术与工程 082106 装甲车辆工程 082107 信息对抗技术 082108T 智能无人系统技术
	0822 核工程类	082201 核工程与核技术 082202 辐射防护与核安全	082203 工程物理 082204 核化工与核燃料工程
	0823 农业工程类	082301 农业工程 082302 农业机械化及其自动化 082303 农业电气化 082304 农业建筑环境与能源工程	082305 农业水利工程 082306T 土地整治工程 082307T 农业智能装备工程
	0824 林业工程类	082401 森林工程 082402 木材科学与工程	082403 林产化工 082404T 家具设计与工程
	0825 环境科学与工程类	082501 环境科学与工程 082502 环境工程 082503 环境科学 082504 环境生态工程	082505T 环保设备工程 082506T 资源环境科学 082507T 水质科学与技术
	0826 生物医学工程类	082601 生物医学工程 082602T 假肢矫形工程	082603T 临床工程技术 082604T 康复工程
	0827 食品科学与工程类	082701 食品科学与工程 082702 食品质量与安全 082703 粮食工程 082704 乳品工程 082705 酿酒工程 082706T 葡萄与葡萄酒工程	082707T 食品营养与检验教育 082708T 烹饪与营养教育 082709T 食品安全与检测 082710T 食品营养与健康 082711T 食用菌科学与工程 082712T 白酒酿造工程
	0828 建筑类	082801 建筑学 082802 城乡规划 082803 风景园林 082804T 历史建筑保护工程	082805T 人居环境科学与技术 082806T 城市设计 082807T 智慧建筑与建造

（续）

学科门类	专业类	专业名称	
08 工学	0829 安全科学与工程类	082901 安全工程 082902T 应急技术与管理	082903T 职业卫生工程
	0830 生物工程类	083001 生物工程 083002T 生物制药	083003T 合成生物学
	0831K 公安技术类	083101K 刑事科学技术 083102K 消防工程 083103TK 交通管理工程 083104TK 安全防范工程 083105TK 公安视听技术 083106TK 抢险救援指挥与技术	083107TK 火灾勘查 083108TK 网络安全与执法 083109TK 核生化消防 083110TK 海警舰艇指挥与技术 083111TK 数据警务技术

注：“T”表示特设专业，“K”表示国家控制布点专业，“TK”表示特设控制布点专业。

4. 机械类专业

机械类是工学中一个大的专业类，是理科生选报的热门专业之一。机械类专业除了需要很好的理科知识外，还需要比较强的绘图能力。社会对机械类技术人员的需求量很大，机械类专业的就业率也一直是最高的，约 95%。

机械类专业共设 16 个专业，其中包含 8 个基本专业和 8 个特设专业。

8 个基本专业分别是：机械工程、机械设计制造及其自动化、材料成型及控制工程、机械电子工程、工业设计、过程装备与控制工程、车辆工程、汽车服务工程。

8 个特设专业分别是：机械工艺技术、微机电系统工程、机电技术教育、汽车维修工程教育、智能制造工程、智能车辆工程、仿生科学与工程、新能源汽车工程。

开设机械类专业的院校很多，但通常只开设 2~6 个机械类专业，目前没有任何学校能开设所有的 16 个机械类专业。

二、大类招生与专业分流

1. 大类招生

大类招生的全称应该是按学科大类招生，是指高校将相同或相近学科门类，通常是同院系的专业合并，按一个大类招生。学生入校后，经过一或两年的基础培养，再根据兴趣和双向选择原则进行专业分流。

大类招生是相对于按专业招生而言的，是高校实行“通才教育”的一种改革。

（1）大类招生的具体含义　20 世纪 80 年代后期，北京大学在调查研究的基础上提出了“加强基础，淡化专业，因材施教，分流培养”的 16 字教学改革方针，即在低年级实施通识教育，高年级实施宽口径的专业教育，并于 2001 年正式开始实施“元培计划”。复旦大学、北京师范大学、南京大学、浙江大学等重点大学，根据自己的办学定位和学科专业特点，也先后实施了按学科大类招生与培养制度。

按大类招生是高校根据我国教育发展的实际情况做出的教学改革，并不是相近专业的简单归并，而是涉及人才培养模式、课程体系、教学方式方法的一次深刻改革，是学校教学改革的深化和发展，也是学校进行内涵建设、提高人才培养质量的重要举措。

大类招生政策坚持以“厚基础，宽口径”为原则，所谓厚基础，就是强化做人（人格素质）的基础和强化做事（职业能力）的基础。所谓宽口径，就是根据人才培养目标的要求，以市场需求为导向，以地方、行业经济结构变化为依据，以支柱产业和高新技术产业发展为重点，突破单一学科式设置模式，实行按大类专业招生，小专业（专门化）施教，设置柔性专业方向。

大类招生政策在“厚基础，宽口径”的原则下，建立“全校通修课程+学科通修课程+专业发展课程+开放选修课程”的新型模块化课程体系，引入第二课堂资源，建立多元化的实践教学育人体系。并且为了适应高等教育大众化、社会人才需求多样化、学生发展个性化的要求，新政策进行了管理制度的创新，实施了开放选课制度、导师制度、专业分流制度和专业流转制度等。从通识教育平台和专业特色培养两个方面进行学分制，以落实培养应用型人才，实现学生的自主学习、持续发展和个性发展的培养目标。通过模块化课程体系、多元化实践教学育人体系、学分制运行管理机制来贯彻落实服务国家和地方经济社会发展的宗旨。

(2) 大类招生的模式 大类招生主要有三种模式：按学科招生模式、按“实验班”形式招生模式和按通识教育招生模式，其中，按学科招生模式应用较广。

1) 按学科招生模式。这是现在很多高校都普遍采用的招生模式，即在同一院系中，不分专业，只按本科专业目录中的专业类填报志愿，进行招生。如机械类、材料类、电子信息类、计算机类、交通运输类、新闻传播学类、工商管理类、公共管理类等专业类招生，这些专业一般同属于一个一级学科。

也有一些学校同一专业类的专业较少，将两个或三个专业类的专业，纳入一起合并招生，这就涉及了两个或三个一级学科。

2) 按“实验班”形式招生模式。近年来，国内不少高校纷纷推出新设的实（试）验班（学院）（以下统称“实验班”），目标直指培养创新拔尖人才。设置实验班的目的主要包括：探索新型创新人才的培养模式；正视学生差异，培养高素质、创新型的研究型人才；探索高校学生自主选择专业机制等。这些实验班在高校经过长时间的试验，不管是在培养创新型研究人才，还是创新型人才的培养模式上都取得了丰硕的成果。如清华大学的“社会科学试验班”、北京大学“元培计划实验班”、河海大学水利类（基地强化班）、北京科技大学的“理科试验班”、浙江大学的“工科试验班”等都是以这种形式进行大类招生的。清华大学的“社会科学试验班”的培养过程是：第一年和第二年学习基础课，尤其是打好数学和英语的基础，同时也接触专业基础课程，以便考生确定自己的学科兴趣，寻找符合自身实际的发展方向。第三年和第四年，考生按照自己的兴趣以及专业的要求通过双向选择，分流到社会学、经济学、国际关系三个专业方向学习。

3) 按通识教育招生模式。新生入校后不分专业，进行通识教育，待大二再分专业。通识教育最重要的一点就是打破专业限制，不分文理先学习基础课，所有课程重新安排和改造，课程体系进行全面变革等，复旦大学、浙江大学、宁波大学等学校进行了通识教育招生模式的尝试。

(3) 大类招生的优点

1) 减少专业选择的盲目性。实行大类招生录取后，不急于确定专业，通过对基础知识的学习，逐步对专业产生质的认识，发展自己的兴趣和特长，自主选择喜爱的专业，有助于避免学生在进校前选择专业的盲目性，很大程度上减少了高考学子在专业选择上的迷茫感和无措感，有利于激发学生学习的积极性和学习兴趣。

2）符合志愿者意向。大类招生政策在一定程度上解决了一些学子在高考发挥不好的情况下或是因几分的差距而和自己心仪的专业失之交臂的遗憾，给了考生一个机会先进大类，再通过努力选择自己喜爱和感兴趣的专业，而且在一定程度上可有效缓解政府招生部门和学校招生部门的工作强度和工作压力。

3）有利于培养人才。按照大类招生培养人才，可以打破专业界限，尤其在低年级打基础阶段，可以依据学生的实际水平组合班级，有针对性地组织教学，确定目标，因材施教。这样不仅解决了学生素质参差不齐，尤其是数学、外语水平差距较大的问题，而且有利于优秀拔尖人才的脱颖而出，为学生的个性养成和提高创新能力创造合适的条件。

4）提高学校效率。按“大类招生培养”，一方面能克服过去由于专业设置过细造成的分散局面，可以更好发挥院系在教学过程中的指挥和统筹作用，有利于师资、设备等各项教学资源的合理和有效配置，提高学校的办学效益。另一方面，各系和学院从“宽口径、厚基础”的培养要求出发，拓宽专业覆盖面，构建新的学科体系和课程体系，进一步优化人才培养模式，对学校的办学条件和其他各方面都提出了更高的要求，有利于学校在办学中不断整合自己的教学资源，提高办学水平，促进学校进一步发展，凸显自己的教育个性和品牌。

5）有利于“冷热”专业趋向平衡。大类招生在招生过程中不分专业，而一个大类中通常包含着“冷、热”专业，这就无疑相对提高了“冷门”专业学生的质量，淡化了因过分强调专业而造成的种种矛盾。

（4）大类招生的弊端 按学科大类招生后，大二或大三时按照怎样的程序和标准将学生分流到相关专业呢？不同学校的做法虽然不尽相同，但大多高校的做法都是按照入学后1~2年的学习成绩（学分绩点）排名，设定一定比例进行分流。这样做的结果是，成绩排名靠前的“优秀学生”聚集到“热门专业”，其他学生分流到“冷门专业”，加剧了“热门专业”与“冷门专业”之间的结构性矛盾。

2. 专业分流

专业分流是为了大学施行按大类培养学生而开展的工作，学生在所属培养大类内申请，分流到某一具体专业，而后进入专业培养阶段的学习。

（1）专业分流的工作流程 学校公布本年度各专业分流计划→学生提交专业分流申请并上传成绩单→学院审核→按学生填报志愿情况组织考核→学院公示专业分流学生名单→学院公布专业分流学生名单→学生办理学籍异动手续。

（2）专业分流的依据 通常以学生第一学年的平均学分绩点为主要依据，以此确定学生对专业的选择权。平均学分绩点的计算表达式通常为：

$$\text{平均学分绩点}=\frac{\sum(\text{课程学分}\times\text{课程类型系数}\times\text{课程绩点})}{\text{修读课程的学分总数}}$$

其中，课程类型系数通常为：必修课1.0，选修课0.8。

如果填报志愿人数超过专业分流计划人数，则需要确定学生对专业的优先选择权，各

个学校确定优先选择权的内容和顺序有所不同，通常按以下顺序进行优先选择：

1）在学科竞赛、科技创新等学术科技活动中获得省部级及以上奖励、授权国家专利的。

2）以第一作者在全国中文核心期刊上发表论文或参与撰写（有署名）学术专著（专著、编著或译著）的。

3）通过国家英语四级。

4）平均学分绩点从高到低。

5）大学英语成绩从高到低。

6）高等数学成绩从高到低。

7）大学物理成绩从高到低。

思　考　题

1. 什么是机械？机械的特征包括哪几个方面？

2. 中国机械行业将机械产品分为哪 12 大类？

3. 现代机械工程主要有哪些服务领域？

4. 机械工程发展经历了哪几个阶段？各个阶段的特征是什么？

5. 思考从古代到现代机械工程发展的脉络，分析其推动力的来源，以及对未来机械工程发展的启示。

6. 简述机械工程学科的发展趋势。

7. 机械工程学科涉及哪些内容？

8. 国家为何要进行学科评估？第四轮学科评估中，获得 A 等级的机械工程学科有哪些学校？

9. 专业与学科有何区别？

10. 机械类有哪些专业？你所在的院校有哪些机械类专业？为何不能开设所有的机械类专业？

11. 大类招生有何优缺点？

12. 你对大类招生和专业分流有何看法？

第二章

机械设计制造及其自动化

机械设计制造及其自动化是机械类中的一个专业，依托机械工程一级学科的机械设计及理论和机械制造及其自动化两个二级学科。本章主要学习机械设计制造及其自动化学科的发展历程，机械设计行业的发展史，机械制造行业的发展史，机械学科的前沿技术，机械设计制造及其自动化专业的人才培养要求、就业方向与升学前景等内容。

第一节　机械设计制造及其自动化专业

一、机械设计制造及其自动化专业的培养方案

机械设计制造及其自动化专业主要要求学生系统学习和掌握机械设计与制造的基础理论，培养具备机械设计制造基础知识与应用能力，能在工业生产第一线从事机械制造领域内的设计制造、科技开发、应用研究、运行管理和经营销售等方面工作的高级工程技术人才。

关于机械设计制造及其自动化专业，教育部编写的《普通高等学校本科专业目录和专业介绍》中进行了详细描述。

1. 培养目标

本专业培养具备机械设计制造基础知识与应用能力，能在机械制造领域从事设计制造、科技开发、应用研究、运行管理等方面工作复合型高级工程技术人才。

2. 培养要求

本专业学生主要学习机械设计、机械制造、机械电子及自动化等方面的基础理论和基础知识，接受现代机械工程师的基本训练，具有机械产品设计、制造、设备控制及生产组织管理等方面的基本能力。

3. 毕业生应获得以下几方面的知识和能力

1）具有数学及其他相关的自然科学知识，具有机械工程科学的知识和应用能力。

2）具有制订实验方案，进行实验、处理和分析数据的能力。

3）具有设计机械系统、部件和工艺的能力。

4）具有对于机械工程问题进行系统表达、建立模型、分析求解和论证的初步能力。

5）初步掌握机械工程实践中的各种技术和技能，具有使用现代化工程工具的能力。

6）具有社会责任感和良好的职业道德。

7）具有团队合作精神和较强的交流沟通能力。

8）具有国际视野、终身教育的意识和继续学习的能力。

4. 主干学科

主干学科包括力学、机械工程。

5. 核心知识领域

核心知识领域包括机械设计原理与方法（含形体设计原理与方法、机构运动与动力设计原理、结构与强度设计原理与方法、精度设计原理与方法、现代设计理论与方法）、机械制造工程原理与技术（材料科学基础、机械制造技术、现代制造技术）、机械系统中的传动与控制（含机械电子学、控制理论、传动与控制技术）、计算机应用技术（含计算机技术基础、计算机辅助技术）、热流体（含热力学、流体力学、传热学）。

6. 核心课程示例

示例一：工程制图（40+32学时）、材料力学（56学时）、理论力学（60学时）、机械原理（56学时）、电路理论（40学时）、模拟电子技术（40学时）、数字电路（32学时）、微机原理（40学时）、机电传动控制（64学时）、工程材料学（32学时）、机械制造技术基础（40学时）。

示例二：理论力学（64学时）、材料力学（64学时）、机械工程制图（48+64学时）、机械原理（64学时）、机械设计（64学时）、电工技术基础（64学时）、电子技术基础（64学时）、工程材料（32学时）、机械制造技术基础（40学时）。

示例三：

1）工程机械方向：机械制图（32+48学时）、机械原理（48学时）、机械设计（48学时）、控制工程基础（40学时）、机械电子学（48学时）、机制工艺学（48学时）、机电传动控制（40学时）、液压传动（40学时）、CAD/CAM（40学时）。

2）机电一体化方向：机械制图（32+48学时）、机械原理（48学时）、机械设计（48学时）、控制工程基础（40学时）、机械电子学（48学时）、机制工艺学（48学时）、机电传动控制（40学时）、液压传动（40学时）、CAD/CAM（40学时）。

7. 主要实践性教学环节

主要实践性教学环节包括金工实习、电工（电子）实习、认识实习、生产实习、课程设计、科技创新与社会实践、毕业设计（论文）。

8. 主要专业实验

主要专业实验包括工程力学实验、机械设计基础实验、互换性测量技术基础实验、工程测控实验、电工与电子技术实验、机械制造基础实验、机电传动与控制实验。

9. 修业年限

四年。

10. 授予学位

工学学士。

二、机械设计制造及其自动化专业的发展

1. 早期的“机械设计制造及其自动化”专业

由于古代交通不发达，不同地域之间的交流很少，世界上几个文化区域的机械发展很不平衡，各自独立发展，差异很大。在14世纪之前，中国的机械实力位于世界之首，但

古巴比伦和古埃及等国的发展也很早。

西方国家的机械学科发展一直较为缓慢，但是在 14 世纪之后，机械领域的发明创造逐步超过中国。16 世纪，西方国家进入了文艺复兴时代，机械专业领域中的发明创造如同雨后春笋一般，机械制造业空前发展，一场大规模的工业革命在欧洲发生，大批的发明家涌现出来，各种专科学校、大学纷纷建立，机械设计制造及其自动化专业的雏形也在这时建立了起来。但早期的机械设计制造及其自动化专业在教学方面并没有完整的理论基础，很多都依赖于直觉和经验。19 世纪，力学和材料学等理论的出现，才逐渐让机械设计制造及其自动化专业的教学系统变得完善。

相比之下，自 14 世纪之后，中国的机械逐步落后于西方国家，并且差距逐步加大，出现了鸦片战争中的长矛、大刀对洋枪的巨大武器反差。在这种环境下，中国人积极探索，发展近代教育，1913 年，在当时北洋政府教育部的指示下，交通部上海工业学校设立电器机械科，开辟了我国机械专业教育的先河。

1913~1952 年期间，国内多所高校纷纷增设机械专业，并开始尝试下分一些系别。1952 年，我国大规模调整了全国高等学校的院系设置，将中华民国时期效仿英式、美式构建的高校体系改造成效仿苏联式的高校体系，这其中尤其以机械学科为代表的工科专业首当其冲，以清华大学为例，在此次院系调整中，清华大学机械工程系保留，北京大学和燕京大学的机械工程系并入，并取消学院建制，同时机械工程学系分为了机械制造系和动力机械系。

此后的几十年里，各高校不断尝试机械类专业的分类重组，例如西安交通大学在 1956 年将机械类分为五个系别：机械制造系、动力机械系、运输起重系、电工器材制造系、电力工程系。其中机械制造系包括机械制造工艺金属切削机床及工具、铸造工艺及其机器、金属压力加工及其机器、金属学热处理及其车间设备、焊接工艺及设备、起重运输机及其设备、车辆制造、蒸汽机车制造、内燃机车制造、锅炉制造、涡轮机制造、内燃机制造、压缩机及制冷机制造等 13 个专业，是机械设计制造及其自动化专业的前身。

在我国制造业发展的前期，机械设计制造及其自动化专业仅仅只有机械制造系一个类别，这与当时的历史环境和师资力量息息相关。随着时代的发展与社会的进步，如何对机械的结构强度、动力特性以及刚度特性等情况进行合理的研究与说明，从而决定生产工作如何实施以及朝着什么方向发展成为了一项极其重要的工作，在这种环境下，机械的设计逐渐发展成为相对独立的系别，各高校也在机械工程学科下增设机械设计系。

2. 新的“机械设计制造及其自动化”专业

伴随着改革开放，我国的经济体制由计划经济向市场经济过渡。在这一过渡过程中，我国的政治、经济、社会、教育、卫生等都在经历一场深刻的变革，我国的高等教育也经历着翻天覆地的变化。随着改革开放的不断深入，我国高等学校本科专业设置也处于不断调整之中。

1993 年的专业调整中，机械类专业也进行了调整，保留了机械制造、机械电子工程、轮机工程等 17 个专业。

1998 年的专业调整中，机械类专业更是进行了大整合，仅下设四个专业，分别是机械设计制造及其自动化、工业设计、材料成型及控制工程和过程装备与控制工程。1998 年的《普通高等学校本科专业目录新旧专业对照表》中机械设计制造及其自动化

(080301) 由机械制造工艺与设备 (080301)、机械设计及制造 (部分) (080306)、汽车与拖拉机 (080309)、机车车辆工程 (080310)、流体传动及控制 (部分) (080312)、真空技术及设备 (080314)、机械电子工程 (080315)、设备工程与管理 (080317) 和林业与木工机械 (081502) 合并而来。

2012 年，为了贯彻落实教育规划纲要提出的要适应国家和区域经济社会发展需要，建立动态调整机制，不断优化学科专业结构的要求，提高人才培养质量，教育部对 1998 年印发的《普通高等学校本科专业目录》和 1999 年印发的专业设置规定进行了修订，机械工程下设置机械设计制造及其自动化、材料成型及控制工程、机械电子工程、工业设计、过程装备与控制工程、车辆工程、汽车服务工程专业。2012 年的《普通高等学校本科专业目录新旧专业对照表》中机械设计制造及其自动化 (080202) 由原机械设计制造及其自动化 (080301)、制造自动化与测控技术 (080309S)、制造工程 (080311S)、体育装备工程 (080312S) 和交通建设与装备 (部分) (081210S) 合并而来。

2020 年，在教育部发布的《普通高等学校本科专业目录 (2020 年版)》中，机械设计制造及其自动化专业隶属于工学、机械类 (0802)，专业代码：080202。

步入新世纪，随着微电子技术、信息技术、计算机技术、材料技术和新能源技术等高新技术与机械设计制造技术的相互交叉、渗透、融合，传统意义上的机械设计制造技术在原有基础上得到了质的飞跃，形成了当代的先进设计制造技术，与传统的机械设计制造技术相比既有继承，又有很大发展。如今，先进的设计制造技术正成为经济发展和人民生活需要的主要技术支撑，成为加速高技术发展和国防现代化的主要支撑，成为企业在激烈市场竞争中能立于不败之地并求得迅速发展的关键技术。计算机技术的引入，使机械设计制造学科真正实现了向机械设计制造及其自动化学科的转变。

三、机械设计制造及其自动化专业对人才素质的要求

机械设计制造及其自动化是一门交叉学科，与计算机、自动化、电子信息、材料学等许多学科有着密切的联系。根据中国工程教育专业认证标准的最新要求，对于机械设计制造及其自动化专业的人才培养提出了 12 点毕业要求。

1. 工程知识

能够将数学知识用于解决机械领域复杂工程问题；能够将化学、物理等自然科学知识用于解决机械领域复杂工程问题；能够将工程基础知识用于表述和解决机械领域复杂工程问题；能够将专业知识用于机械加工工艺与生产设备选型，能进行机械加工的工艺工程设计和生产安全控制工程设计。

2. 问题分析

借助文献查询、社会调查、认识实习等环节，能够发现机械领域复杂工程问题的关键环节和参数；借助文献查询和机械工程科学的基本原理，能够分析机械领域复杂工程问题；应用数学、自然科学和工程科学的基本原理，能够解决机械领域复杂工程问题，并获得有效结论。

3. 设计

能够分析加工材料的特性和适宜开发的产品类型，确定具体的研发目标；能够根据目标

选取适当的原材料与基础工艺并确定研发方案，进行设备选型和工程设计；能够在健康、安全、社会、环境等现实因素的约束下对研发方案的可行性进行评价并提出优化措施。

4. 研究

掌握材料成分分析检测的方法并理解其对机械加工的影响与关系，设计针对材料特性的新产品研发方案；依据实验方案，能够正确选用先进的技术手段或试验仪器设备，进行试验研究，并进行数据分析和结果讨论；通过信息综合，获得机械领域复杂工程问题的实验结论，对其合理性和有效性进行综合分析。

5. 使用现代工具

针对机械领域复杂工程问题，能够选择和使用恰当的信息技术工具；能够选择和使用恰当的现代工程工具，进行预测与模拟，并能够理解其局限性；能模拟单元操作过程，应用恰当的工具计算并预测结果，理解与实际工程的差异。

6. 工程与社会

了解与机械生产有关的社会、健康、安全、法律及文化方面的知识，能够考虑社会、健康、安全、法律及文化的影响选择适当的机械原材料和加工工艺流程。

7. 环境可持续发展

了解加工工艺流程中材料选择、加工工艺环节对环境和社会可持续发展的影响。能根据环境和社会可持续发展原则评价各种工程问题。

8. 职业规范

具有人文社会科学素养和社会责任感，能够在机械产品生产过程中遵守职业道德规范并履行责任。

9. 个人和团队

理解团队中每个角色的定位以及对于整个团队的意义；在团队中做好自己承担的角色，并能与其他成员协同合作，培养团队意识，提高团队协作能力。

10. 沟通

能够与机械领域同行及社会公众进行有效的沟通和交流；具备一定的国际视野，能够在跨文化背景下进行沟通和交流；就机械领域复杂工程问题，借助讲座、实习和毕业设计等方式，具备与业界同行及社会公众进行有效沟通和交流的能力。

11. 项目管理

在工程试验、实习和实践中，分析工程活动中的重要经济与管理因素；结合机械领域工程管理原理和经济决策方法，开展机械领域复杂工程问题的项目实践。

12. 终身学习

具有自主学习并适应机械设计制造及其自动化学科发展与制造业变化的能力。

第二节　机械设计制造及其自动化学科的发展

一、机械设计制造及其自动化学科的内涵

机械设计制造及其自动化，是指研究各种工业机械装备及机电产品从设计、制造、运

行控制到生产过程的企业管理的综合技术领域。

机械设计制造及其自动化学科，主要涉及机械设计和机械制造两大方面，是以有关的自然科学和技术科学为理论基础，结合生产实践中的技术经验，研究和解决在开发、设计、制造、安装、运用和维修各种机械中的全部理论和实际问题的应用学科。机械设计制造及其自动化学科融入了计算机科学、信息技术、自动控制技术，作为一门交叉学科，其主要任务是运用先进设计制造技术的理论与方法，解决现代工程领域中的复杂技术问题，以实现产品智能化的设计与制造。

机械设计制造及其自动化在航天、汽车、医疗器械、工程机械等多个领域广泛应用，与人们的生活息息相关。

二、机械设计行业的发展

书籍是人类精神文明进步的阶梯，而机械无疑是人类物质生活提升的直接动力。早在新石器时期，我们的祖先就已经利用机械设计的原理设计出了精美的农具，随着社会的不断发展以及科学技术的进步，机械设计的理论、方法和制造工艺方面都有了巨大的飞跃。机械设计作为人类工程社会进步中一个极为重要的因素，在机械领域不断发展进步的过程中，起到了关键性作用。

简单来说，机械设计是指相关的技术人员，在针对整个机械的使用要求加以把握的情况下，对机械所表现出的运动模式、工作结构、能量、力传递方法、原理以及机械中的每个组成材料所对应的基本尺寸以及形状特征进行综合的计算与分析，用专业性的语言进行完整的阐述。机械设计必须科学化，这就意味着要对设计工程及其本质进行科学的阐述，分析与机械设计有关的领域及其单位，在这些基础上，科学地安排设计过程，用科学的方法和手段进行设计，才能及时得到符合要求的产品。随着生产力的进步，机械设计的内涵也越来越深刻，越来越先进，它是复杂的思维过程，其过程中又包含着无限的创新与发明。

按发展史的时间来分，机械设计行业的发展可分为三个阶段，即古代机械设计阶段、近代机械设计阶段和现代机械设计阶段。

按每一阶段的内容来分，机械设计行业的发展可分为直觉设计阶段、经验设计阶段和理论设计阶段。所划分的每一阶段在其设计理论，方法和制造工艺方面都有明显的时代特色。

1. 古代机械设计阶段（古代社会~17 世纪初）

从古代社会到 17 世纪初的这一期间，中国的机械领域发展一直走在世界的前列。根据我国近代考古的一些记载，在浙江余姚河姆渡、河南新郑裴李岗等遗址中都发现了 7000~8000 年前设计相当精美的农具；在我国古代经书中，对于古人设计、制造机械的情况多有记载。《周易》中有“刳木为舟，剡木为楫”“服牛乘马，引重致远”，由此可见，早在 4000 多年前，古人便已发明了车、船以及多种生活用具。在我国古代文献中随处可以看见机械设计的产品和人民生活的密切联系。此外，我国古代在武器、纺织、机械、船舶等方面也有许多发明，到秦汉时期，我国机械设计和制造已经达到相当高的技术水平，在当时世界上处于领先地位，在世界机械工程史上占有十分重要的地位。

在我国古代，机械发明设计者与制造者是一体的。有许多著名的人物，他们的成果代表了当时我国机械的设计水平。唐代的时候我国与许多国家开展了经济、文化和科学技术的交流，与东南亚、南亚、阿拉伯和非洲东海岸贸易频繁，对中国和世界其他一些国家有很大影响。贸易的发展要求商品增加，从而改进生产设备，使机械设计有了很大的发展，造纸、纺织、农业、矿业、陶瓷、印染和兵器等都有了新的进展，机械设计水平也提高了很多。宋代沈括的著作《梦溪笔谈》记载了当时的许多科学成就，反映了当时的科学水平。在国外，这一时期以达·芬奇的创造活动为顶点，由于作为机械设计的基础——力学尚未成熟，所以这一阶段的设计最高水平就是达·芬奇构想出的齿轮、螺旋，而中国的记里鼓车和秦代出现的齿轮传动则比达·芬奇更早地达到这个水平。

在整个古代机械设计阶段，无论是随州曾侯乙墓出土的编钟，秦陵出土的铜车马，张衡研制的浑天仪、地动仪，还是汉人的透光镜，宋代的铜洗、水运仪象台等（图 2-1），都巧妙地运用了机械学、振动学、光学原理。虽然这些设计多是凭设计者的经验完成的，缺乏必要的且具有一定精度的理论的计算，但它们均体现了早期丰富的机械设计方法和设计思想。

a) 曾侯乙编钟　b) 铜车马　c) 地动仪　d) 铜洗

图 2-1　古代机械设计的代表作品

（1）古代机械设计的参数设计思想　中国古代的机械设计很早就采用了类似于参数设计的思想和方法，并应用于机械工程的制造之中。在这里定义的参数设计与现在的参数化设计不同。它是指在机械设计过程中，设计人员在确定设计对象的几何参数时采用的一种简单易行的数学方法，它把有些两个变量（主要是几何尺寸）的关系，按照一定的变

化的比例常数来确定，并得出相关的几何尺寸。中国古代的参数设计，一般是选择器物的一个基本几何尺寸作为参数尺寸的基准，然后再按不同的比例常数确定相应的尺寸。从《考工记》所记载的“十分其铣，去二以为钲，以其钲为之铣间，去二分以为之鼓间”来看，在春秋战国时期，利用参数进行设计的思想和运用，已经十分明确，如古代编钟的设计与制造、先秦车辆的设计与制造等，都是运用参数思想和方法进行设计的实例。

（2）古代机械设计的自动控制思想　宋代时期，苏颂博览群书，他“兼采诸家之说，备存仪象之器，共置一台中”，设计并制造出水运仪象台，这是中国古代机械设计和机械制造中自动控制最为成功的实例之一。水运仪象台（图 2-2）在研制之初，苏颂和他领导下的设计人认真汲取各家之长，加以创新和综合利用。例如自动报时装置是汲取了北宋张思训的太平浑仪的结构并做出了改进；水运推动系统是总结了汉代张衡的“漏水转之”的原理，以及以后各个朝代水运浑天的“注水激轮装置”；在结构上又采用了水车、筒车、桔槔、凸轮和天平杠杆等机械原理，把观测、演示和报时设备集中起来，组成了一个“三器一机”的能自动运行的天文台。

图 2-2　水运仪象台

水运仪象台的工作原理是由一个以受水壶的水重进行自动调整的负反馈系统，利用水作为动力来转动一个枢轮，使其进行恒速运转，以驱动浑象和浑仪两个齿轮系。在水运仪象台里，苏颂设计的天衡装置是一个自动调节器，它能使枢轮恒速转动，天衡装置由天关、右天锁、在天锁、天衡横杆、天条、格叉、关舌等部分组成。被调节量是受水壶内的水重，即输出，连接格叉及枢衡的杆是一个杠杆，起到自动调整系统中检测、比较元件的作用。枢衡的给定重量是自动调整系统中的输入，小杠杆所检测出来的误差通过交换元件放大，变换元件的天衡横杆来控制开关，所以，这是一个利用误差控制、带有负反馈的闭环自动调整系统，它的设计思想和现代自动调整系统的设计思想大致相同，如图 2-3 所示。

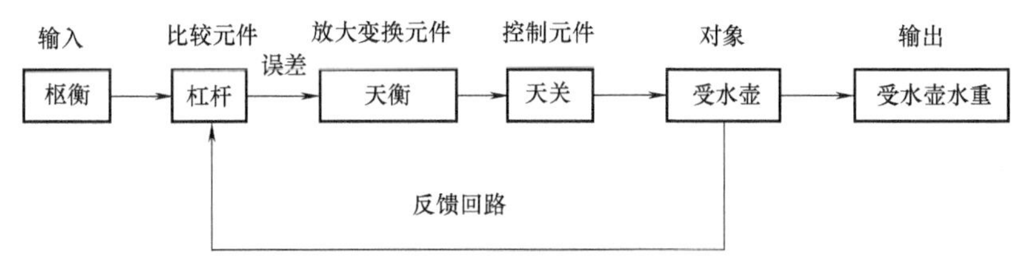

图 2-3　水运仪象台工作原理框图

水运仪象台在中国乃至世界科技史上都具有一定的地位，其天衡系统是现代钟表的先驱，这种天衡对枢轮的控制与现代钟表部件中的锚状擒纵器作用原理基本相同。英国著名专家李约瑟认为“苏颂将时钟机械和观测用的浑仪结合起来，在原理上已经完全成功”。

（3）古代机械设计的标准思想　《考工记》中所记载的车辆的制作，体现了古代机械设计制造中实施标准、系列、通用的设计思想。据《考工记》中记载，除“车人”之外，还有专门制造轮子的“轮人”，以及专门制造车厢的“舆人”等。在车辆制造的过程中，专业内部分工不断细致化的倾向，大大缩短了机械设计和机械制造的生产周期，保证了产品的质量，促进了当时生产力的进步。

以车轮的技术标准和检验标准为例，《考工记》中提出了一系列的制车工艺和制造规范，“是故规之以眡其圜也”，首先用规尺校准轮子，检验其外形是否正圆。车轮越圆，其滚动摩擦阻力越小；“水之以眡其平沈之均也”，将轮子放入水中，看轮子的沉浮是否一致，从而确定轮子的各部分是否均衡；“欲其朴属”，即轮子的整体结构必须坚固。《考工记》对制作车轮所做的这些详细规定，已经是严密而科学的机械制造技术标准和质量检测标准。

2. 近代机械设计阶段（17世纪初~第二次世界大战结束）

从17世纪初到第二次世界大战结束的这一阶段，称为近代机械设计阶段，在这期间，由于清朝闭关锁国，故步自封，旧中国在机械领域上的发展停滞不前。相反，西方国家经历了文艺复兴之后，机械科学技术飞速发展，并形成了一定的机械设计理论和方法。这一时期对机械设计提出了很多要求，各种机械的载荷、速度、尺寸的计算都有很大的提高，因此机械设计理论也在古典力学的基础上迅速发展，材料力学、弹性力学、流体力学、机械力学、疲劳力学、疲劳强度理论、实验应力分析方法等取得了大量的成果，均建立起了自己的学科体系。

1854年，德国学者劳莱克斯发表了著作《机械制造中的设计学》，将过去融合在力学中的机械设计学独立出来，建立了以力学和机械制造为基础的新科学体系，并由此产生“机构学”“机械零件设计”，成为机械设计中最基本的内容。在这基础上，机械设计学得到了很快的发展，在疲劳强度、接触应力、断裂力学、高温蠕变、流体动力润滑、齿轮接触疲劳强度计算、弯曲疲劳强度计算、滚动轴承强度理论等方面取得了大量的成果；新工艺、新材料、新结构的不断涌现也使得机械设计的水平也有了很大的提升。进入20世纪以后，两次世界大战的爆发给全人类带来了沉痛的灾难，也给机械设计的发展创造了契机，并产生了不可估量的影响。以第二次世界大战中的苏德战争为例，在苏德战争初期，苏联严重受挫，为了反败为胜，苏维埃政府调整科技政策，将本国的产业发展向机械重工业转移，实行工业革命并提升设计水平。机械设计水平的提高带来的收益是巨大的，拿1941年和1943年进行比较，生产一架伊尔-4型飞机（图2-4）所需的2万工时减至1.2万工时，飞机的技术性能也逐渐追上了德国。大量设计精良、结构优化合理的武器装备被

图2-4　苏联在二战中所设计的伊尔-4型飞机

投入了战场，随着武器速度与性能的不断提高，机械设计的计算方法和数据积累也相应有了巨大提升，这些都反映了时代的特色。

自工业革命至计算机出现以前，随着力学和材料科学的发展，已形成了机械的运动学、动力学和工作能力较为完整的分析与设计方法，这些方法即为传统设计方法。而在近代机械设计中，机械产品的设计方案，即机构的选型和传动系统的布局，主要依靠设计者的经验，并参考类似的机械设计经验，即通过类比分析的方法进行，因此存在以下不足：

1）假定和经验公式较多，真正的理论分析不足，容易影响设计质量。

2）设计方案比较依赖于个人经验，设计水平一般要求一个可用的方案，而不是最佳方案。

3）设计工作周期长、效率低下，不能满足市场竞争激烈、产品更新速度快的新形势。

在近代机械设计阶段，力学的各个分支得到了快速发展，同时在机械设计的过程中积累了丰富的经验，为机械设计的试验与理论研究奠定了坚实的基础，并确立了最基本的学科体系。但此阶段的机械设计没有脱离人为的直觉设计、经验设计和类比设计，仍有许多不足。

3. 现代机械设计阶段（第二次世界大战之后至今）

第二次世界大战之后，由于科学技术的发展，机械设计工作所需要的理论基础有了更大的进步，特别是电子计算机技术的进步，对于机械设计工程产生了很大促进作用，并提出了设计现代化的需求。

在现代机械设计阶段，对于产品的设计已经不能仅仅考虑产品本身，同时要考虑系统和环境的影响；不仅要涉及技术领域，还要涉及社会因素；不仅要顾及眼前，更要着眼于未来。例如一辆汽车的设计过程不仅要考虑整车的安全性问题，还要兼顾驾驶人的安全、舒适、操作方便，以及涉及国家的能源政策、城市布局、交通规划等社会问题。为了寻找保证设计质量、加快设计速度、避免和减少设计失误的方法和措施，并适应科学技术发展的要求，引发了“现代机械设计方法”的研究。与传统的机械设计不同，现代机械设计的方法是动态的、科学的、计算机化的方法。它将那些在科学领域内得到的方法应用到工程设计中，可以这么说，传统的机械设计方法是被动的重复分析产品的性能，而现代机械设计方法可以做到主动设计产品的参数。目前来说，在机械领域经常采用的现代设计方法有计算机辅助设计（CAD）、可靠性设计、有限元分析、优化设计等。

近几十年来，德、日、美、中等国不断在现代机械设计方法的研究方面进行探索，并相继取得新进展。例如德国在发现自己产品质量下降、竞争能力减弱之后，意识到这是和设计工作不符合要求、缺乏有能力的设计人员密切相关的。随即在1963~1964年间，举行了全国性“薄弱环节在于设计”的研讨会，制定了一批有关设计工作的指导性文件，举办了有关产品系统规划、创造设计与发展、CAD等许多专题的培训班和讨论会，并相应地在高等学校中开设了设计方法和CAD等专题课程；日本由于受到美国提出的CAD及实现设计自动化可能性的冲击，为补救设计师的短缺和有效地使用计算机及改进设计教育，同时也是为了适应新产品效益增长的需要，自20世纪60年代以来，引进了名家的专著，开始自己进行有关CAD和设计方法的研究，以提高设计人员的素质、发展CAD和改进工程技术教育。目前日本在产品开发中的更新速度已受到全世界的关注，其产品的竞争能力也给许多国家造成巨大威胁；美国是创造性设计的首倡者，在 CAD 方面做出了许多贡献。在日本等国的冲击下，1985 年 9 月由美国机械工程师协会（ASME）组织，美国国家科学基金会发起，召开了“设计理论和方法研究的目标和优先项目研讨会”。会后成立了“设计、制造和计算机一体化”工程分会，制订了一项设计理论和方法的研究计划，并成立了由化学、土木、电机、机械和工业工程以及计算机科学等领域的代表组成的指导委员会，来考虑针对工程设计所需进行研究的领域和对这些领域提出资助的建议。

近年来，我国已经广泛开展了对现代设计方法的研究，成立了各种研究协会和组织。在“六五”期间，国家科技攻关项目中的优化设计、CAD、工业艺术造型设计、模块化设计等已取得了实用性成果，并在一部分科技人员中间进行了现代设计方法的培训；步入 21 世纪，国家出台的“十三五”规划大力倡导采用三维图形等软件和虚拟现实技术等进行智能化设计，依托计算机软硬件来构思、设计并描述产品概况，同时在设计阶段对产品生命的全部历程加以综合优化；面向环境设计、能源设计、人性化工程设计，是国家最新提出的绿色产品设计技术特点。不难看出，现代机械设计方法要在更大的范围内推广应用，不仅有必要，而且已具备了条件。

三、机械制造行业的发展

机械是现代社会进行生产和服务的重要因素，它贯穿于现代社会各行各业、各个角落，任何现代产业和工程领域都需要机械。例如农民种地需要农业工具和农机，纺纱需要纺纱机械，压缩饼干、面包等食品的生产需要食品机械，交通运输业需要车辆、船舶和飞机等。就连人们的日常生活，也离不开各种各样的机械，如汽车、手机、照相机、电冰箱、钟表、洗衣机等。总之，现代社会进行生产和服务的各行各业都需要各种各样不同功能的机械，人们与机械须臾不可分离。

既然机械产品对人们的生活如此重要，那这些机械是从哪里来的？实际上是依靠人类的智慧制造生产出来的。“机械制造”也就是“制造机械”，这就是制造最根本的任务，显然“机械制造”是个很大的概念，是一门内容广泛的知识学科和技术。从单一的机械制造逐渐衍生出了机械制造产业，制造业是将制造资源（物料、能源、设备、工具、信息、人力等）通过一定的制造方法和生产过程，转化为可供人们使用和利用的工业品与生活消费品的行业，是国民经济和综合国力的支柱产业。

中国是世界上机械制造行业发展最早的国家之一。中国的机械制造技术不但历史悠久，而且成就十分辉煌，不仅对中国的物质文化和社会经济的发展起到了重要的促进作用，而且对世界技术文明的进步做出了重大贡献。现如今，中国机械制造业的产品已经渗透到世界各个角落，具备全世界最全的制造产业链，所以重点对中国的机械制造发展史进行介绍，根据时间来排列，可将中国机械制造业的发展分为三个时期：中国机械制造业的积累、中国机械制造业的形成、中国机械制造业的振兴。

1. 中国机械制造业的积累

从远古时期到 19 世纪末，由于国内仍在大量地使用人力、畜力进行生产劳动，机器业并未得到普及，所以这一时期被称为中国机械制造业的积累。

（1）传统机械制造的发展与成熟时期　石器的使用标志着这一时期的开始，旧石器时代的工具主要用石料和木料制作，同时也有一些骨制工具，新石器时代在石器制造方面以磨制工艺为主，同时对石器的制造有了一套完整的工艺过程（图 2-5），西周时期逐渐开始使用风力和畜力作为原动力。这时的制造在材料方面以石质材料为主发展为以木、铜质材料为主，在结构方面由简单工具发展为复合工具和较为复杂的机械，在原理方面从杠杆、尖劈等原理的利用发展为对惯性、摩擦、弹性和重力等原理的利用，在制造工艺方面经历了由石器制造工艺向铜器和其他机械工艺的转变。这些情况说明在这一阶段中国的机械制造水平已经有了一定的发展。

从春秋时期开始，我国传统机械制造水平的发展又进入了一个新的阶段。这一阶段铁器（图 2-6）开始得到使用，使古代机械在材料方面取得了重大突破。钢铁技术的产生和发展为制造高效生产工具提供了条件。随之铸造、锻造和热处理等机械热加工技术在这一时期得到了迅速发展。1980 年出土的秦始皇陵铜车马，代表了当时铸造技术、金属加工和组装工艺的水平。

图 2-5　石器　　　　图 2-6　铁器

在这一阶段，生产过程中的机械系统有了很大的变化，许多机械已用自然力代替人力作为原动力，对机械的操作开始由直接操作向间接操作转变。动力和运动的传输开始由机械本身来完成，对机械的控制开始由人的直接控制向间接控制发展。水排、水碓和马排等机械具备了机器的基本组成要素，都已具有原动机、传动机构和工作机构三个组成部分。机器的出现反映了机械系统的发展达到了很高的程度，也为机械制造业的形成奠定了基础。这一时期，我国的机械技术迅速发展，传统的铸造、锻造、热处理技术不断提高，逐渐趋于成熟。各种农业机械大都出现并大致定型。造船、纺织机械技术已达到成熟阶段。从动力、材料、工艺和结构原理等多方面看，我国传统机械制造水平已发展到成熟阶段。

（2）传统机械制造的鼎盛时期　从三国时期到明朝末年是中国机械制造水平发展的鼎盛时期，此阶段的主要特点是机械的总体水平有了极大的提高，古代机械得到了全面的发展。

从三国到隋唐五代，机械制造在工艺方面有较大的进步。锻造农具开始在农具中占主导地位，铸造技术有了新的发展，出现了一些大型铸件。宋元时期是中国传统机械发展的高峰时期。这一阶段，在农业机械方面有很大的进步，各种水力机械得到了更广泛的利用，纺织机械也有了新的发展。《王祯农书》中记述的手摇纺车、脚踏棉纺车等纺织机械反映了当时纺织机械的水平达到了很高的程度。兵器制造技术在这一阶段发展很快，出现了管形火器和喷射火箭等新式武器。在宋代，许多新型船只纷纷出现，造船技术趋于鼎盛。这一阶段在天文仪器方面取得了重大突破，我国传统的天文仪器发展到高峰阶段。同时，还有一些重大的发明（图 2-7），如出现了活字印刷术和双作用活塞风箱，还发明了冷锻和冷拔工艺。

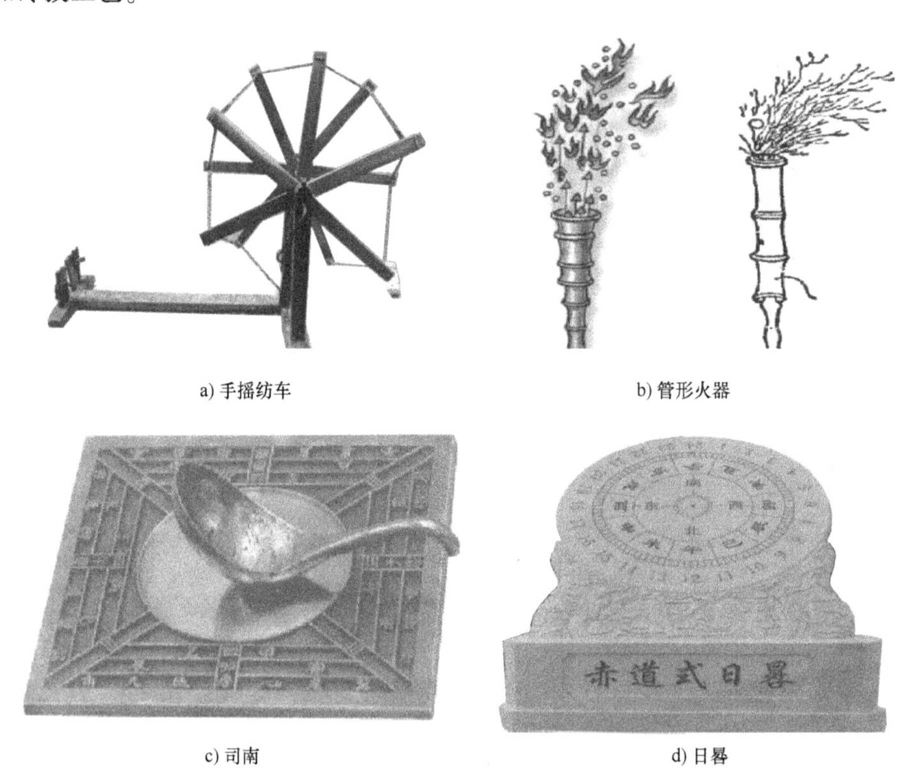

a) 手摇纺车　　b) 管形火器

c) 司南　　d) 日晷

图 2-7　三国至明朝期间的杰出机械发明

在这一时期中国出现了许多杰出的机械制造家，如马钧、祖冲之、李皋、张思训、燕肃、苏颂、郭守敬和王祯等，他们为传统机械的发展做出了重要贡献。这一时期的机械不但种类繁多，而且水平高、创造性强。中国在机械加工、农业机械、纺织机械、造船和仪器制造等多方面都走在了世界的前列，如历史上郑和下西洋的船队是当时世界上最大的船队。郑和所乘宝船长约 137m，舵杆长超过 11m，是古代最大的远洋船舶。不少机械传到了国外，对世界科学技术的发展产生了一定的影响。这一时期是传统机械和机械制造技术的全面发展和鼎盛时期，也是中国机械史上的繁荣时期。

(3) 传统机械制造的缓慢发展时期　明朝末年，西方兴起了文艺复兴，西方各国先后发生了资产阶级文化运动，科学技术迅速发展，在这一阶段已经赶上并超过了中国。但就机械制造方面来看，我国并没有十分落后，但在发展速度上已明显慢于西方国家。

到了清代，清朝政府采取了闭关自守的政策，中断了与西方的科技交流。同时，由于封建专制的加强，中国资本主义萌芽的发展受到了极大的限制。中国机械的发展停滞不

前，在这几百年间没有出现多少价值重大的发明。而这时正是西方资产阶级政治革命和工业革命时期，机械制造技术飞速发展，远远超过了中国。这样，中国机械的发展水平与西方的差距急剧拉大，到了19世纪中期已经落后西方100多年。

2. 中国机械制造业的形成

1840年，第一次鸦片战争爆发，西方列强用大炮敲开了中国闭关锁国的大门，从此西方近代机械科学技术也开始大量传入中国，使中国机械的发展进入了向近代机械转变的时期。

19世纪末，机器的生产在中国迅速发展，蒸汽机得到了广泛的应用。西方的锻造、铸造和各种切削加工技术相继传入。同时，我国自己也开始了一些机械的研制工作。如1862年研制出第一台蒸汽机（图2-8），1865年制造了第一艘蒸汽汽船（图2-9）。19世纪后期，民族资产阶级已经兴起，建立了一批机械工厂，对中国机械制造行业的发展起到了重要作用。

图2-8　中国建造的第一台蒸汽机

图2-9　中国建造的第一台蒸汽汽船的模型

20世纪以来，中国机械进一步得到发展。在引进国外机械的同时，也能自制不少类型的机械产品。到20世纪30—40年代，中国自行生产的产品种类有了较大的增加。在原动机方面能够生产蒸汽机、柴油机等，在工作机方面能生产刨床、铣床、车床等，在农机方面可以生产碾米机、面粉机和灌溉泵等，此外还能生产化工、纺织、矿山、印刷等方面的不少机械设备。这时的机械工程教育有了新的发展，许多院校设有机械工程系或专业，中国逐渐有了自己的机械工程技术人员。

在这一时期，蒸汽机与工具机在国内的广泛应用，开启了以机器为主导地位的制造业新纪元，促进了机械制造企业的雏形——工厂式生产的出现，标志着国内机械制造业开始形成。

3. 中国机械制造业的崛起

新中国成立以来，我国机械制造业得到了快速发展，据统计资料表明，2000年我国机械工业总产值仅为1.44万亿元，至“十五”末的2005年达4.18万亿元，“十一五”末的2010年达14.38万亿元，2012年机械工业总产值为18.50万亿元，为2000年的12.85倍，年均复合增长率达到25%。现在，我国机械工业的销售额超过了德国、日本和美国，跃居世界第一，成为全球第一的机械制造大国。自“十一五”以来，围绕能源、材料、交通运输、农业及国防等领域发展的需要，开发出了一批具有自主知识产权的机械产品，如100万kW超临界发电机组、100万kW超超临界发电机组、1000kV特高压交流输变电设备和±800kV 直流输电成套设备、30 万套合成氨设备、12000m 石油钻机、五轴联动龙门加工机床、五轴联动叶片加工中心、1080t 履带起重机等。同时，机械装备的国内市场自给率已经超过 85%，重大技术装备自主化取得了较大突破，保障能力明显增强。随着重大技术不断取得突破，我国机械工业代表性产品的国际地位明显提升，高端产品所占比例逐渐提高。如机床产值自 2009 年以来一直位居世界首位，达 153 亿美元。机床行业产品结构不断优化，金属切削机床数控化率已经提高到 50%以上。自 2006 年以来，我国发电设备产量连续超过 1 亿 kW，占世界总产量的 50%左右，遥遥领先于世界其他国家，其中超临界、超超临界火力发电机组占比超 40%；汽车工业实现了跨越式的发展，从 2000 年的 207 万辆到 2009 年首次突破千万辆大关，2013 年至今，产量连续世界第一。当前，新一轮科技革命和产业变革方兴未艾，云计算、大数据、物联网、人工智能等新一代信息技术，正推动制造业进入智能化时代，个性化定制模式已经出现。随着人工智能技术从实验室走向产业化，无论是国家层面还是企业层面，都在积极推动制造业的智能化转型，制造企业在不断利用信息化技术优化生产线、改进产品架构，从而提高生产率、产品质量，并能更快速地对国际市场变化做出响应。通过机器换人、利用人工智能技术进行产品检测等智能化改造，在提高生产率、保持“中国制造”物美价廉优势的同时，进一步提高中国产品的性能和质量，从而推动实现从“中国制造”向“中国智造”、“中国产品”向“中国品牌”的转变。

可以说，新中国成立后，我国生产方式显著变化。我国制造业牢牢抓住时代赋予的重大机遇，始终保持和加强国际竞争力，为未来更好发展奠定了坚实的基础。

第三节　机械设计制造及其自动化学科的前沿技术

随着经济与社会的发展，人们对产品的性能要求越来越高，传统的机械设计制造技术已经不能适应当前产品的性能加工。各国的机械设计制造业面临着日益严峻的挑战，人们都在积极寻求新的对策。在科学技术日新月异的条件下，尤其是计算机技术和信息技术在机械设计制造业中的广泛应用，人们的机械设计制造观念发生急剧变化，不再拘泥于传统的技术观念，机械设计制造业跨入了一个新的纪元。由此在机械设计制造及其自动化方面产生了一系列前沿技术。本节将简要地介绍机械设计制造及其自动化学科的一些前沿技术。

一、现代设计技术

现代设计技术是在传统设计方法基础上继承和发展起来的一门科学技术，以现代的设计理念、理论基础和现代工具来展开设计。现代设计技术主要有 CAD、优化设计、反求工程、绿色设计、有限元分析与设计、可靠性设计、精度设计、仿生设计等。

1. CAD

(1) CAD 的特点　CAD 技术是现代设计技术的重要组成部分，它本质上是一种利用计算机软硬件系统辅助人们进行设计的方法与技术。在工程和产品设计中主要担负着概念设计、几何造型、工程分析、设计评价、自动绘图和技术绘图等工作。与传统的设计方法相比，CAD 具有如下优势：

1）提高了设计效率。相比较于传统的手绘图纸，利用 CAD 技术其绘图速度可提高数倍，并且图纸的格式统一，不容易出错，质量高，可以大大节约人力，充分发挥人的长处，使得设计周期大大缩短，从而提高了产品的市场竞争力。

2）可以有效利用各种现代设计方法，提高设计质量。利用 CAD 技术，可以用有限元法分析产品的性能，可以计算机械产品的强度、振动、热变形性能等；可以运用优化方法选择产品的最佳性能，提高效率，降低消耗和成本；可以利用计算机辅助软件对产品进行运动，预先了解产品的性能，降低生产成本。

3）充分实现数据共享。图形系统和数据库使得整个生产过程中都使用了统一的数据信息，这意味着数据的标准化，使得即使在不同的商业软件中也可以打开同一图形。

4）有利于实现智能设计。随着计算机技术发展的智能化，机械电子产品质量的提高，人机结合也就成为可能。

（2）CAD 的基本步骤 产品设计是一个创造性思维和反复迭代的寻优过程。CAD 是利用计算机及其图形设备帮助设计人员进行设计工作。在工程和产品设计中，计算机可以帮助设计人员承担计算、信息存储和制图等工作。在设计中通常要用计算机对不同方案进行大量的计算、分析和比较，以确定最优方案；各种设计信息，不论是数字的、文字的或图形的，都能存放在计算机的内存或外存里，并能快速地检索；设计人员通常用草图开始设计，将草图变为工作图的繁重工作可以交给计算机完成；利用计算机可以进行与图形的编辑、放大、缩小、平移和旋转等有关的图形数据加工工作。CAD 的流程图如图 2-10 所示。

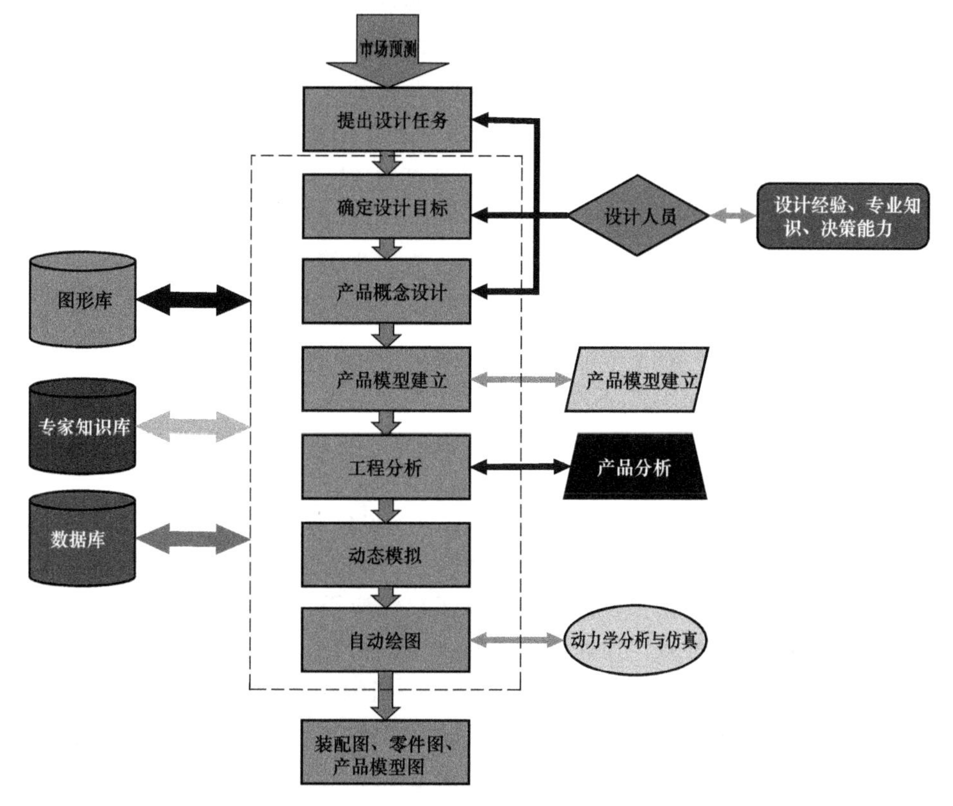

图 2-10 CAD 的流程图

(3) CAD 的关键技术

1) 产品的造型建模技术。CAD 的造型建模过程也就是对被设计对象进行描述，并用合适的数据结构存储在计算机内，以建立计算机内部模型的过程。被设计对象的造型建模技术的发展，经历了线框模型、表面/曲面模型、实体建模、特征造型、特征参数模型、产品数据模型的演变过程。

2) 单一数据库与相关性设计技术。单一数据库就是与设计相关的全部数据信息来自同一个数据库，而相关性设计就是任何设计改动都将及时地反映到设计过程的其他相关环节。建立在单一数据库基础上的产品开发，可以实现产品的相关性设计。单一数据库和相关性设计技术的应用，有利于减少设计中的差错，提高设计质量和设计效率，实现设计过程的协同作业。

3) NURBS 曲面造型技术。非均匀有理 B 样条（Non-Uniform Rational B-Splines, NURBS）是用来定义 CAD 模型中复杂曲线、曲面的描述方法。运用 NURBS 造型技术可以采用统一的数学模型，精确地简化了系统结构和数据的管理，有利于对曲线、曲面进行局部操作和修改，提高了对曲线和曲面的构造能力和编辑修改能力。

4) 有限元分析及动态仿真技术。有限元分析（Finite Element Analysis, FEA）是工程分析的一种数值计算方法，它基于"离散逼近"的原理，将求解域看成是由有限个互连小区域单元构成的，对每一小区域单元假定一个合适近似解，然后推导出满足条件要求的求解域整体解。

5) CAD 与其他 CAX 系统的集成技术。CAD 设计结果建立了所设计对象的基本三维数字化模型。为了使产品生产的后续环节也能有效地利用 CAD 设计结果，充分利用已有的信息资源，提高综合生产率，必须将 CAD 技术与其他 CAX 技术进行有效的集成，包括 CAD/CAM（Computer Aided Manufacturing，计算机辅助制造）技术的集成、CAD 与 CIMS（Computer Integrated Manufacturing Systems，计算机集成制造系统）等其他功能系统的集成。

6) 标准化技术。由于 CAD 软件产品众多，为实现信息共享，相关软件必须支持异构、跨平台的工作环境。该问题的解决主要依靠 CAD 技术的标准化。国际标准化组织（ISO）制定了"产品数据模型交换标准"（Standard for the Exchange of Product Model Data, STEP）。STEP 采用统一数字化定义方法，涵盖了产品的整个生命周期，是 CAD 技术依托的国际化标准。

2. 优化设计

(1) 优化设计的定义 优化设计是以数学中的最优理论为基础，以计算机为手段，根据设计所追求的目标，在一定的客观限制条件下，寻求最优的设计方案，获得最大效益的一种现代设计方法。如今优化设计已经得到了广泛应用，图 2-11 所示为通过拓扑优化方法设计出来的华伦桁架桥和巴约纳大桥。

(2) 优化设计的最优化方法 最优化方法，是指解决最优化问题的方法。所谓最优化问题，指在某些约束条件下，决定某些可选择的变量应该取何值，使所选定的目标函数达到最优的问题。即运用最新科技手段和处理方法，使系统达到总体最优，从而为系统提出设计、施工、管理、运行的最优方案。由于实际的需要和计算技术的进步，最优化方法

a) 华伦桁架桥

b) 巴约纳大桥

图 2-11　优化设计在桥梁中的应用

的研究发展迅速。根据约束条件不同，最优化问题通常分为有约束优化问题和无约束优化问题（图 2-12）。

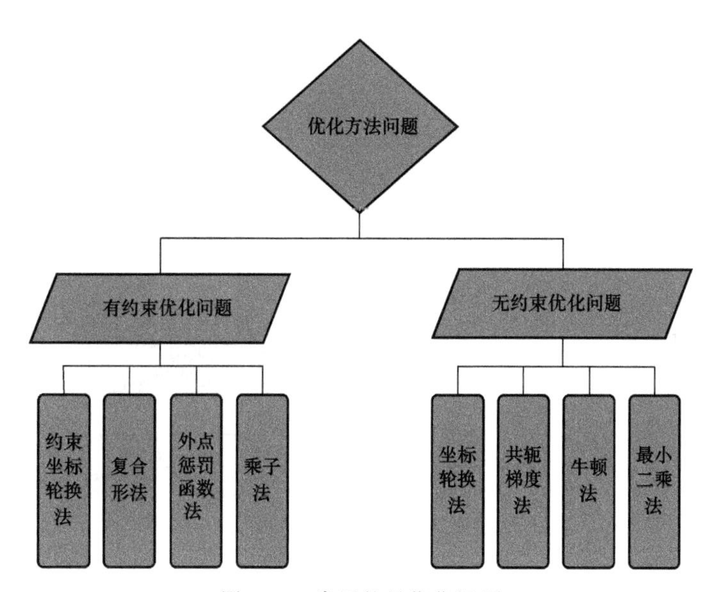

图 2-12　常用的最优化问题

（3）优化设计的基本步骤　优化设计过程可概括为设计对象分析、设计变量和设计约束的确定、优化设计数学模型的建立、合适的优化计算方法的选择、优化结果的分析等步骤，其具体工作流程如图 2-13 所示。

3. 反求工程

（1）反求工程的特点　反求工程又称逆向工程，是一种以已有的产品为基础，进行消化、吸收并进行创新改造，使之成为新产品的过程。反求工程并不是传统设计过程中从无到有的模式，而是在已有的产品上进行改进，所以这种方式已经逐渐得到广泛应用。反求工程的流程如图 2-14 所示，应用反求工程加工的零件如图 2-15 所示。

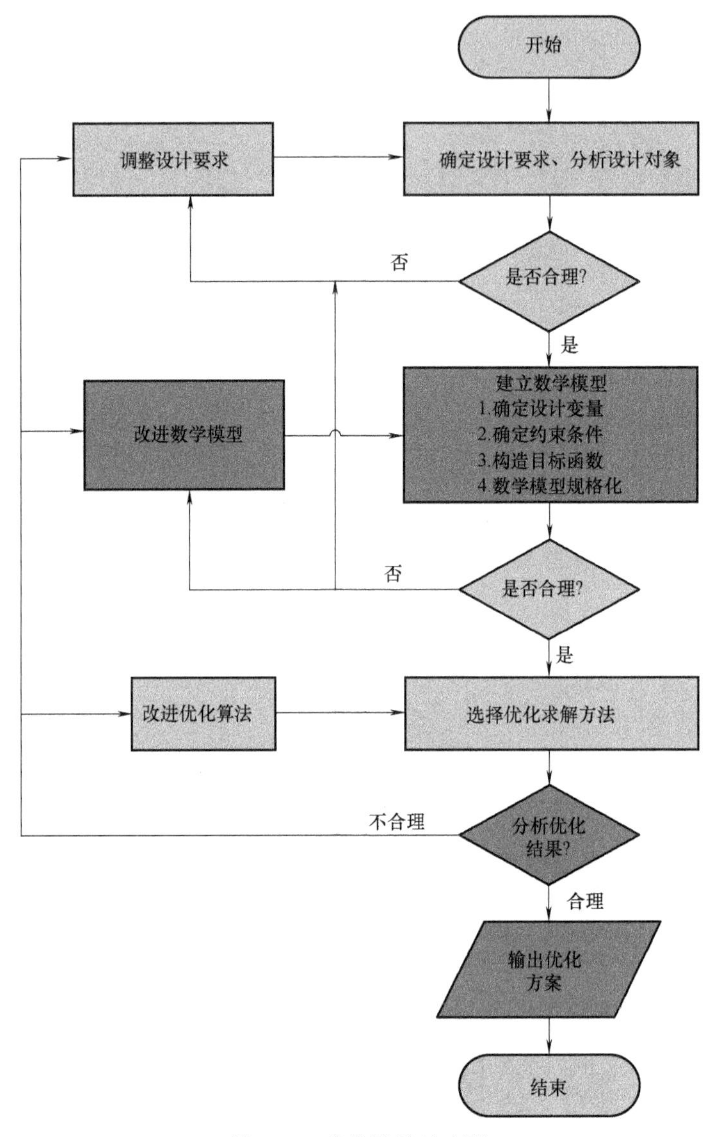

图 2-13　优化设计的步骤

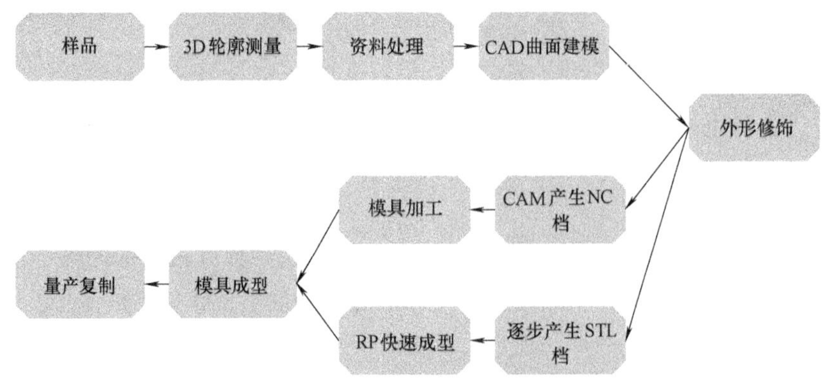

图 2-14　反求工程的流程

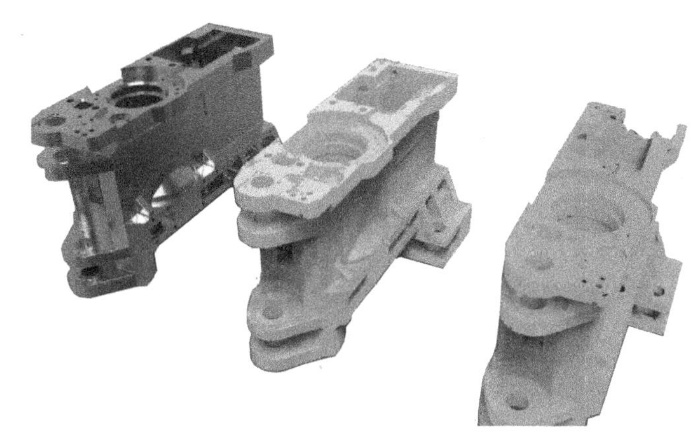

图 2-15 应用反求工程加工的零件

(2) 反求工程的基本步骤 反求工程的设计步骤可以分为分析阶段、再设计阶段和制造阶段。

1) 分析阶段。首先需要对反求对象的功能原理、结构形状、材料性能、加工工艺等方面有全面深入的了解，明确其关键功能及关键技术，对原设计的特点和不足之处做出评估。这个阶段对反求工程能否顺利进行以及成功与否至关重要。通过对反求对象相关信息的分析，可以确定产品的技术指标及其几何结构元素之间的拓扑关系。

2) 再设计阶段。在反求分析的基础上，对反求对象进行再设计，包括对样本的测量和再规划、模型重构和改进创新等过程。

3) 制造阶段。按照产品常用的制造方式，将反求产品制造出来，并且结合实际工况进行必要的修改和创新。

(3) 反求工程的关键技术

1) 反求对象的分析。反求工程中，有必要从反求样本信息中获取反求对象的功能、原理、材料及加工工艺等信息，这关系到反求工程的成败，所以需要特别重视。这主要包括：反求对象的功能原理分析、反求对象的材料法分析、反求对象的加工工艺分析、反求对象的精度分析、反求对象的造型分析、反求对象的系列化和模块化分析等六个要点。

2) 反求对象的几何参数采集。反求对象的几何参数采集是反求工程中另外一个极为关键的环节。根据反求对象信息来源的不同，确定反求对象的尺寸也不尽相同。例如在反求对象的形体尺寸确定中，常采用的方法主要有：用一些简易工具进行测量，例如利用圆规、尺子、卡尺、万能量具等进行测量；用一些机械接触式坐标测量设备；采用激光、数字成像、声学非接触式的坐标设备进行测量（图 2-16）。

4. 绿色设计

(1) 绿色设计的特点 绿色设计又称为生态设计、环境设计等，它是从绿色产品中衍生出来的一种新型设计技术。其设计的核心可以归结为低消耗、可回收、再利用、可降解几个方面，相比较于传统的设计技术，绿色设计具备以下优势：

1) 使产品的生命周期更长。与传统设计技术相比，绿色设计中不再考虑报废过程，

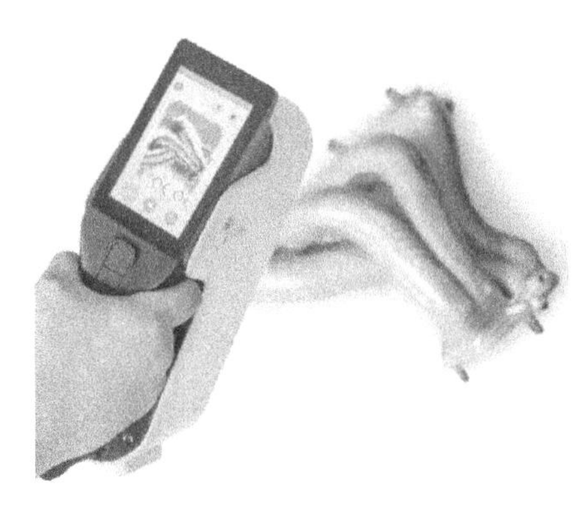

a) 握式激光三维扫描仪

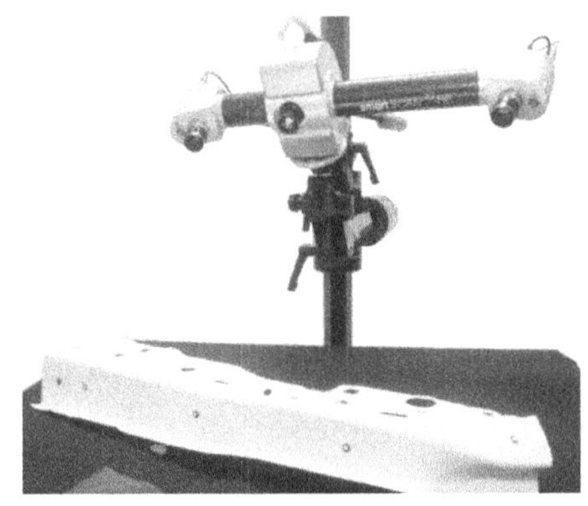

b) 立式激光三维扫描仪

图 2-16 非接触式几何参数采集设备

取而代之的是回收再利用过程，因此产品的生命周期更长。

2）更加环保。产品在设计阶段就考虑到在其整个生命周期内的资源利用及环境保护，考虑到选用的零件材料对环境的影响，有毒材料有无可代替物，生产过程是否会产生废弃物，有无处理办法等问题，以及如何对产品进行拆卸、回收、再利用。

3）更加注重生态系统的平衡。绿色设计从一开始就考虑到资源和能源消耗的最少化，以及产生的废弃物对人类健康和安全危害的最小化。

4）学科的综合性较强。绿色设计涉及多学科的交叉，包括机械制造学、管理学、材料学、社会学以及环境学等诸多学科。

正是由于这些优势，绿色设计已经得到了广泛重视，并逐渐实用化，市面上相继出现了一系列的绿色设计产品，例如丰田自行车（图 2-17）、丰田汽油电力混合驱动车（图 2-18）、Loewe-Opta 电视机、概念冰箱以及航天工业中的废气处理设备等。

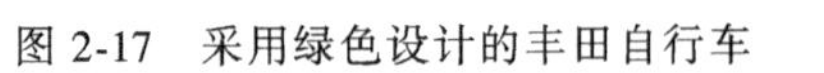

图 2-17 采用绿色设计的丰田自行车

图 2-18 采用绿色设计的丰田汽油电力混合驱动车（Auris）

（2）绿色设计的关键技术 从制造的概念来讲，制造的全过程一般包括产品设计、工艺规划、材料选择、生产制造、包装运输、使用和报废处理等阶段。如果在每个阶段都考虑到有关绿色的因素，就会产生相应的绿色制造技术。

1）绿色设计技术。这是实施绿色制造的关键。绿色设计是在产品的整个生命周期的各个阶段，包括设计、选材、生产、包装、运输、使用及报废处理，都必须考虑其对资源和环境的影响。

2）绿色材料选择技术。这是一个系统性和综合性很强的复杂问题。在绿色设计时，材料选择应从减少所用材料种类、选用可回收或再生材料、选用能自然降解的材料、选用无毒材料四方面来考虑。

3）绿色生产技术。相对于真正的清洁生产技术而言，这里所提到的清洁生产仅仅指生产加工过程。在这一环节，要想为绿色制造做出贡献，需从绿色制造工艺技术、绿色制造工艺设备等入手。

4）绿色包装技术。绿色包装技术就是从环境保护的角度，优化产品包装方案，减少资源消耗和废弃物产生，目前这方面的研究很广泛，但大致可以分为包装材料、包装结构和包装废弃物回收处理三个方面。

5）绿色回收技术。目前的研究认为面向环境的产品回收处理是个系统工程，从产品设计开始就要充分考虑这个问题，并进行系统性的分类处理，将废弃产品中有用的部分再合理地利用起来，既能节约资源，又可有效地保护环境。如此一来，整个制造过程也会形成一个闭环的系统，有效减轻对环境的危害。

5. 有限元分析与设计

（1）有限元分析与设计的特点　有限元分析（Finite Element Analysis，FEA）利用数学近似的方法对真实的物理系统或物体（几何和载荷工况）进行模拟。利用简单而又相互作用的元素（即单元），就可以用有限数量的未知量去逼近无限未知量的真实系统。这种分析方法由于在分析几何对象几何形状时具有适应性强、适用范围广、稳定性和收敛性好等特点，已逐渐在机械制造、材料加工、航天技术、土木建筑、电子电气、国防军工等方面得到广泛应用，并使得这些领域的设计水平发生质的飞跃。图 2-19 所示为利用有限元对管道进行分析，图 2-20 所示为利用有限元对工业机械手的多体动力学分析。

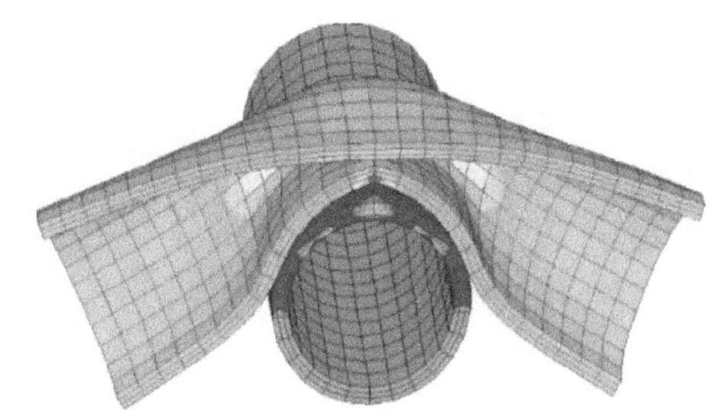

图 2-19　利用有限元对管道进行分析

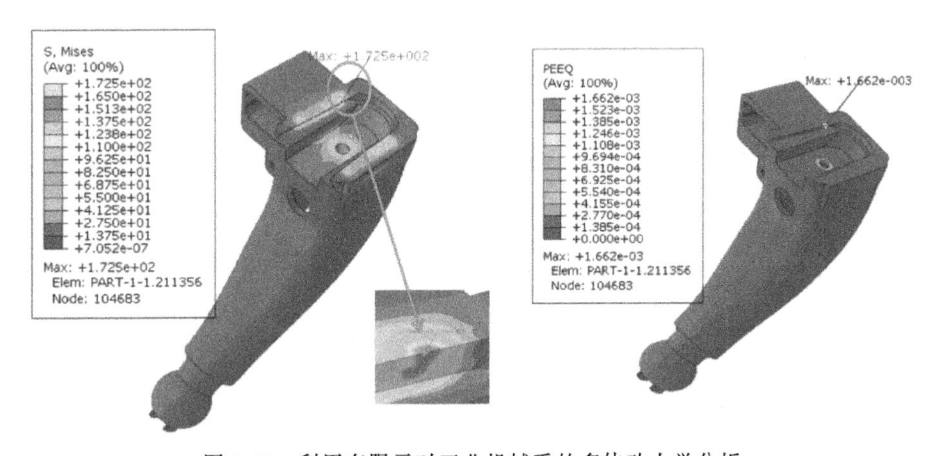

图 2-20　利用有限元对工业机械手的多体动力学分析

(2) 有限元分析与设计的步骤 有限元分析与设计的步骤主要是从两方面来说的，一方面是有限元理论方法，另一方面是有限元软件实际操作。

从理论方法上，有限元分析与设计的基本步骤如下：

1）结构离散化。将待分析的结构用一些假想的线或面进行切割，使其成为具有选定切割形状的有限个单元体。

2）确定单元位移模式。结构离散化后，接下来的工作就是对结构离散化所得的任一典型单元进行单元特性分析，即选择合理的位移模式。

3）单元特性分析。这主要包括三个方面，第一方面是对于单元中的任意一点的应变用节点位移来表示。第二点是利用应力与应变之间的关系推出任意一点的应力方程。第三点是利用虚位移原理或者最小势能原理建立单元刚度方程。

从软件的实际操作方面来说，有限元分析与设计的主要步骤如图 2-21 所示。

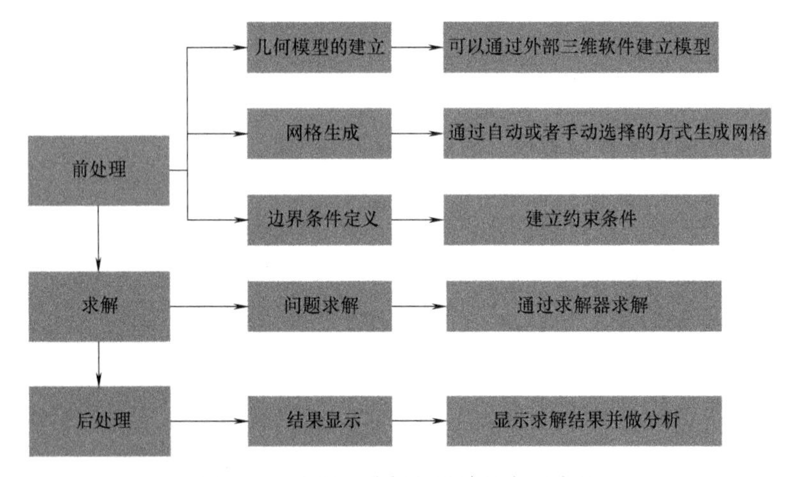

图 2-21 有限元分析与设计的主要步骤

(3) 有限元分析与设计的关键问题

1）有限元结果的认识问题。由于有限元分析法的最终结果受到离散和网格密度、单元类型以及边界条件等的影响，另外，一些商用软件在做法上还进行了一些简化，因此弄清楚软件的算法原理十分重要。在分析商业有限元软件上，几何建模、有限元建模以及边界条件等的处理如果不合理都会造成最终的结果偏离实际，因此要谨慎对待有限元的分析结果。要对有限元结果的可行性进行验证，重视常规强度的计算。

2）重视量纲的选择。有限元分析中涉及的量纲有质量、长度、时间、力、应力以及能量等，如果这些量纲选择错误会直接影响结果的可靠性。在量纲组合中，理论上只需要满足量纲之间的协调关系即可。但在实际情况中，选择不同的量纲，最终的精度也会有所差别。如果选择不合理会造成最终的几何数据不合理。受计算中数据精度的限制，计算中还会存在舍和入的误差，最后还应该协调考虑容差选择。

3）单元的选择。在前置处理中要进行几何建模、定义材料、单元以及网格等。在网格的划分中，要按照定义的单元形状进行几何模型的离散化。单元的选择会直接影响有限元的结果，更高的形函数阶次会带来更加准确的有限元结果，但同时也会成倍地增加单元的节点数，提高计算成本，所以要将计算精度和成本折中考虑，选择合适的单元。

4）网格密度。网格密度会对有限元的结果造成很大影响，在进行有限元建模的过程中，有多种划分方法，如自由划分法、手工分割法、映射法以及拉伸法等。在相同的分析对象中，不同的应力应变情况和不同的区域，都应该采用不同的网格密度。如果区域中有凹角、台阶，边界条件十分复杂等，应该适当加密网格密度。同时，两个相邻的单元之间应该尽量减小应变梯度。在塑性成形中则应该保证相邻单元的梯度在5%以内。

二、先进的制造工艺技术

在商品市场竞争日益激烈的情况下，企业的经营战略也在不断地调整，产品的生产规模、生产成本、产品质量、市场响应速度都相继成为企业改革的目标，从而产生了高效、清洁、优质、低能耗的先进制造工艺。先进的制造工艺是先进制造技术的核心与基础，在很大程度上决定了一个国家的制造业在国际市场上的竞争力和地位。先进制造工艺技术主要有超精密加工技术、高速加工技术、再制造技术等。

1. 超精密加工技术

(1) 超精密加工技术的含义　按加工精度划分，可将机械加工分为一般加工、精密加工和超精密加工三个等级。

精密加工是指加工精度在0.1～1μm，加工表面粗糙度值在0.02～0.1μm范围内的加工方法。

超精密加工是指加工精度高于0.1μm，加工表面粗糙度值小于0.01μm的加工方法。超精密加工精度已可达到纳米级。

超精密加工主要有超精密切削（图2-22）、超精密磨削（图2-23）、超精密特种加工（机械化学抛光、离子溅射和离子注入、电子束曝光、激光束加工、金属蒸镀和分子束外延等）。

图2-22　超精密切削加工的零件

图2-23　超精密磨削

(2) 超精密加工的特点　超精密加工的特点主要包括以下几个方面：

1）遵循精度“进化”原则。对于超精密加工，一般借助工艺手段和特殊工具，直接利用低于工件精度的机床设备加工出精度高于“工作母机”（图2-24）的工件，这样的加工方式叫作直接式“进化”加工。也可以先用较低精度的机床和工具，制造出加工精度比“工作母机”精度更高的机床和工具（即第二代“工作母机”和工具），再用第二代“工作母机”加工高精度工件，相应的加工方式叫作间接式“进化”加工。直接式“进化”加工和间接式“进化”加工的加工精度逐渐提高，所以统称为精度“进化”加工，或“创造性”加工。因此，超精密加工遵循精度“进化”原则，属于创造性加工。

图 2-24　工作母机

2）属于微量切削。超精密加工时，背吃刀量一般都很小，属于微量切削和超微量切削，因此对刀具刃磨砂轮修整和机床及其调整均有很高的要求。

3）影响因素众多。超精密加工是一门综合性高技术，凡是影响加工精度和表面质量的因素都要考虑，包括加工方法、加工工具及其材料的选择，被加工材料的结构及质量，加工设备的结构及技术性能，测试手段和测试设备的精度，工作环境的恒温、净化和防振，工件的定位与夹紧方式，人的技艺等，因此，超精密加工技术已不再是一个孤立的加工和单纯的工艺问题，而成为一项包含内容极其广泛的系统工程。

4）与自动化技术关系密切。超精密加工一般采用计算机控制、在线检测、适应控制、误差补偿等自动化技术，来减少人为因素的影响，提高加工质量。

5）综合应用各种加工方法。在超精密加工方法中，不仅有传统的切削、磨削加工方法（如超精密车削、铣削、磨削等），还有特种加工和复合加工方法（如精密电加工、激光加工等）。

6）加工和检测一体化。为了保证超精密加工的高精度，很多时候都采用在线检测、在位检测。

（3）超精密加工的关键技术　超精密加工的关键技术主要包括超精密车削、超精密铣削和超精密磨削等，已广泛应用于国防军工、航空航天和其他高科技领域，其能加工出纳米级表面粗糙度及亚微米级形状误差的零件，是现代制造业发展的重要支撑和基础。

2. 高速加工技术

（1）高速加工技术的含义　高速切削加工技术中的“高速”是一个相对概念，对于不同的加工方法和工件材料与刀具材料，高速切削时的加工速度并不相同。

通常认为，铣削主轴转速达到 8000r/min 以上为高速铣削加工；切削线速度达到 500~700m/min，或为常规切削速度的 5~10 倍，为高速切削加工。

在实际生产中，高速切削中的“高速”是一个经济指标，高速切削加工可以获得较大的经济效益。高速切削凭借着高速度的加工而深受人们的青睐，目前其应用于航天、航空、汽车、模具、轴承、动力机械和机床等行业中，各种切削方式、各种材料几乎都可以加工，特别是在高速铣削和高速车削上发展迅猛。

(2) 高速切削的特点

1) 切削的时间大大减少，工作效率大幅度提高，降低了成本。相较于传统的切削技术，高速切削的进给速度提高了5~10倍，单位时间的材料切除效率提高了3~6倍，甚至更高，大大提高了能源和设备的利用率，而且粗加工、半精加工、精加工可在一台机床上完成，这样避免了多次装夹产生的误差，极大地提高了加工精度。

2) 切削力大幅度减小，有利于薄壁件的切削。在高速加工的范围内，随着切削速度的提高，切削力随之减小，根据切削速度提高幅度的不同，切削力减小的多少也不同，平均减小30%以上，这对于薄壁零件的加工非常有利。

3) 散热增加。在高速切削时，切屑以很大的速度排除，带走了切削热量，切削速度提高得越多，带走的热量就越多，这样可防止加工零件产生内应力和热变形，从而提高零件加工精度。

4) 零件的表面加工质量提高。由于切屑在瞬间切离工件，工件表面的应力非常小，同时由于高速切削机床的激振频率远高于机床的高阶固有频率，工件往往处于一个“无振动”的切削状态，因而能获得一个较好的表面质量。

5) 加工的范围更广。相较于一些传统的加工方法而言，高速切削可以加工各种难加工的材料，对于镍基合金和钛合金，如果使用传统的加工方法，切削温度过高，切削磨损严重，而采用高速切削加工，切削速度可以达到100~1000m/min，可有效地减少磨损，提高加工质量。

3. 再制造技术

再制造是以废旧产品作为生产毛坯，通过专业化的修复或升级改造的方法使其质量特性不低于原有的新产品的制造过程，是先进制造和绿色制造的重要组成部分。

产品的再制造过程一般包括八个步骤，即产品清洗、目标对象拆卸、清洗、检测、再制造零部件分类、再制造技术选择、再制造、检验等。

再制造技术不但能延长产品的使用寿命提高产品技术性能和附加值，还可以为产品的设计、改造和维修提供信息，最终以最低的成本、最少的能源资源消耗完成产品的全寿命周期。除此之外，再制造的资源和环境效益同样十分巨大。

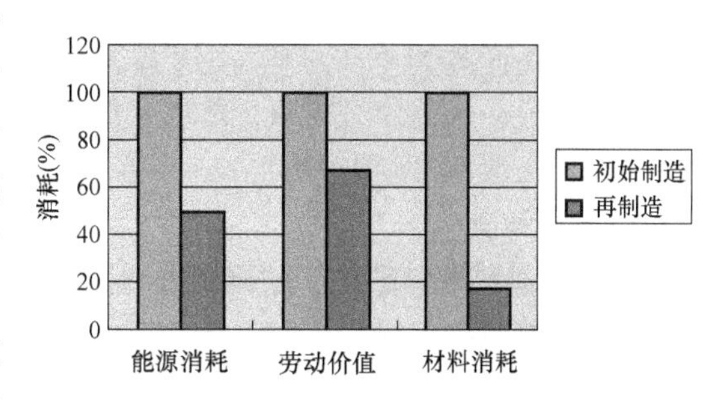

图2-25 发动机制造与再制造的消耗对比

当前，我国已经进入了机电装备和家用电器装备报废的高峰期，现役的机械装备运行损失也十分惊人，如果对这些废旧产品进行再制造，则可以获得重大的经济、环境和社会效益。发动机制造与再制造的消耗对比如图2-25所示。

三、先进的制造模式

一个企业仅仅靠改进制造工艺、提升装备水平和提高企业生产率是远远不够的，必须要从总体策略、组织结构和管理模式等方面，也就是用先进的制造模式来提高生产力。近几十年以来出现了许多的先进制造模式，如智能制造、敏捷制造、计算机集成制造系统等，这些新兴的制造模式使得制造业展现出前所未有的发展局面。

1. 计算机集成制造系统

(1) 计算机集成制造系统的含义 计算机集成制造系统（CIMS）是生产自动化领域的前沿学科，它是在信息技术、自动化技术与制造的基础上，通过计算机技术把分散在产品设计制造过程中各种孤立的自动化子系统有机地集成起来，形成适用于多品种、小批量生产，实现整体效益的集成化和智能化制造系统。

(2) 计算机集成制造系统的特点 计算机集成制造系统将传统的制造技术与现代信息技术、管理技术、自动化技术、系统工程技术等有机地结合起来，借助计算机使得企业产品的生命周期各阶段活动中有关的人、组织、经费管理和技术等要素及信息流、物流和价值流有机集成并优化运行，实现企业制造活动中的计算机化、信息化、智能化、集成优化，以达到产品上市快、高质、低耗、服务好、环境清洁的目的，从而提高企业的柔性和敏捷性。

(3) 计算机集成制造系统的技术组成 从系统功能的角度分析，一般认为 CIMS 可由经营管理信息分系统（MIS）、工程设计自动化分系统（EDS）、制造自动化分系统（MAS）和质量保证分系统（QCS）四个功能分系统，以及计算机网络和数据库管理技术两个支撑分系统组成（图 2-26）。

但是 CIMS 这种结构并不意味着任何一个企业在实施 CIMS 的时候都必须同时实现所有的系统功能。因为每个企业原有的基础不同，各自所处的环境也不同，因此需要根据企业的具体需求和条件，在 CIMS 思想的指导下进行局部或者分步实施，然后再逐步延伸，最终实现 CIMS 的目标。

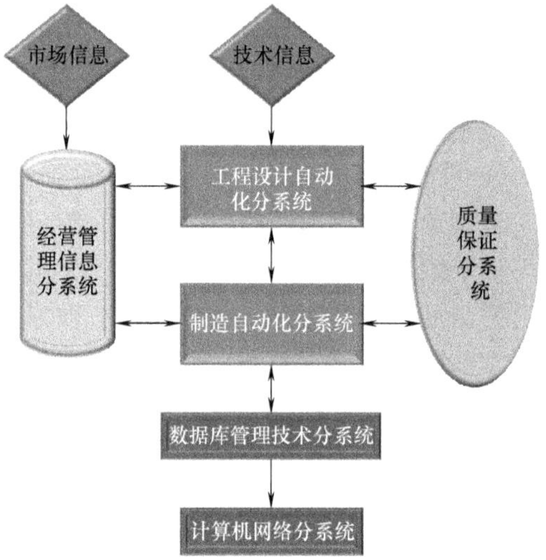

图 2-26 CIMS 组成功能示意图

2. 敏捷制造

(1) 敏捷制造的定义 敏捷制造（AM）就是指制造系统在满足低成本和高质量的同时，对变化莫测的市场环境做出敏捷反应的技术。敏捷制造的敏捷能力应体现在竞争力、制造柔性、制造的快速性、策略上的敏捷性、运行上的敏捷性以及对市场的反应能力等方面。敏捷制造系统的框架如图 2-27 所示。

(2) 敏捷制造的特点

1) 敏捷制造是一种自主制造系统。敏捷制造具有自主性，每个工件、加工过程、设备的利用以及人员的投入都由本单元自己掌握和决定。这种系统简单、易行、有效。再者以产品为对象的敏捷制造，每个系统只负责一个或者若干个同类产品的生产，对于小批量或者单个件的生产很方便。如果所做的项目较为复杂的时候，可以将其分为若干个单元，各单元之间分工明确，协调完成一个项目组的产品。

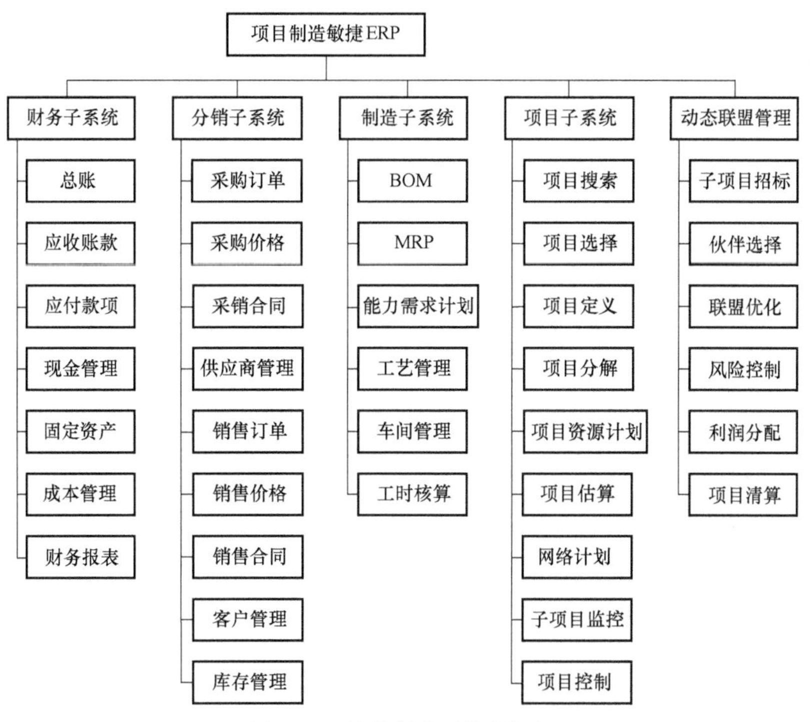

图 2-27　敏捷制造系统的框架

2）敏捷制造是一种虚拟制造系统。敏捷制造系统是一种以适应不同产品为目标的虚拟制造系统（图 2-28），其特色在于随着环境的变化迅速动态地重构，对市场的变化做出快速的反应，实现生产的柔性自动化，实现该目标的主要途径是组建虚拟企业，具备功能虚拟化、组织虚拟化、地域虚拟化等特点。

图 2-28　敏捷制造的虚拟化

3）敏捷制造是一种可重构的制造系统。敏捷制造系统从组织结构上具有可重构性、可重复使用性和可扩充性三个方面的能力，它有设计完成变化活动的能力，通过对制造系统的硬件重构和扩充，适应新的生产过程，并且要求软件可重用，能对新制造活动进行指挥、调度与控制。

（3）实施敏捷制造的关键技术　实施敏捷制造的关键技术主要有：好的信息技术框架支持，集成化设计模型和工作流控制系统支持，供应链管理系统和企业资源管理系统，各类设备、工艺过程和车间调度的敏捷化，敏捷性的评价体系等。

3. 智能制造

（1）智能制造的含义　智能制造系统（Intelligent Manufacturing Systems，IMS）一般

指的是由智能机器和人类共同组成的人机一体化系统，通过计算机模拟制造业人类专家的分析、判断、推理、构思和决策等智能活动，并将这些活动和智能机器有机地结合起来，贯穿应用于整个制造业的各个子系统中。智能制造是面向产品全生命周期的，在现代传感技术、网络技术、自动化技术、拟人化智能技术等先进技术的基础上，通过智能化的感知、人机交互、决策和执行技术实现设计过程、制造过程、制造装备的智能化。目前智能化制造技术发展迅猛，已经在产品的智能化、装备的智能化、车间的智能化、工厂的智能化实现应用。

(2) 智能制造的特点 智能制造作为一种先进的制造方式，它具备以下特点：

1）广泛性。涵盖了从产品设计、生产准备、加工和装配、销售和使用、维修服务直至回收再生产的整个过程。

2）自组织能力。自组织能力指的是智能制造系统中各种智能设备，能够按照工作任务的要求，自行集结成一种最合适的结构，并按照最优的方式运行。完成任务以后，该结构随即自行解散，以便于在下一个任务中集结成新的结构。

3）集成性。智能制造系统在强调各生产环境智能化的同时，更注重整个制造环境的智能集成。智能制造系统涵盖了产品的市场、开发、制造、服务和管理整个过程，把它们集成为一个整体，以便于系统加以研究，实现整体的智能化。

4）系统性。系统性追求的目标是整个制造系统的智能化，它并非是各个子系统的简单叠加，而是通过整合物质流、能量流和信息流的工程。

5）动态特性。智能制造技术其内涵是非常灵活的，并非是一成不变的，会根据其所处的时间和位置的变化而变化。

6）实用性。智能制造技术是服务于制造业的，对制造业和国民经济的发展起着重大作用，它并非追求高薪的技术，而是以提高效益为中心，提高企业的竞争力和促进国家经济增长和综合实力的提高为目标。

7）开放性。为了让机械具备较高的智能行为，必须通过人工移植必要的基础知识，只有这样，系统才具备自我学习和自我积累、完善、修复和自我扩展的能力。智能制造系统以原有的专家知识作为基础，完善系统知识库，并且清理掉原有的错误，使得知识库趋向最优。

8）绿色性。面对日益严重的环境与资源约束问题，绿色制造业越来越受到人们的关注，它必将是 21 世纪制造业的重要特征，而智能技术作为 21 世纪的先进制造技术，也必将考虑到向着绿色的方向发展。

(3) 智能制造的技术基础 要实现智能制造，必须在产品设计制造服役全过程实现信息的智能传感与测量、智能计算与分析、智能决策与控制，涉及 CPS、工业物联网、云计算技术、工业大数据、工业机器人技术、3D 打印技术、RFID 技术、虚拟制造技术和人工智能技术等技术基础。

四、制造自动化技术

1. 制造自动化的内涵

制造自动化的任务就是研究对制造过程的规划、管理、组织、控制与协调优化等的自

动化，使得产品的制造过程实现高效、优质、低耗、及时和洁净的目标。

制造自动化代表着先进制造技术水平，使制造业逐渐由劳动密集型转变为技术密集型和知识密集型产业，是制造业发展的重要标志和体现。当前制造自动化的目标更主要是提高制造企业对瞬息万变的市场响应能力以及响应速度，提高制造业的竞争能力。

2. 自动化制造的设备

(1) 数控机床的定义 数控机床是当前应用最广泛的自动化制造设备，是一种装有程序控制系统的自动机床，能较好地解决复杂、精密、小批量、多品种的零件加工问题，是一种柔性的、高效能的自动化机床，代表了现代机床控制技术的发展方向，是一种典型的机电一体化产品。

(2) 数控机床的特点 数控机床是装有程序控制系统的机床，该系统能够逻辑地处理具有使用编码或者其他符号指令规定的程序。数控机床具备加工能力强、加工精度高、加工效率高和自动化程度高等特点。基于以上特点，数控机床对于单件、中小批量、形状复杂、精度要求高的零件加工或者产品更新频繁、生产周期紧的生产任务极为方便，可以提高产品质量，降低生产成本，获得较高的经济效益。几种典型的数控机床如图 2-29 所示。

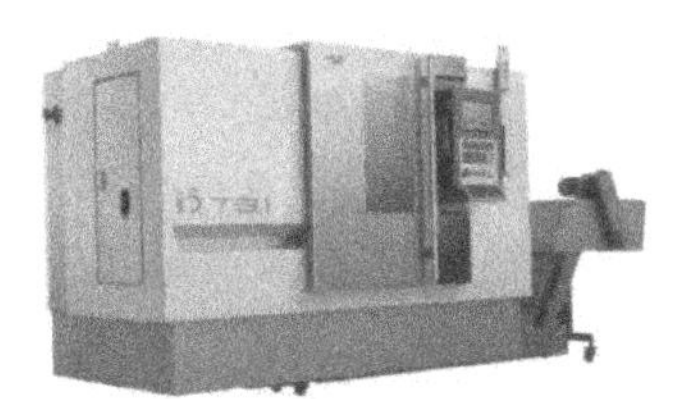

a) 国产沈阳数控机床

b) 德国DMG数控机床

c) 日本马扎克机床

图 2-29 几种典型的数控机床

(3) 数控机床的组成 数控机床通常包括机床主体、数控系统以及辅助系统等。机床的主体是数控机床的基础，通常由床身、主轴部件、进给部件以及工作台等组成（图 2-30）。

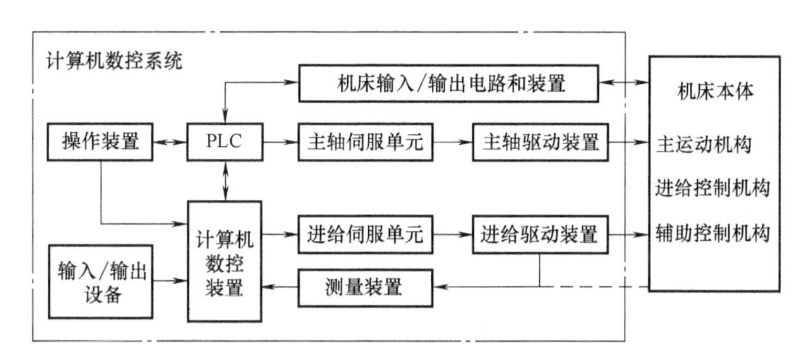

图 2-30 数控机床的组成

数控机床的辅助装置一般由回转台，夹紧机构以及冷却、润滑、排屑、防护装置等组成。数控系统是数控机床的核心，主要起着控制数控机床全部任务的作用。数控系统主要由数控装置（CNC）、可编程序控制器（PLC）、主轴伺服驱动单元、进给伺服驱动单元、人机界面以及检测反馈装置等组成。数控装置为机床的核心，是以数字量的形式控制机床的加工运动，通常具有多轴运动控制功能、插补功能、主轴转速以及进给速度设定功能、误差补偿功能、故障诊断、程序编辑以及信息通信等功能。PLC 用于数控加工过程的逻辑控制，包括控制面板 I/O 接口、机床主轴的启停与换向、刀具的更换、冷却润滑的起停、工件的夹紧与松开、工作台分度等逻辑开关量的控制。伺服驱动单元是数控装置和机床本体的连接环节，是数控系统的执行部件。

3. 物料运储系统的自动化

物料运储系统是自动化制造系统的重要组成部分，它主要是及时运送毛坯、半成品，以及加工夹具等到指定地点加工或存储。物料运储系统的自动化可以极大地提高系统的生产率，减小库存，降低生产成本，提高综合经济效益。物料运储系统的组成随着制造系统的类型和服务的对象不同而有所区别。常用的有自动运输小车，工业机器人，专用的料仓、料斗、上料器、运料器、输送机、输送带等装置。下面简单介绍工业机器人。

（1）工业机器人的定义 所谓的工业机器人是一种可以实现重复编程和多自由度控制，按照预定的程序、轨迹及其他要求，实现抓取、搬运工件或者操纵工具的机械。图 2-31 所示为一种轻载工业机器人，图 2-32 所示为一种在流水线上工作的机器人。

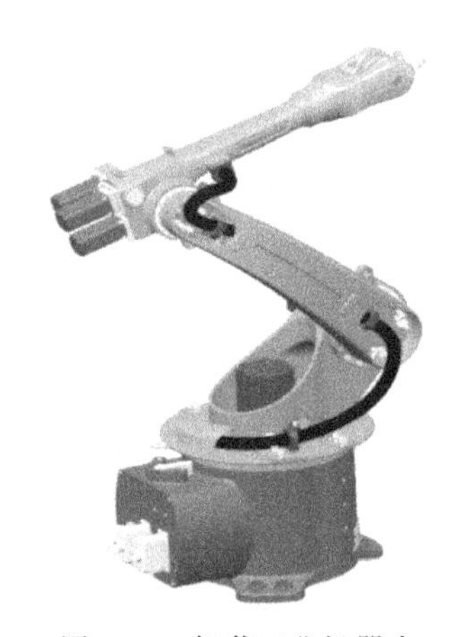

图 2-31 轻载工业机器人

图 2-32 在流水线上工作的机器人

（2）工业机器人的组成 工业机器人一般由执行系统、驱动系统、控制系统、输入/输出系统接口等部分组成。

1）执行系统。执行系统是工业机器人完成握取工件，实现所需运动的机构部件，其由手部、腕部、臂部、机身和行走机构组成，通过这些部位的协调配合完成相应的工作。

2）驱动系统。工业机器人驱动系统是向执行系统的各个运动部件提供动力的装置。按照采用动力源的不同，驱动系统分为液压式、气压式和电气式等三种类型。

3）控制系统。控制系统是工业机器人的指挥系统，它控制驱动系统，让执行系统按照规定的要求进行运动。按照运动轨迹，可以分为点位控制和轨迹控制。

4）输入/输出系统接口。为了与周边系统及相应操作进行联系与应答，还应有各种通信接口和人机通信装置。工业机器人提供内部 PLC，它可以与外部设备相连，完成与外部设备间的逻辑与实时控制。一般还有一个以上的串行通信接口，以完成磁盘数据存储、远程控制及离线编程、双机器人协调等工作。一些新型机器人还包括语音合成和识别技术

以及多媒体系统，实现人机对话。绝大多数的工业机器人系统由控制部分（软件或者硬件逻辑电路）、执行部分（电动机/丝杠/气压或者液压部件/推进器）、传动部分（齿轮/螺杆/连杆）、传感器部分［直接接触测量（比如接触传感器、应变仪、压力传感器）和非直接接触测量（比如红外线、光感、声感、电波探测器、声波定位仪、激光测距）］以及能源部分（主要是电力/电池/太阳能）组成。

（3）工业机器人的应用　工业机器人由于其自身的特点，在工业领域应用十分广泛。按照所接受的任务，可以将工业机器人分为搬运、码垛、焊接、涂装、装配机器人（图2-33）。

搬运机器人被广泛应用于机床上下料、冲压自动化生产线、自动装配流水线以及集装箱等的自动搬运。码垛机器人被广泛应用于化工、饮料、食品和塑料等生产企业。焊接机器人最早应用于装配生产线上，开拓了一种柔性自动化的生产方式，实现了在一条焊接机器人生产线上同时自动生产若干种焊接件。涂装机器人则被广泛应用于汽车、汽车零配件、铁路、家电、建材等方面。装配机器人被广泛应用到各种电器的制造业及流水线等产品的组装作业，具有高效、精确、不间断地工作等特点。

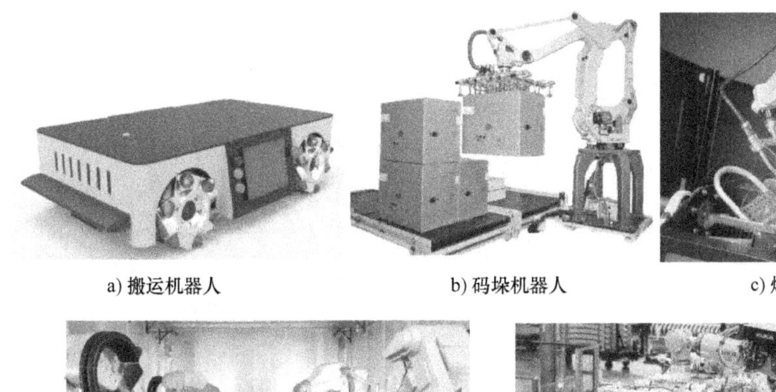

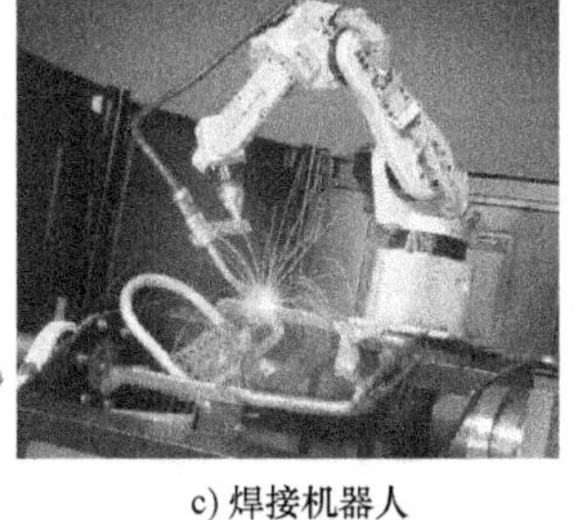

a) 搬运机器人　　b) 码垛机器人　　c) 焊接机器人

d) 涂装机器人　　e) 装配机器人

图2-33　机器人在机械加工行业的应用

4. 装配过程的自动化

（1）装配过程自动化的含义　所谓的装配，就是根据已有的技术要求，通过搬运、连接、调整和检查等操作，把具有一定几何形状的零件配合连接成组件、部件或者产品的工艺过程。

装配过程自动化是指通过自动化装备或设备取代人的技巧和判断力进行各种装配作业的技术（图2-34）。机械的装配对把握整个产品的质量起着重要作用。与其他的制造工艺相比，机械制造工艺具有繁杂性。据相关的资料显示，一些典型产品的装配时间往往占该产品的50%~60%，属于耗时最多的一种工艺技术，因此自动装配技术具有非凡的意义。

图 2-34　全自动装配

装配过程自动化可以提高劳动生产率。

(2) 自动化装配的设备　自动化装配设备样式繁多，其中包括单工位装配机和多工位装配机、自动化装配单机和自动化装配生产线等。

1）单工位装配机。单工位装配机只有单个工位，不必对单个工件进行传递，只能进行一种或几种简单的装配工作。它装配的零件较小，且多采用振动送料器作为供料和送货单元，送货速度快、效率高。图 2-35 所示为一种单工位数控装配机。

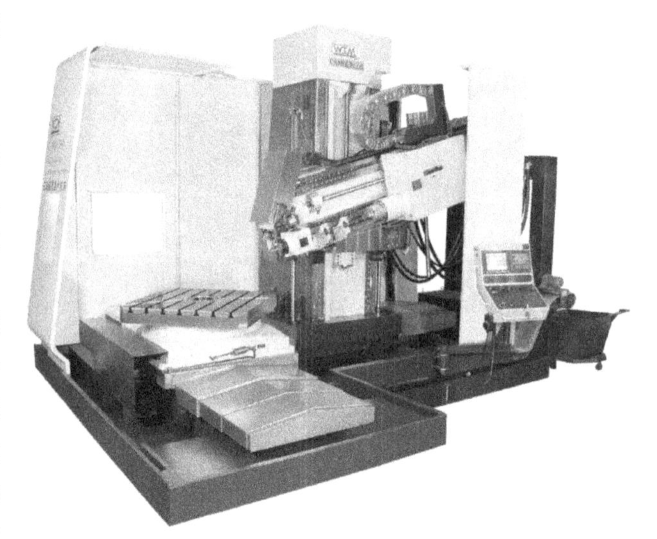

图 2-35　单工位数控装配机

2）多工位装配机。多工位装配机是具有多个装配工位的自动装配设备，装配工位的多少由装配动作决定。装配功能强，装配效率高，但是装配工位的多少受到了空间的限制。图 2-36 所示为一种多工位自动装配机。

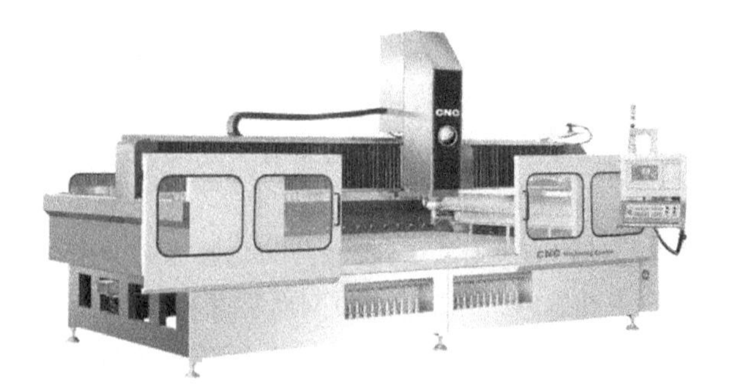

图 2-36　多工位自动装配机

(3) 自动化检测的优点 检测时间短，并可与加工时间重合，使生产率提高；排除检测中人为的观测误差和操作水平的影响；迅速及时地提供产品质量的信息和有价值的数据，以便及时地对加工系统中的工艺参数进行调整，为加工过程中的实时控制提供了条件。

第四节 机械设计制造及其自动化专业的就业与升学

一、机械设计制造及其自动化专业的就业

1. 就业分析

机械设计制造及其自动化专业的毕业生就业主要在机械、汽车、航空航天、能源、化工、电子、材料、冶金等行业领域，从事机械领域内的设计制造、科技开发、应用研究、运行管理和经营销售等方面的工作，如：进行工业机器人、微机电系统、智能装置等高新技术产品与系统的设计、制造、开发、试验与研究工作。

机械设计制造及其自动化专业涉及机械行业中的设计制造、科技开发、应用研究、运行管理和经营销售等诸多方向，是社会需求很大的一个行业。

近年来，机械设计制造及其自动化专业的就业率非常高，表 2-1 所示为麦可思数据公司对机械设计制造及其自动化专业的 2011—2019 届就业情况数据分析。

表 2-1 2011—2019 届机械设计制造及其自动化专业就业情况分析（麦可思数据公司）

届数	毕业半年后就业率(%)	专业就业率排名	毕业半年后的月收入/元	毕业时掌握的基本能力(%)	工作满意度(%)	工作与专业相关度(%)
2019 届	93.7	40	4967	57	83	67
2018 届	93.9	15	4494	55	82	68
2017 届	94.8	13	4123	52	81	70
2016 届	92.9	47	3908	51	76	69
2015 届	—	—	3465	51	79	71
2014 届	93.2	47	3433	51	79	75
2013 届	93.7	28	3250	45	74	71
2012 届	93.7	32	3012	51	85	77
2011 届	93.0	48	2846	51	84	79

从表 2-1 中可以看出，在全国 500 多个专业中，机械设计制造及其自动化专业的就业率一直都维持在 90%以上，排名处在前 50 名之内，且就业满意度高，薪水水平逐年提高，可推测该专业在未来的就业形势也将会保持良好的势头发展下去。

2. 机械设计制造及其自动化专业的人才需求状况

机械设计制造及其自动化专业培养具备机械设计制造基础知识与应用能力，具有机电新产品开发与管理企业所需的知识结构及潜能，具有继续深造的素质和能力，可以从事科研、教育、经贸及行政管理等部门的工作，能在机械工程及其自动化领域内从事设计制

造、科技开发、应用研究、运行管理和经营销售等方面工作的高级工程技术人才。我国自古以来就是机械产业大国，新中国成立以后，国家非常重视机械产业，倾注了巨大的人力与物力来发展机械行业，但是由于现代化工业发展起步晚，机械行业发展不均衡，导致现在国内机械设计及其自动化专业还存在一些问题，例如自动化程度还不是很高、智能化程度低下等。目前我国高级机械制造及其自动化专业的人才缺口是非常巨大的。随着近年来我国大型工业逐渐复苏，社会对于精通现代设计与管理人才的需求正逐渐增大。在今后的一段时间内，机械人才仍会有较大的需求，具有开发能力的数控人员将成为各大企业争夺的对象，机械设计制造与加工机械专业的人才近两年供需比也很高。为了迎合即将到来的市场环境，各高校应该更加注重培养实战型的专业人才。《中国制造 2025》指出，制造业是国民经济的主体，是科技创新的主战场，是立国之本，兴国之器，强国之基。从李克强总理的政府报告工作中可以看出，机械设计制造及其自动化专业的人才必须具备“工匠精神”。这门学科的实践性和综合性非常强，要想掌握好这门学科，不仅要求良好的基础知识技能，还必须具备很强的实践动手能力与创新意识，只有这样才符合我国当下对于新型人才的培养目标和要求。

3. 机械设计制造及其自动化专业的就业情况分布

目前，机械设计制造及其自动化专业的就业形势良好，航天、航空、汽车、船舶、兵器等各个行业都有需求。就毕业生未来的发展方向来看，其从事的职业是很宽广的。主要就业方向有数控技术、模具的制造与设计、机械设计制造师、自动化技术等。

(1) 数控技术方向 机械设计制造及其自动化技术以计算机作为基本的技术手段，处理各种数字信息，辅助完成机械产品设计和制造中的各项活动，是提高制造业产品质量和劳动生产率必不可少的重要手段，是实现工业现代化的重要环节，具有关系到国家战略和提高国家综合国力的重要意义。有专家预言，21 世纪机械制造业的竞争，其实质是数控技术的竞争。数控技术教育主要致力于对现代数控技能人才的培养，学生通过在校期间的系统性数控知识和技术的学习，能够掌握现代数控技术的原理。同时，该专业还注重培养从事数控技术和数控设备研发以及 CAD/CAM 技术应用等方面的高级工程技术人才。就目前现有的人才来看，还无法满足该专业的需求，并且这类人才的后续储备并不是很多，因此高端的数控人才成为国内外诸多企业、公司争夺的对象。所以，可以预见，未来数控方面的就业形势是很好的。

(2) 模具的制造与设计方向 从事模具行业也是机械设计制造及其自动化专业学习者一个不错的发展方向。我国的模具行业发展迅猛，从 2010 年全国模具总销售额的 1367 亿元上升到 2020 年的 2188 亿元，但模具设计制造水平在总体上要比德、美等国家落后，具体表现为：技术含量低的模具已供过于求，而技术含量较高的中、高档模具还远不能适应国民经济发展的需要，诸如精密、复杂的冲压模具和塑料模具，轿车覆盖件模具，电子接插件模具等高档模具仍有很大一部分依靠进口。所以国内对于模具人才的需求量很大，尤其是高端的模具设计人才很稀缺，所以从事这一行业未来肯定会有一个不错的发展。对于从事这一行业的人要求自身对工程力学、电工技术、模具设计等方面的知识深刻了解，以至于在平常工作时遇到的一些问题能够及时地得到解决。

(3) 机械设计制造师方向 机械设计制造师其本身能够对机械原理与机械制造基础

融会贯通，所以往往有着不错的工作待遇，多半会去企业的研发部门工作，直接参与新技术的研发与管理。从事这一行业的人员需要本身具备良好电子学、机械工程学、计算机技术与控制工程学的基础，而且能够独立地进行机电一体化的专业技术操作，薪水待遇自然也很好。

(4) 自动化技术方向 自动化方向是近年来的一个热门行业，由于机械行业逐渐向着自动化、智能化的方向发展，这一行业的人才需求量极为巨大，并且这一趋势会越来越明显。除了人才需求旺盛之外，该行业的薪水也很高，并且从事该行业的人员转行相对容易。

除了上述所说的几个行业外，机械设计制造及其自动化人员还可以从事仪器仪表、新能源、电子技术、半导体、集成电路、汽车及其零配件、原材料的加工等行业。从事的职位包括机械工程师、结构工程师、区域销售经理、设备工程师和技术顾问等。

二、机械设计制造及其自动化专业的升学

1. 报考研究生类型和学科（专业）

对于机械设计制造及其自动化专业的应届毕业生，主要报考学术型硕士研究生、专业学位型硕士研究生，也可以报考硕博连读生和直博生。

报考的类型主要以学术型研究生（简称学硕）和专业学位型研究生（简称专硕）为主，且近年来社会对专硕的认可度越来越大，且考试相较于学硕简单，所以考专硕的人数越来越多，而招收硕博连读生和直博生的学校很少，主要是少数985学校或211学校，其竞争非常激烈。

本专业学生可直接报考学术型硕士研究生，学科（专业）：机械工程（学科代码：080200）。也可以报考专业学位型硕士研究生，学科（专业）：机械（学科代码：0855）。除了报考一些高校之外，还可以报考一些研究所，如西安精密机械研究所、中国科学院上海光学精密机械研究所、北京机械研究所等。

2. 录取分数线

录取分数线有国家复试分数线和学校复试分数线两种。

教育部根据研究生初试成绩，每年确定了参加统一入学考试考生进入复试的初试成绩基本要求（简称国家复试分数线），原则上达到国家复试分数线的考生有资格参加复试，但实际上很多考研院校由于报考的学生众多，所以需要自主划分院线，只有过了院线才表示有参加该学院复试的资格，因此即使过了国家线也不一定有复试资格，必须满足院线才可以，具体情况要参考各院校发布的招生要求。

对学术型硕士研究生和专业学位型硕士研究生，其国家复试分数线是各不相同的，总的来说，近年来由于报考专硕的人数众多，所以专硕的分数线往往高于学硕的分数线。此外仅仅凭借总分过线也不行，各个单科也有相应的分数线，若是总分过线，单科不过线也不能参加复试，具体情况可参阅相关要求。除了34所自主划线的院校以外，国家复试分数线按考生所报考地的不同也有所差别。总体上分为A区和B区，A区主要是北京、上海、湖北、湖南和江苏等地区，B区主要是广西、海南、贵州和西藏等地区，一般来说，B区的分数线一般比A区少5~10分。

除了参加统考外，“推免生”近年来成为名校追逐的主要对象，以双一流、985 高校为代表，所录取的学生中，“推免生”比例大幅度上升，如清华大学、上海交通大学、华中科技大学、复旦大学等占总招生计划的 50%以上。机械设计制造及其自动化、机械工程是热门专业，这些专业的“推免生”自然也是非常多的，所以近年来一些 985、211 高校的竞争异常激烈。表 2-2 是近年来部分高校机械设计制造及其自动化（机械工程）专业的考研报录比情况，可以看出，一些著名高校报录比很高，并且推免的人数往往占到总录取人数的一半，甚至是高于一半。

表 2-2　部分高校机械设计制造及其自动化（机械工程）专业的考研报录比

学校	专业	2017			2018			2019		
		报考人数	录取人数	报录比	报考人数	录取人数	报录比	报考人数	录取人数	报录比
东南大学	机械工程(学)	180	83(52)	2.2：1	321	82(53)	3.9：1	288	84(48)	3.4：1
	机械工程(专)	294	62(14)	4.7：1	242	63(28)	3.8：1	230	59(20)	3.9：1
同济大学	机械工程(学)	283	53(20)	5.3：1	266	48(23)	5.5：1	308	51(25)	6.0：1
	机械工程(专)	98	48(22)	2.0：1	99	37(12)	2.7：1	96	40(22)	2.4：1
大连理工大学	机械工程(学)	376	76(33)	4.9：1	604	164(75)	3.7：1	260	54(28)	4.8：1
	机械工程(专)	562	165(147)	3.4：1	821	169(160)	4.9：1	883	201(44)	4.4：1
江苏大学	机械工程(学)	106	16	6.6：1	145	15	9.7：1	107	14	7.6：1
	机械工程(专)	175	66	2.7：1	298	83	3.6：1	291	48	6.1：1

注：（学）代表学术型硕士研究生，（专）代表专业学位型硕士研究生，（数字）代表推免人数。

3. 入学考试专业课

机械设计制造及其自动化专业入学考试专业课是指初试中的专业基础课和复试中的专业课。

（1）初试中的专业基础课　各招生单位对初试中的专业基础课要求不一，一般为机械原理、机械设计、材料力学、理论力学、机械工程控制基础、机械制造基础等一门或者几门综合。具体见各校的研究生招生简章。

（2）复试中的专业课　复试科目主要是专业课或专业基础课，各招生单位的规定均不相同。一般复试中的专业课是电工电子技术、自动控制原理、机械工程材料、机电一体化、PLC、单片机原理教程等，具体见各校的研究生招生简章。

4. 研究方向

研究方向是指从事的主要研究领域，对于机械设计制造及其自动化这门学科来说，所涉及的领域十分广泛，如机械设计技术、机械制造技术、材料科学、制造工艺学和自动化技术等诸多方面。各个学校重点研究的项目也有所不同，例如清华大学的生产线设计与机器人化制造单元技术、多功能快速成形制造系统技术、大批量生产线监控与管理技术等，华中科技大学的机器人技术、嵌入式系统与设备控制、数字制造与智能制造技术、微机电与加工技术等。虽然各个大学研究的重点不一样，但都逐渐走向机电一体化、智能化和自动化等。

思 考 题

1. 简述我国机械设计制造及其自动化专业的发展历程。

2. 简述机械设计行业的发展历程。

3. 简述机械制造行业的发展历程。

4. 现代设计方法有哪些？各自的特点是什么？

5. 先进制造模式有哪些？各自的特点是什么？

6. 计算机辅助制造的结构是什么？

7. 工业机器人都有哪些方面的应用？

8. 谈一谈自己对机械设计制造行业的理解。

9. 上网检索几所学校的机械设计制造及其自动化专业的培养方案，并与你所在的学校机械设计制造及其自动化专业培养方案的培养目标、毕业要求进行对比，分析异同点。

10. 上网检索几所学校的机械设计制造及其自动化专业的教学计划，并与你所在的学校机械设计制造及其自动化专业教学计划的专业基础课、专业必修课、实践环节、学分要求进行对比，分析异同点。

11. 分析机械设计制造及其自动化专业的人才需求情况。

12. 机械设计制造及其自动化专业的主要就业方向有哪些？你对未来的职业生涯有何规划？

13. 机械设计制造及其自动化专业应届毕业生报考研究生的主要学科有哪些？

第三章

材料成型及控制工程

材料成型及控制工程是机械类中的一个专业，类属于机械工程一级学科的机械制造及其自动化二级学科，但也可独立成为一个二级学科。本章主要学习材料成型及控制工程学科（专业）内涵、材料成型及控制工程行业的发展、材料成型及控制工程学科的前沿技术、材料成型及控制工程专业的就业与升学等内容。

第一节　材料成型及控制工程学科（专业）内涵

一、材料成型及控制工程专业的范畴

1. 何谓材料

材料是人类用于制造物品、器件、构件、机器或其他产品的那些物质。材料是人类赖以生存和发展的物质基础。20 世纪 70 年代，人们把信息、材料和能源誉为当代文明的三大支柱。20 世纪 80 年代，以高技术群为代表的新工业革命，又把新材料、信息技术和生物技术并列为新工业革命的重要标志。这主要是因为材料与国民经济建设、国防建设和人民生活密切相关，世界各国都把对材料的研究开发放在突出的地位。

材料作为生产资料，对生产力的发展有深远的影响。在人类发展史上，常根据当时人们使用的材料把历史的发展划为一个个“里程碑”，如石器时代、青铜器时代、铁器时代等。我国是世界上最早发现和使用金属的国家之一。青铜器在周朝已经被大量使用，到春秋战国时代已普遍应用铁器。19 世纪中叶，现代平炉和转炉炼钢技术的出现，使人类真正进入了钢铁时代。与此同时，铜、铅、锌也大量得到应用，铝、镁、钛等金属相继问世并得到应用。直到 20 世纪中叶，金属材料在材料工业中一直占有主导地位。

随着科学技术的进步，材料工业得到了迅速发展，新材料不断涌现。20 世纪中叶，人工合成高分子材料问世，并得到广泛应用。仅半个世纪时间，高分子材料已与有上千年历史的金属材料并驾齐驱，成为国民经济、国防尖端科学和高科技领域不可缺少的材料。近几十年，陶瓷材料的发展十分引人注目。陶瓷材料在冶金、建筑、化工和尖端技术领域已经成为耐高温、耐腐蚀和各种功能材料的主要用材。20 世纪 50 年代，合成化工原料和特殊制备工艺的发展，使陶瓷材料产生了一个质的飞跃，出现了从传统陶瓷向先进陶瓷的转变，许多新型功能陶瓷形成了产业，满足了电力、电子技术和航天技术的发展和需要。

结构材料的发展，推动了功能材料的进步。20 世纪初，人们开始对半导体材料进行研究。20 世纪 50 年代，制备出锗单晶，后又制备出硅单晶和化合物半导体等，使电子技术领域由电子管发展到晶体管、集成电路、大规模和超大规模集成电路。半导体材料的应

用和发展，使人类社会进入了信息时代。

现代材料科学技术的发展，促进了金属、非金属无机材料和高分子材料之间的密切联系，从而出现了一个新的材料领域——复合材料。复合材料以一种材料为基体，另一种或几种材料为增强体，可获得比单一材料更优越的性能。复合材料作为高性能的结构材料和功能材料，不仅用于航空航天领域，而且在现代民用工业、能源技术和信息技术方面不断扩大应用范围。

材料是物质，但不是所有物质都可以称为材料，如燃料和化学原料、工业化学品、食物和药物，一般都不算是材料。材料品种繁多，性能各异。由于多种多样，分类方法也就没有一个统一标准。工程材料主要指用于机械工程和建筑工程等领域的材料。常见的工程材料按组成分为金属材料、非金属材料和复合材料三大类，如图 3-1 所示。

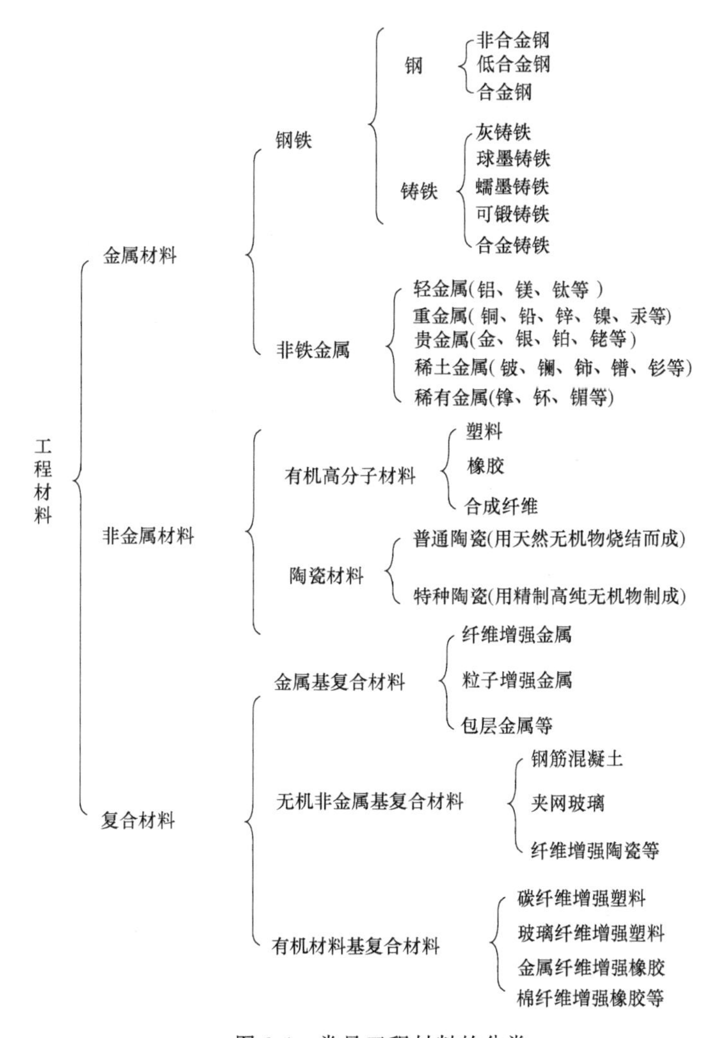

图 3-1　常见工程材料的分类

2. 何谓材料成型及控制工程

材料成型及控制工程是研究材料成型的机理、成型工艺、成型设备及相关过程控制的一门综合性应用技术。研究通过热加工改变材料的微观结构、宏观性能和表面形状，满足各类产品的结构、性能、精度及特殊要求。研究热加工过程中的相关工艺因素对材料的影响，解决成型工艺开发、成型设备、工艺优化的理论和方法。研究模具设计理论及方法，研究模具制造中的材料、热处理、加工方法等问题。材料成型及控制工程是国民经济发展的支柱产业。

3. 何谓材料成型及控制工程专业

材料成型及控制工程专业是机械工程类专业，是机械工程与材料科学与工程的交叉学科。相似专业为机械设计制造及其自动化。

学生主要学习材料科学及各类热加工工艺的基础理论与技术和有关设备的设计方法，受到现代机械工程师的基本训练，具有从事各类热加工工艺及设备设计、生产组织管理的基本能力。

关于材料成型及控制工程专业，教育部编写的《普通高等学校本科专业目录和专业介绍》中进行了详细描述。

（1）培养目标 本专业培养适应21世纪现代化建设需要，德、智、体等方面发展，具有强烈的爱国敬业精神、社会责任感、良好的工程素质、职业道德和人文科学素质，具备机械科学、材料科学、自动化及计算机基础知识和应用能力，能够在材料加工理论、材料成型过程自动控制、成型工艺过程及装备设计及先进材料工程等领域从事科学研究、技术开发、设计制造、生产组织与管理，具有实践能力和创新意识的复合型高级工程科技人才。

（2）培养要求 本专业学生主要学习自然科学及机械工程、材料科学、材料成型加工工艺及技术和装备的设计方法与控制理论等方面的基本理论和专业基础知识，接受工程素质和人文科学素质的基本培养和工程师的基本训练，具备在本专业领域从事设计、制造、技术开发、科学研究、生产组织与管理等方面的基本能力。

（3）知识和能力要求 毕业生应获得以下几方面的知识和能力：

1）较系统地掌握本专业领域宽广的基础理论与基本知识，主要包括力学、机械学、电工与电子技术、材料科学、自动化基础、材料成型与控制基础、市场经济及企业管理等基础知识。

2）掌握较扎实的自然科学基础、社会科学和经济管理方面的基本理论知识，具有一定的文学艺术修养和较好的人文科学素养。

3）具有较强的自学能力和信息获取、处理、分析、总结和表达能力，具有计算机和外语应用能力，具备初步从事与本专业有关的产品与工艺研究、设计、开发和生产组织与管理的能力。

4）了解国家有关行业和企业管理与发展的重大方针、政策和法规以及本专业相关的职业和行业的生产、设计、研究与开发、环境保护和可持续发展等方面的方针、政策和法律、法规以及技术标准，能正确认识工程对于客观世界和社会的影响。

5）了解材料成型及控制工程领域最新的发展动态，包括新工艺、新方法、先进的成型设备和控制方法以及新的成型理论知识。

6）掌握基本的创新方法，具有追求创新的态度和意识，具有综合运用理论和技术手段设计系统和过程的能力，设计过程中能综合考虑经济、环境、法律、安全、健康和伦理

等因素。

7）具有初步的组织管理能力，较强的交流沟通、环境适应和团队合作能力，以及终身学习能力。

8）具有全球意识、国际视野和跨文化交流能力，了解全球化背景下工程技术问题对环境和社会的影响。

（4）主干学科　主干学科包括材料科学与工程、机械工程及自动化、力学。

（5）核心知识领域　核心知识领域包括工程图学、工程力学、机械设计基础、电工电子基础、控制工程基础、材料成型技术基础、金属凝固原理及技术、金属塑性成型原理、材料连接原理与技术、材料成型设备、材料加工 CAD/CAE/CAM 技术基础、先进材料成型技术与理论、热加工传输原理等。

（6）主要实践性教学环节　主要实践性教学环节包括金属工艺实习、电子工艺实习等工程训练以及机械设计课程设计、专业课程设计、认识实习、生产实习、毕业设计（论文）、科技创新与社会实践等。

（7）主要专业实验

1）工程力学实验、机械设计基础实验、电工电子技术基础实验、传动与控制技术实验等专业基础实验。

2）热处理原理与工艺实验，包括退火、正火、淬火、回火等基本热处理工艺，以及钢铁热处理后的各种主要的组织形态及性能实验等。

3）金属液态成型工艺实验，包括液态金属流动性测试、铸件温度场测试和定向凝固等。

4）塑性加工力学实验，包括真实应力-应变曲线测试、摩擦因子的测定、平面变形抗力的测定和硬化曲线的测定等。

5）焊接原理实验，包括焊接热循环测定、焊接过程中的变形测定、焊接接头中残余应力的测定等。

6）模具设计实验，包括模具拆装和模具 CAD/CAM 设计等。

7）材料成型过程的计算机模拟实验。

8）材料成型设备实验。

9）特种热加工成型工艺实验。

（8）修业年限　四年。

（9）授予学位　工学学士。

二、材料成型及控制工程学科的发展

材料成型及控制工程是机械工程与材料科学与工程的交叉学科，起源于过去的铸造、锻压、热处理和焊接等专业。

1949 年新中国成立之初，国内建设一穷二白，百废待兴，百业待举，国家急需大量各类专业科技人才。经中国和苏联政府协商，苏联同意帮助我国重建两所重点大学，培养各类专业科技人才，一所是哈尔滨工业大学（简称哈工大），采用苏联工科大学教学模式，用俄文直接授课，另一所是中国人民大学。

哈工大称得上是我国高等学校材料成型及控制工程专业的摇篮。1952 年，哈工大在国内首先创建了金属材料及热处理、铸造、锻压、焊接专业，后组建为金属材料及工艺系；焊接、金属材料及热处理、铸造、锻压专业于 1981 年、1983 年先后获得博士学位授予权；1985 年，金属材料及工艺系被批准建立博士后流动站；1987 年，金属材料及热处理、焊接、铸造三专业被评为全国首批重点学科点；1998 年，被批准设立“长江学者”特聘教授岗位；2001 年，材料学学科、材料加工工程学科被评为全国重点二级学科，材料加工工程学科在评估中名列第一；2006 年，材料科学与工程学科被评为全国重点一级学科；2017 年，材料科学与工程一级学科评估获评 A 档，入选国家“双一流”建设学科。哈工大的材料成型及控制工程学科的发展是我国材料成型及控制工程发展的典型代表。

目前在国内材料成型及控制工程学科（专业）具有重要影响力的主要有清华大学、哈尔滨工业大学、华中科技大学、上海交通大学、西北工业大学等高校。据不完全统计，截至 2019 年，我国有 279 所高等学校设有材料成型及控制工程专业，其中多数以原来的热加工类专业（如铸造、塑性加工、焊接、热处理等）为主体。

三、材料成型及控制工程专业的发展

1. 早期的“铸造、锻压、焊接、热处理”专业

新中国 70 余年的发展历史中，本科教育长期居于绝对的主导地位，国民经济和社会发展所需要的大批应用型、技术型和职业型人才主要是由本科教育培养的。

20 世纪 50 年代初期，中国在全面学习苏联的做法中，形成了“专业对口”“学以致用”的本科教育思想。各学校纷纷成立了铸造、锻压、焊接、热处理等按行业领域划分的专业。

新中国成立前，我国高校并没有铸造专业，铸造技术人才非常稀缺。1952 年 9 月，哈尔滨工业大学建立了国内第一个铸造教研室和铸造专业，在苏联专家的帮助下开始制定铸造专业教学计划、专业课教学大纲、课程设计指导书、实验指导书、生产实习大纲等教学文件，建立了铸造实验室，开始招收五年制本科生。1955 年 9 月，国家教育部和第一机械工业部将哈工大铸造专业培养五年制本科生作为学习苏联教学的样板，向全国高等院校推广。清华大学、北京科技大学、上海交通大学、西北工业大学、西安交通大学等院校相继成立铸造教研室和铸造专业。

1952 年，为迎接我国发展国民经济的第一个五年计划，哈工大决定成立焊接专业，1952 年，招收 19 名学生学习两年制焊接专业。1954 年，清华大学成立焊接专业，这是我国建立的第二个焊接专业。哈工大和清华大学由此培养了大批焊接专门人才和师资，他们分赴全国各高等学校和工业单位，各高等学校也开始成立焊接专业。

20 世纪 50 年代，在苏联专家的援助下，哈工大培养出第一批热处理专业师资分配到全国各地高校。哈工大、上海交通大学、山东工学院、北京机器制造工业学校等成立了热处理专业，1954 年，培养出第一批大学专科生，1956 年，培养出第一批大学本科和中专毕业生。1950 年年末至 1960 年年初，还有一批从苏联归来的热处理专业留学生，被分配到各高等院校科研院所和大型骨干企业，至此，几乎全国的工科院校都成立了热处理

专业。

2. 新的“材料成型及控制工程”专业

在当时特定的历史时期，学习苏联高等教育的做法对推动我国高等教育的发展和为国民经济建设培养人才起到了重要的作用。但由此也产生了很多问题，诸如：专业设置过窄、人文素质教育薄弱、教学内容陈旧、教学方法偏死、培养模式单一等。这些问题随着中国高等教育由精英教育快速向大众化教育发展而变得越发突出。

20 世纪 80 年代初期，随着我国材料科学与工程学科的建立，一些高等院校的热加工类专业转向材料类学科发展，并由此形成了热加工类专业在材料学科和机械学科各占半壁江山的局面。20 世纪 80 年代，由于热处理专业高校毕业生过剩、专业范围过窄难于分配等原因，绝大多数学校都取消了热处理专业，原金属材料及热处理技术专业大多转入材料学科，而铸、锻、焊专业有相当数量保留在机械学科。

20 世纪 90 年代以来，为了解决本科专业划分过细的状况，我国已经进行了四次大规模的专业调整工作（分别在 1993 年、1998 年、2012 年、2020 年）。

1998 年，教育部进行高等院校本科专业目录调整时，设立了材料成型及控制工程这样一个新的本科专业，材料成型及控制工程专业代码为 080302。材料成型及控制工程专业范围涵盖了原金属材料与热处理的部分、热加工工艺及设备、铸造的部分、塑性成型工艺及设备、焊接工艺及设备等多个专业。新专业的调整强调“厚基础、宽口径”，通过老专业合并来加强学科基础，拓宽专业面，从而改变老专业口径过窄、适应性不强的状况，培养出适合经济快速发展需要的人才，即由“专才”培养向“通才”培养模式转变。

2012 年，教育部对 1998 年印发的普通高等学校本科专业目录进行了修订，材料成型及控制工程专业代码由 080302 调整为 080203。

2020 年 2 月，在教育部发布的《普通高等学校本科专业目录（2020 年版）》中，材料成型及控制工程专业隶属于工学机械类（0802），专业代码：080203。材料成型及控制工程在不同时期的专业名称见表 3-1。

表 3-1 材料成型及控制工程在不同时期的专业名称

<table>
<tr><th>2012 年 9 月至今</th><th>1998—2012 年 9 月</th><th>1993—1998 年</th><th>1993 年之前</th></tr>
<tr><td rowspan="5">材料成型及控制工程
代码:080203</td><td rowspan="5">材料成型及控制工程
代码:080302</td><td>金属材料与热处理</td><td>金属材料与热处理</td></tr>
<tr><td>热加工工艺及设备</td><td>热加工工艺及设备</td></tr>
<tr><td>铸造</td><td>铸造</td></tr>
<tr><td>锻压工艺及设备</td><td>锻压工艺及设备</td></tr>
<tr><td>焊接工艺及设备</td><td>焊接工艺及设备</td></tr>
</table>

3. 材料成型专业人才培养模式

由于我国高等学校各校原有的专业基础不同，专业的定位不同，学生培养目标也不尽相同，因此在培养模式及培养方案方面也存在较大差异。例如，一些研究型大学把科学研究放在首位，提供全面的学士学位计划，致力于高层次的人才培养与科技研发，以培养科学研究型和科学研究与工程技术复合型人才为主，学生本科毕业后大部分将继续深造，因此多以通识教育为主。教学研究型和教学型大学主要培养具有较强社会适应能力和竞争能力的高素质工程技术型、应用复合型应用型人才，学生本科毕业后大部分走向工作岗位，从事产品设计与生产工作，因此这类高校是以通识教育与专业教育并重的。

2002年，材料成型及控制工程教学指导分委员会曾在西宁召开会议，对各高校中材料成型及控制工程专业的现状进行了分析，该专业大体上有四种主要的培养模式。

1）以原热加工类专业为基础，在拓宽基础的前提下，为适应国内人才需求的行业特色，采用有专业方向的培养模式。

2）以原热加工类专业为基础，但取消专业方向，加强基础知识，扩展适应领域，进行宽口径的通才式培养模式。

3）以原机械类专业为基础，涵盖热加工领域，形成机械工程及自动化类型的专业人才培养模式。

4）除上述三种培养模式之外，由教育部批准的焊接技术与工程本科专业，其专业领域也应隶属于材料成型与控制工程的专业范畴。由于焊接技术与工程专业是一个技术性较强、知识面相对集中的一个专业，目前全国只有哈尔滨工业大学和江苏科技大学等少数几所高校开办了，每年的毕业生人数较少。

对于上述情况，材料成型与控制工程教学指导分委员会曾责成哈尔滨工业大学、西安交通大学、合肥工业大学等单位牵头制定了针对上述四种情况的指导性专业培养计划，并于2003年4月报送教育部高教司和机械类教学指导委员会。

2008年，教育部高等学校材料成型及控制工程专业教学分指导委员会制定了《材料成型及控制工程专业培养计划》，共分四个大类，其中第三类为按照材料成型及控制工程专业分专业方向的培养计划。目前，按这种人才培养模式培养学生的学校占大多数。其培养目标是掌握材料成型及控制工程领域的基础理论和专业基础知识，具备解决材料成型及控制工程问题的实践能力和一定的科学研究能力，具有创新精神，能在铸造、焊接、模具或塑性成型领域从事设计、制造、技术开发、科学研究和管理等工作，综合素质高的应用型高级工程技术人才。其突出特点是设置专业方向，强化专业基础，具有鲜明的行业特色。

2010年6月23日，教育部在天津大学召开“卓越工程师教育培养计划”启动会，联合有关部门和行业协（学）会，共同实施“卓越工程师教育培养计划”。旨在面向工业界、面向世界、面向未来，培养造就一大批创新能力强、适应经济社会发展需要的高质量各类型工程技术人才，为建设创新型国家、实现工业化和现代化奠定坚实的人力资源优势，增强我国的核心竞争力和综合国力。以实施卓越计划为突破口，促进工程教育改革和创新，全面提高我国工程教育人才培养质量，努力建设具有世界先进水平、中国特色的社会主义现代高等工程教育体系，促进我国从工程教育大国走向工程教育强国。该模式以强化学生工程能力和创新能力培养为特征，要求行业、企业深度参与培养过程，学生要有一年左右的时间在企业顶岗学习，学校按通用标准和行业标准培养现场工程师（本科）、设计开发工程师（硕士）和研究型工程师（博士）三个层次的工程人才。目前已有部分高校根据各自的专业基础及行业背景在材料成型及控制工程专业进行了本科层次“卓越计划”培养模式的试点。

近年来，随着“互联网+”、新工科的发展，提出了许多人才培养模式，主要有：

①“互联网+”创新创业人才培养模式；②产教融合与校企合作的人才培养模式；③新工科背景下的人才培养模式；④材料成型及控制工程专业订单培养模式等。

四、材料成型及控制工程专业对人才素质的要求

工程教育是我国高等教育的重要组成部分，在高等教育体系中“三分天下有其一”。我国普通高校工科总规模已位居世界第一。工程教育在国家工业化进程中，对门类齐全、独立完整的工业体系的形成与发展，发挥了不可替代的作用。

工程教育专业认证是国际通行的工程教育质量保障制度，也是实现工程教育国际互认和工程师资格国际互认的重要基础。工程教育专业认证的核心就是要确认工科专业毕业生达到行业认可的既定质量标准要求，是一种以培养目标和毕业出口要求为导向的合格性评价。工程教育专业认证要求专业课程体系设置、师资队伍配备、办学条件配置等都围绕学生毕业能力达成这一核心任务展开，并强调建立专业持续改进机制和文化，以保证专业教育质量和专业教育活力。

根据工程教育认证标准中的毕业要求，材料成型及控制工程专业为达成培养目标，对人才素质有以下 12 条要求：

1. 工程知识

掌握材料成型及控制工程专业所需的数学、自然科学、工程基础和专业知识，并能够将相关知识用于解决复杂工程问题。

2. 问题分析

能够应用数学、自然科学的基本原理及工程基础和专业知识，通过文献检索和分析，对材料成型及控制工程中的复杂工程问题进行识别、表达，以获得有效结论。

3. 设计/开发解决方案

针对材料成型及控制工程领域内的复杂工程问题，能够设计/开发解决方案，设计满足特定需求的系统、单元或工艺流程，并能够在设计环节中体现创新意识，考虑社会、健康、安全、法律、文化以及环境等因素。

4. 研究

能够基于科学原理并采用科学方法设计实验、分析和解释数据，对材料成型及控制工程领域的复杂工程问题进行研究，并能够通过信息综合获得合理有效的结论，具备初步的科学研究和科技开发能力。

5. 使用现代工具

能够针对材料成型及控制工程领域的复杂工程问题，开发、选择与使用恰当的技术、资源、现代工程工具和信息技术工具，进行分析、计算、预测、模拟，并能够理解其局限性。

6. 工程与社会

能够基于工程相关背景知识，进行合理分析和评价材料成型及控制专业工程实践和复杂工程问题的解决方案对社会进步、人类健康、公共安全、法律法规以及文化的影响，并理解应该承担的责任。

7. 环境和可持续发展

能够理解和评价针对复杂工程问题的专业工程实践对环境、社会可持续发展的影响。

8. 职业规范

具有人文社会科学素养、社会责任感，能够在工程实践中理解并遵守工程职业道德和规范，履行责任。

9. 个人和团队

能够在多学科背景下的团队中承担个体、团队成员以及负责人的角色。

10. 沟通

能够就材料成型及控制工程领域复杂工程问题与业界同行及社会公众进行有效沟通和交流，包括撰写报告和设计文稿、陈述发言、清晰表达或回应指令，具备一定的国际视野，能够在跨文化背景下进行有效沟通和交流。

11. 项目管理

理解并掌握工程管理原理与经济决策方法，并能在多学科环境中应用。

12. 终身学习

具有自主学习和终身学习的意识，有不断学习和适应发展的能力。

截至2019年年底，材料成型及控制工程专业通过工程教育专业认证的高校共计35所，通过认证时间比较早的大学有大连理工大学、东北大学和天津大学等，具体名单见表3-2。

表3-2 材料成型及控制工程专业通过工程教育专业认证的高校

序号	学校名称	有效期开始时间	有效期截止时间
1	大连理工大学	2011年1月	2025年12月(有条件)
2	东北大学	2013年1月	2025年12月(有条件)
3	天津大学	2014年1月	2025年12月(有条件)
4	太原理工大学	2014年1月	2019年12月
5	昆明理工大学	2014年1月	2019年12月
6	沈阳工业大学	2015年1月	2023年12月(有条件)
7	山东大学	2015年1月	2023年12月(有条件)
8	燕山大学	2016年1月	2024年12月(有条件)
9	华中科技大学	2016年1月	2024年12月(有条件)
10	天津理工大学	2017年1月	2025年12月(有条件)
11	太原科技大学	2017年1月	2025年12月(有条件)
12	西南交通大学	2017年1月	2019年12月
13	兰州理工大学	2017年1月	2025年12月(有条件)
14	江苏大学	2018年1月	2023年12月(有条件)
15	湖北工业大学	2018年1月	2023年12月(有条件)
16	西安理工大学	2018年1月	2023年12月(有条件)
17	内蒙古科技大学	2019年1月	2024年12月(有条件)
18	大连交通大学	2019年1月	2024年12月(有条件)

（续）

序号	学 校 名 称	有效期开始时间	有效期截止时间
19	上海理工大学	2019 年 1 月	2024 年 12 月(有条件)
20	南京工程学院	2019 年 1 月	2024 年 12 月(有条件)
21	安徽工程大学	2019 年 1 月	2024 年 12 月(有条件)
22	河南科技大学	2019 年 1 月	2024 年 12 月(有条件)
23	武汉理工大学	2019 年 1 月	2024 年 12 月(有条件)
24	四川大学	2019 年 1 月	2024 年 12 月(有条件)
25	陕西科技大学	2019 年 1 月	2024 年 12 月(有条件)
26	北京科技大学	2020 年 1 月	2025 年 12 月(有条件)
27	哈尔滨理工大学	2020 年 1 月	2025 年 12 月(有条件)
28	上海电机学院	2020 年 1 月	2025 年 12 月(有条件)
29	南京农业大学	2020 年 1 月	2025 年 12 月(有条件)
30	江苏理工学院	2020 年 1 月	2025 年 12 月(有条件)
31	徐州工程学院	2020 年 1 月	2025 年 12 月(有条件)
32	中国石油大学(华东)	2020 年 1 月	2025 年 12 月(有条件)
33	湖北汽车工业学院	2020 年 1 月	2025 年 12 月(有条件)
34	西华大学	2020 年 1 月	2025 年 12 月(有条件)
35	长安大学	2020 年 1 月	2025 年 12 月(有条件)

工程教育专业认证是指专业认证机构针对高等教育机构开设的工程类专业教育实施的专门性认证，由专门职业或行业协会（联合会）、专业学会会同该领域的教育专家和相关行业企业专家一起进行，旨在为相关工程技术人才进入工业界从业提供预备教育质量保证。

工程教育专业认证是国际通行的工程教育质量保障制度，也是实现工程教育国际互认和工程师资格国际互认的重要基础。工程教育专业认证的核心就是要确认工科专业毕业生达到行业认可的既定质量标准要求，是一种以培养目标和要求为导向的合格性评价。工程教育专业认证要求专业课程体系设置、师资队伍配备、办学条件配置等都围绕学生毕业能力达成这一核心任务展开，并强调建立专业持续改进机制和文化，以保证专业教育质量和专业教育活力。

第二节　材料成型及控制工程行业的发展

材料成型技术在工业生产的各个行业都有广泛应用，尤其是对制造业来说，更具有举足轻重的作用。制造业是生产和装配制成品的企业群体的总称，包括机械、运输工具、电气设备、仪器仪表、食品工业、服装、家具、化工、建材和冶金等，它在国民经济中占有很大的比重。统计资料显示，近年来，我国制造业占国民生产总值（GDP）的比例已超过 35%，同时，制造业的产品还广泛地应用于国民经济的诸多其他行业，对这些行业的运行产生着不可忽视的影响。因此，作为制造业的一项基础和主要的生产技术，材料成型技术在国民经济中占有十分重要的地位，并且在一定程度上代表着一个国家的工业技术发展水平。

一般而言，材料需要经历制备、成型加工、零件或结构的后处理等工序才能进入实际应用，因此，材料制备与成型加工技术，与材料的成分和结构、材料的性质一起，构成了决定材料使用性能的最基本的三大要素。

一、材料成型工艺的分类与特点

根据材料的种类、形态、成型原理及特点，成型工艺可分为液态金属铸造成型、固态金属塑性成型、金属材料连接成型以及高分子材料成型。材料成型工艺分类如图 3-2 所示。

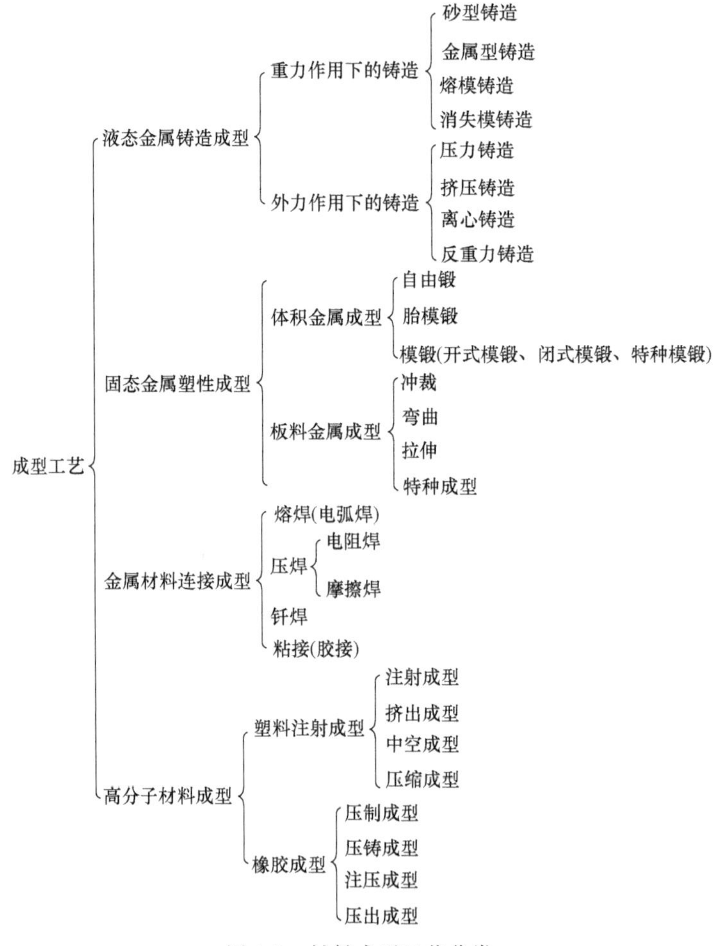

图 3-2　材料成型工艺分类

二、材料发展与成型技术发展的历史

从人类社会的发展和历史进程的宏观来看，材料是人类赖以生存和发展的物质基础，也是社会现代化的物质基础和先导。而材料和材料技术的进步和发展，首先应归功于金属

材料的制备和成型加工技术的发展。

1. 石器时代的材料与成型技术

数百万年前，人类在进化过程中开始有意识地使用石头。除了骨头之外，石头是人类最早使用的材料之一。岩石的主要成分是二氧化硅，少量金属及金属化合物。由于人类的自身能力有限，人们开始注重利用外物对自身进行强化，自然产生的岩石通过远古人类的打磨变成了石刀、石斧、刮削器等工具，图 3-3 所示为西侯度遗址旧石器时代石器。此时，材料类型单一，相应的加工技术也是极其单一和低效率的，主要依靠人为打磨达到粗糙的成型。但是依然可以认为这是一次材料技术的改革，人们通过对自己周边事物的认识，开始了工具的使用，开启了人类文明的大门。

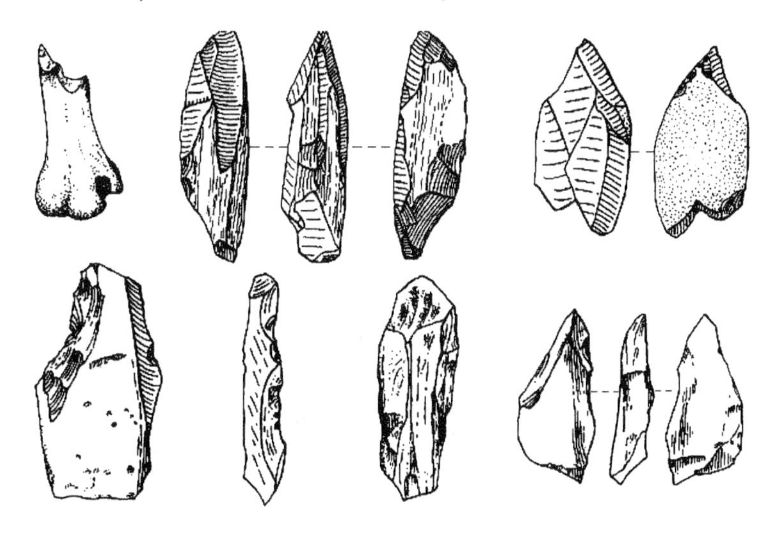

图 3-3　西侯度遗址旧石器时代石器

2. 新石器时代的材料与成型技术

新石器时代指在考古学上是石器时代的最后一个阶段，以使用磨制石器为标志的人类物质文化发展阶段，大约从一万多年前开始，结束时间从距今 5000 多年至 2000 多年。新石器时代诞生了一系列种类繁多制作工艺和使用目的巨大变化的新种类石器。考古出土的陶器、青铜、铁器、玉器、炭化纺织品残片和水稻硅质体等文化遗存表明，几千年前古人的冶铸技术、农业、制陶、纺织技术等已经相当发达。

例如，河姆渡文化遗存的陶器约为公元前 4360—公元前 3360 年，发现于浙江余姚河姆渡村，是我国迄今已发现的新石器时代较早的主要遗址之一。出土陶器是夹炭末的黑陶，质地单一，火候较低，胎壁较厚，全系手制。造型简单，厚度不匀，色泽不均，弧度不一，显示出当时制陶的原始性，主要器皿有釜、钵、罐、盆、盘等五种，并出土有陶猪玩具。装饰技法有刻划、捏塑和堆贴三种。图案有各种几何形纹和动植物纹，其中以较写实的鱼、虫、鸟和花草一类的装饰最具代表性。图 3-4 所示为河姆渡文化遗存的陶器。

3. 青铜器时代的材料与成型技术

人类从漫长的石器时代进化到青铜时代（有学者称之为“第一次材料技术革命”），首先得益于铜的熔炼以及铸造技术进步和发展。人类在寻找石料和加工的工程中，逐步识

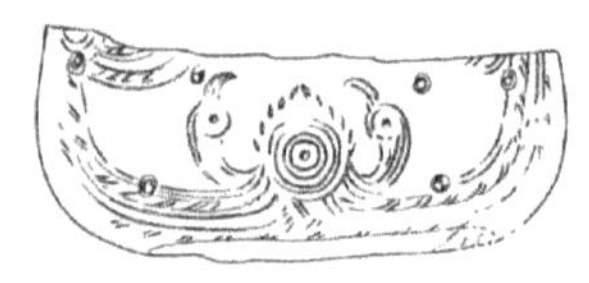

图 3-4　河姆渡文化遗存的陶器

别了自然铜与铜矿石，如孔雀石很可能是人们最早用于冶炼的铜矿石。当时冶炼铜矿石的方法是将矿石与木炭在冶炼炉中进行冶炼。由于这些矿石是氧化矿，因此这种冶炼被称作氧化矿还原熔炼。在青铜时代早期，就发明了金属浇注这一重要工艺技术。它主要用于成分大于 10%的合金，因为这时已经不能再用锤打的方式进行加工。青铜熔炼是个突破，此后便能生产成分不同的新材料，冶金迈入技术历史的前列。

在前期新旧石器时代，在烧制陶器的过程中积累起来的丰富经验，为青铜的冶铸业提供了必要的高温知识、耐火材料、造型材料与造型技术等条件。至于加工方面就只有通过高温和大量的锻造成型，如战场上的兵器，绝大多数都是通过对天然铜矿石的冶炼、铸造、锤锻而形成的。世界各地进入青铜器时代的时间有早有晚：伊朗南部，美索不达米亚一带在公元前 4000—公元前 3000 年，欧洲在公元前 4000—公元前 3000 年，印度和埃及在公元前 3000—公元前 2000 年。埃及、北非以外的非洲使用青铜器较晚，大约在公元前 1000 年—公元初年。美洲直到将近公元 11 世纪，才出现冶铜中心。我国则在公元前 3000 年前掌握了青铜冶炼技术，图 3-5 所示为商代四羊方尊。经过历史的检验，可以发现古代的锻造技术以及材料的去除杂质技术都是非常成熟的，相较于同时期的西方欧洲国家，中国的技术更加先进。铜器虽然在现代不再像“青铜器时代”那么大量运用，但是它作为材料发展史上璀璨的明星，是基础材料。

图 3-5　商代四羊方尊

4. 铁器时代的材料与成型技术

铁器时代是人类发展史中一个极为重要的时代，由铜器时代进入铁器时代，得益于铁的规模冶炼技术、锻造技术的进步和发展（所谓“第二次材料技术革命”）。人们最早知道的铁是陨石中的铁，古代埃及人称为神物。人们就曾用这种天然铁制作过刀刃和饰物，这是人类使用铁的最早情况。地球上的天然铁是少见的，所以铁的冶炼和铁器的制造经历了一个很长的时期。铁的出现，在很大程度上与陨铁的发现有关，但铁矿开采可能与铜矿开采有关。铁加工曾有两个技术中心：一个中心是西亚，另一个中心是中国。当人们在冶炼青铜的基础上逐渐掌握了冶炼铁的技术之后，铁器时代就到来了。

世界上最古老的冶炼铁器是土耳其（安纳托利亚）北部赫梯先民墓葬中出土的铜柄

铁刃匕首，距今4500年（公元前2500年），该文物经检测认定为冶炼所得。中国古代掌握制铁技术，大约是在春秋末年以后，战国期间已逐渐成熟。

古代制铁的基本原理与当代的基本相同。首先是冶铁，采用碳还原法。然后将这些软铁块锻打成所要的形状，形状比较粗糙。后来发明了鼓风的工具，从而建造了大的鼓风炉，提高了炉温，能够炼出液体的生铁。于是有了铸铁技术，用陶土或铁制做模范，把铁液浇注进去，从而造出了精细的产品，于是铁制的农具和精良的武器得以普及。再进一步就是炼制出含碳量更少、柔韧性更好的钢。但是，中国古代无法达到足够的炉温，因此只能用长期加热和锻打的方法进行渗碳，制出“不合格”的钢，但比一般生铁已有了很大进步。

5. 高分子材料、复合材料时代与成型技术

直到16世纪中叶，冶金（金属材料的制备与成型加工）才由“技艺”逐渐发展成为“冶金学”，人类开始注重从“科学”的角度来研究金属材料的组成、制备与加工工艺、性能之间的关系，迎来了所谓的“第三次材料技术革命”——人类从较为单一的青铜、铸铁时代进入合金化时代，催生了人类历史的第一次工业革命，推动了近代工业的快速发展。

（1）高分子材料与成型技术　高分子材料是由相对分子质量较高的化合物构成的材料，包括橡胶、塑料、纤维、涂料、黏结剂和高分子基复合材料。高分子材料按来源分为天然、半合成（改性天然高分子材料）和合成高分子材料。天然高分子是生命起源和进化的基础。人类社会一开始就利用天然高分子材料作为生活资料和生产资料，并掌握了其加工技术，如利用蚕丝、棉、毛织成织物，用木材、棉、麻造纸等。19世纪30年代末期，进入天然高分子化学改性阶段，出现半合成高分子材料。1907年，出现合成高分子酚醛树脂，标志着人类应用合成高分子材料的开始。21世纪，高分子材料已与金属材料、无机非金属材料相同，成为科学技术、经济建设中的重要材料。高分子材料具有以下良好的特性：重量轻，自重小；良好的绝缘性能；低的热导性能；良好的化学稳定性能；良好的耐磨、耐疲劳性。高分子材料发展之迅速，对人类生活各领域影响之深入和广泛，在当前各高新技术中发挥作用之重大，是一般传统材料难以比拟的。

高分子材料只有通过加工成型获得所需的形状、结构与性能，才能成为具有实用价值的材料与产品。高分子材料加工成型是一个外场作用下的形变过程，其技术与装备在很大程度上决定了最终材料与产品的结构与性能。主要的成型技术有压制成型、注射成型、挤出成型和压延成型等成型工艺。

（2）复合材料与成型技术　20世纪初，由于物理和化学等科学理论在材料技术中的应用，从而出现了材料科学。在此基础上，人类开始了人工合成材料的新阶段。复合材料是人们运用先进的材料制备技术将不同性质的材料组分优化组合而成的新材料。复合材料使用的历史可以追溯到古代。从古至今沿用的稻草或麦秸增强黏土和已使用上百年的钢筋混凝土均由两种材料复合而成。20世纪40年代，因航空工业的需要，发展了玻璃纤维增强塑料（俗称为玻璃钢），从此出现了复合材料这一名称。20世纪50年代以后，陆续发展了碳纤维、石墨纤维和硼纤维等高强度和高模量纤维。20世纪70年代出现了芳纶纤维和碳化硅纤维。这些高强度、高模量纤维能与合成树脂、碳、石墨、陶瓷、橡胶等非金属基体或铝、镁、钛等金属基体复合，构成各具特色的复合材料。人类已经可以利用新的物理、化学方法，根据实际需要设计独特性能的复合材料。复合材料是随着材料科学技术进步而发展起来的一种新兴材料。复合材料是一种很有前途的新兴材料，广泛用于航空、宇航、化工、造船、汽车、电气制造等行业。

复合材料的成型方法按基体材料不同各异。树脂基复合材料的成型方法较多，有手糊成型、注射成型、纤维缠绕成型、模压成型、拉挤成型、RTM成型、热压罐成型、隔膜成型、迁移成型、反应注射成型、软膜膨胀成型、冲压成型等。金属基复合材料成型方法分为固相成型法和液相成型法。前者是在低于基体熔点温度下，通过施加压力实现成型，包括扩散焊接、粉末冶金、热轧、热拔、热等静压和爆炸焊接等。后者是将基体熔化后，充填到增强体材料中，包括传统铸造、真空吸铸、真空反压铸造、挤压铸造及喷铸等，陶瓷基复合材料的成型方法主要有固相烧结、化学气相浸渗成型、化学气相沉积成型等。

三、材料成型工业的发展

1. 液态金属铸造成型

铸造一般按造型方法来分类，习惯上分为普通砂型铸造和特种铸造。普通砂型铸造包括湿砂型、干砂型和化学硬化砂型三类。特种铸造按造型材料的不同，又可分为两大类：一类以天然矿产砂石作为主要造型材料，如熔模铸造、壳型铸造、负压铸造、泥型铸造、实型铸造、陶瓷型铸造等；另一类以金属作为主要铸型材料，如金属型铸造、离心铸造、连续铸造、压力铸造、低压铸造等。

铸造工艺可分为三个基本部分，即铸造金属准备、铸型准备和铸件处理。铸造金属是指铸造生产中用于浇注铸件的金属材料，它是以一种金属元素为主要成分，并加入其他金属或非金属元素而组成的合金，习惯上称为铸造合金，主要有铸铁、铸钢和铸造有色合金。

金属熔炼不仅是单纯的熔化，还包括冶炼过程，使浇进铸型的金属，在温度、化学成分和纯净度方面都符合预期要求。为此，在熔炼过程中要进行以控制质量为目的的各种检查、测试，液态金属在达到各项规定指标后方能允许浇注。有时，为了达到更高要求，金属液在出炉后还要经炉外处理，如脱硫、真空脱气、炉外精炼、孕育或变质处理等。熔炼金属常用的设备有冲天炉、电弧炉、感应炉、电阻炉和反射炉等。铸造工艺如图3-6所示。

图3-6　铸造工艺

不同的铸造方法有不同的铸型准备内容。以应用最广泛的砂型铸造为例，铸型准备包括造型材料准备和造型造芯两大项工作。砂型铸造中用来造型造芯的各种原材料，如铸造砂、型砂黏结剂和其他辅料，以及由它们配制成的型砂、芯砂、涂料等统称为造型材料。准备任务是按照铸件的要求、金属的性质，选择合适的原砂、黏结剂和辅料，然后按一定的比例把它们混合成具有一定性能的型砂和芯砂。常用的混砂设备有碾轮式混砂机、逆流式混砂机和叶片沟槽式混砂机。

造型造芯是根据铸造工艺要求，在确定好造型方法、准备好造型材料的基础上进行的。铸件的精度和全部生产过程的经济效果，主要取决于这道工序。在很多现代化的铸造车间里，造型造芯都实现了机械化或自动化。常用的砂型造型造芯设备有高、中、低压造型机，抛砂机，无箱射压造型机，射芯机，冷和热芯盒机等。

铸造是比较经济的毛坯成型方法，对于形状复杂的零件更能显示出它的经济性。如汽车发动机的缸体和缸盖，船舶螺旋桨以及精致的艺术品等，如图 3-7 所示。有些难以切削的零件，如燃气轮机的镍基合金零件不用铸造方法就无法成型。

图 3-7　发动机缸体和船舶螺旋桨

另外，铸造的零件尺寸和重量的适应范围很宽，金属种类几乎不受限制；零件在具有一般力学性能的同时，还具有耐磨、耐腐蚀、吸振等综合性能，是其他金属成型方法（如锻造、轧制、焊接、冲压等）所做不到的。因此在机器制造业中，用铸造方法生产的毛坯零件，在数量和吨位上迄今仍是最多的。

铸造生产有与其他工艺不同的特点，主要是适应性广、需用材料和设备多、污染环境。铸造生产会产生粉尘、有害气体和噪声，对环境造成的污染，比起其他机械制造工艺来更为严重，需要采取措施进行控制。

图 3-8　商朝后母戊鼎

铸造是人类掌握比较早的一种金属热加工工艺，已有约 6000 年的历史了。中国约在公元前 1700—公元前 1000 年进入青铜铸件的全盛期，工艺上已达到相当高的水平。中国商朝的后母戊鼎是世界上最古老的大型青铜器，如图 3-8 所示。鼎高 133cm、口长 112cm、口宽 79.2cm，重 832.84kg；器厚立耳，折沿，腹部呈长方形，下承四柱足。器腹四转角、上下缘中部、足上部均置扉棱。以云雷纹为地，器耳上饰一列浮雕式鱼纹，耳外侧饰浮雕式双虎食人首纹，腹部周缘饰饕餮纹，柱足上部饰浮雕式饕餮纹，下部饰两周凸弦纹。器腹部内壁铸铭“后母戊”，是商王母亲的庙号。后母戊鼎器身与四足为整体铸造，鼎耳则是在鼎身铸成之后再装范浇注而成。铸造此鼎，所需金属原料超过1000kg。

战国时期的曾侯乙尊盘装饰纷繁复杂，铜尊上是用34个部件，经过56处铸接、焊接而连成一体，尊体和铜盘盘体上装饰有蟠龙和蟠螭，颈部和盘内底刻有“曾侯乙作持用终”七字铭文，如图3-9所示。尊盘通体用陶范浑铸而成，尊足等附件为另行铸造，然后用铅锡合金与尊体焊在一起。尊颈附饰由繁复而有序的镂空纹样构成，属于熔模铸件。

明朝的永乐大钟是中国现存最大的青铜钟，铸造于明朝永乐年间（1607年），如图3-10所示。铜钟通高6.75m，钟壁厚度不等，最厚处185mm，最薄处94mm，重约46t。钟体内外遍铸经文，共22.7万字。铜钟合金成分为：铜80.54%、锡16.40%、铅1.12%，为泥范铸造。永乐大钟钟声悠扬悦耳，经专家测试，其声音振动频率与音乐上的标准频率相同或相似，轻击时，圆润深沉；重击时，浑厚洪亮，音波起伏，节奏明快优雅。声音最远可传90里，尾音长达2min以上，令人称奇叫绝。每年新年来临之际，永乐大钟就会敲响。这口大钟已敲击了四百多年，至今仍完好无损。永乐大钟的成功铸造，是世界铸造史上的奇迹。

图3-9　战国时期的曾侯乙尊盘

图3-10　明朝永乐大钟

早期的铸件大多是农业生产、宗教、生活等方面的工具或用具，艺术色彩浓厚。那时的铸造工艺是与制陶工艺并行发展的，受陶器的影响很大。

欧洲在公元8世纪前后也开始生产铸铁件。铸铁件的出现，扩大了铸件的应用范围。例如在15~17世纪，德国、法国等国家先后铺设了不少向居民提供饮用水的铸铁管道。18世纪的工业革命以后，蒸汽机、纺织机和铁路等工业兴起，铸件进入为大工业服务的新时期，铸造技术开始有了大的发展。

进入20世纪，铸造的发展速度很快，其重要因素之一是产品技术的进步，要求铸件的各种机械物理性能更好，同时仍具有良好的机械加工性能；另一个原因是机械工业本身和其他工业（如化工、仪表等）的发展，给铸造业创造了有利的物质条件。如检测手段的发展，保证了铸件质量的提高和稳定，并给铸造理论的发展提供了条件；电子显微镜等

的发明，帮助人们深入金属的微观世界，探查金属结晶的奥秘，研究金属凝固的理论，指导铸造生产。

在这一时期内，人们研发出大量性能优越、品种丰富的新铸造金属材料，如球墨铸铁、能焊接的可锻铸铁、超低碳不锈钢、铝铜合金、铝硅合金、铝镁合金、钛基合金、镍基合金等，并发明了对灰铸铁进行孕育处理的新工艺，使铸件的适应性更为广泛。

20 世纪 50 年代以后，出现了湿砂高压造型、化学硬化砂造型和造芯、负压造型以及其他特种铸造、抛丸清理等新工艺，使铸件具有很高的形状精度和尺寸精度及良好的表面粗糙度，铸造车间的劳动条件和环境卫生也大为改善。

20 世纪以来铸造业的重大进展中，灰铸铁的孕育处理和化学硬化砂造型这两项新工艺有着特殊的意义。这两项发明打破了延续几千年的传统方法，给铸造工艺开辟了新的领域，对提高铸件的竞争能力产生了重大的影响。

2. 固态金属塑性成型

(1) 锻造成型　利用冲击力或压力使金属在砧铁间或锻模中变形，从而获得所需形状和尺寸的锻件，这类工艺方法称为锻造，如图 3-11 所示。锻造是金属零件的重要成型方法之一，它能保证金属零件具有较好的力学性能，以满足使用要求。

图 3-11　锻造成型

常见的锻造方法有自由锻、模锻和胎膜锻等。

1) 自由锻。指用简单的通用性工具，或在锻造设备的上、下砧铁之间直接对坯料施加外力，使坯料产生变形而获得所需的几何形状及内部质量的锻件的加工方法。采用自由锻方法生产的锻件称为自由锻件。自由锻都是以生产批量不大的锻件为主，采用锻锤、液压机等锻造设备对坯料进行成型加工，获得合格锻件。自由锻的基本工序包括镦粗、拔长、冲孔、切割、弯曲、扭转、错移及锻接等。自由锻采取的都是热锻方式。

2) 模锻。在压力或冲击力的作用下，金属坯料在锻模模膛内变形，从而获得锻件的工艺方法。模锻工艺生产率高，劳动强度低，尺寸精确，加工余量小，并可锻制形状复杂的锻件；适用于批量生产。但模具成本高，需有专用的模锻设备，不适合于单件或小批量生产。

3) 胎模锻。胎模锻是在自由锤锻或压力机上安装一定形状的模具，进行模锻件加工的方法。胎模锻是为了适应中小批量锻件生产而发展起来的一种锻造工艺，兼具有模锻和自由锻的特点。通常采用自由锻的方式制坯，然后在胎膜中成型。

人类在新石器时代末期，已开始以锤击天然红铜来制造装饰品和小用品。我国在公元前2000多年已应用冷锻工艺制造工具，如甘肃武威皇娘娘台齐家文化遗址出土的红铜器物，就有明显的锤击痕迹。商代中期用陨铁制造武器，采用了加热锻造工艺。春秋后期出现的块炼熟铁，就是经过反复加热锻造，以挤出氧化物夹杂并成型的。

最初，人们靠抡锤进行锻造，后来出现通过人拉绳索和滑车来提起重锤再自由落下的方法锻打坯料。14世纪以后出现了畜力和水力落锤锻造。

1842年，英国的J·内史密斯制成第一台蒸汽锤，使锻造进入应用动力的时代。图3-12所示为铸造厂的蒸汽锤，于1867年在巴黎世界之旅上发布。以后陆续出现锻造水压机、电机驱动的夹板锤、空气锻锤和机械压力机。夹板锤最早应用于美国内战（1861—1865年）期间，用以模锻武器的零件，随后在欧洲出现了蒸汽模锻锤，模锻工艺逐渐推广。到19世纪末已形成近代锻压机械的基本门类。

图3-12　铸造厂的蒸汽锤

20世纪初期，随着汽车开始大量生产，热模锻迅速发展，成为锻造的主要工艺。20世纪中期，热模锻压力机、平锻机和无砧锻锤逐渐取代了普通锻锤，提高了生产率，减小了振动和噪声。随着锻坯少无氧化加热技术、高精度和高寿命模具、热挤压、成型轧制等新锻造工艺和锻造操作机、机械手以及自动锻造生产线的发展，锻造产品的质量、生产率和经济效益不断提高。

冷锻的出现先于热锻，早期的红铜，金、银薄片和硬币都是冷锻的，冷锻在机械制造中的应用直到20世纪才得到推广。冷镦、冷挤压、径向锻造、摆动辗压等成型技术相继发展，逐渐形成了能生产不需切削加工的精密制件的高效锻造工艺。

（2）冲压成型　冲压是靠压力机和模具对板材、带材、管材和型材等施加外力，使之产生塑性变形或分离，从而获得所需形状和尺寸的工件（冲压件）的成型加工方法。板料、模具和设备是冲压加工的三要素，图3-13所示为压力机、冲压模具和冲压件。按加工温度的高低来分，冲压加工分为热冲压和冷冲压。前者适合变形抗力高、塑性较差的板料加工；后者则在室温下进行，是薄板常用的冲压方法。冲压成型是金属塑性加工的主要方法之一。

冲压和锻造同属塑性加工（或称为压力加工），合称锻压。冲压的坯料主要是热轧和冷轧的钢板和钢带。全世界的钢材中，有60%~70%是板材，其中大部分经过冲压制成成品。汽车的车身、底盘、油箱、散热器片，锅炉的汽包，容器的壳体，电机、电器的铁心硅钢片等都是冲压加工制造。汽车车身冲压成型件如图3-14所示。仪器仪表、家用电器、自行车、办公设备、生活器皿等产品中，也有大量冲压件。

冲压技术是一种具有悠久历史的加工方法和生产制造技术。根据文献记载和考古文物证明，早在2000多年前，我国已有冲压模具被用于制造铜器，我国古代的冲压加工技术

图 3-13 压力机、冲压模具和冲压件

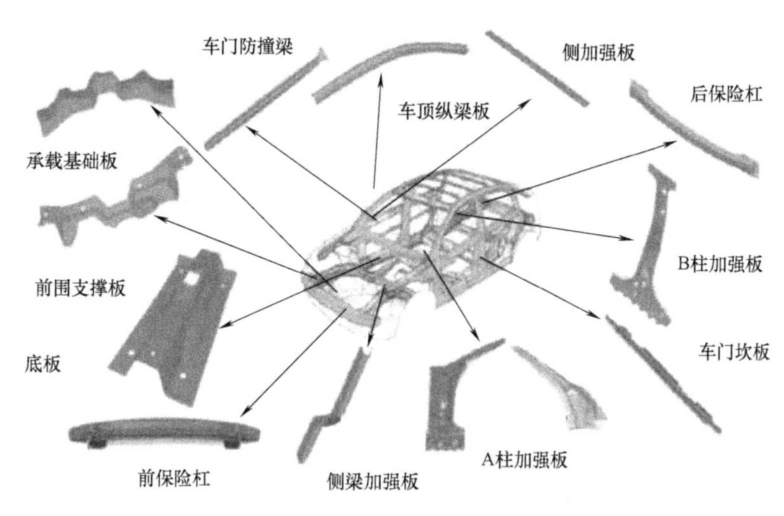

图 3-14 汽车车身冲压成型件

走在世界前列，对人类早期文明社会的进步发挥了重要的作用，做出了重要贡献。早期的冲压只利用铲、剪、冲头、锤子、砧座等简单工具，通过手工剪切、冲孔、铲凿、敲击使金属板材（主要是铜或铜合金板等）成型，从而制造锣、铙、钹等乐器和罐类器具。

随着中、厚板材产量的增长以及冲压液压机和机械压力机的发展，冲压加工也在 19 世纪中期开始进入机械化时代，利用冲压机械和冲压模具进行的现代冲压加工已经有近 200 年的发展历史。1839 年，英国成立了 Schubler 公司，这是早期颇具规模的、现今也是世界上最先进的冲压公司之一。从学科角度上看，到 21 世纪 10 年代，冲压加工技术已经从一种从属于机械加工或压力加工工艺的地位，发展成了一门具有自己理论基础的应用技术科学。俄罗斯（从苏联时期开始）就有各类冲压技术学校，日本也有冲压工学之说，中国也有冲压工艺学、薄板成型理论方面的教材及专著，可以认为这一学科现已形成了比较完整的知识结构系统。

1905 年，美国开始生产成卷的热连轧窄带钢，1926 年，开始生产宽带钢，以后又出现冷连轧带钢。同时，板、带材产量增加，质量提高，成本降低。结合船舶、铁路车辆、锅炉、容器、汽车、制罐等生产的发展，冲压已成为应用最广泛的成型工艺之一。

3. 金属材料焊接成型

焊接，也称作熔接，是一种以加热、高温或者高压的方式接合金属或其他热塑性材料（如塑料）的制造工艺及技术。

19 世纪末之前，唯一的焊接工艺是铁匠沿用了数百年的金属锻焊。最早的现代焊接技术出现在 19 世纪末，先是弧焊和氧燃气焊，稍后出现了电阻焊。

20 世纪早期，第一次世界大战和第二次世界大战中对军用设备的需求量很大，与之相应的廉价可靠的金属连接工艺受到重视，进而促进了焊接技术的发展。战后，先后出现了几种现代焊接技术，包括目前最流行的焊条电弧焊，以及诸如熔化极气体保护电弧焊、埋弧焊、药芯焊丝电弧焊和电渣焊这样的自动或半自动焊接技术。

20 世纪下半叶，焊接技术的发展日新月异，激光焊接和电子束焊接被开发出来。今天，焊接机器人在工业生产中得到了广泛的应用。研究人员仍在深入研究焊接的本质，继续开发新的焊接方法，并进一步提高焊接质量。

金属连接的历史可以追溯到数千年前，早期的焊接技术见于青铜时代和铁器时代的欧洲和中东。数千年前的古巴比伦两河文明已开始使用软钎焊技术。公元前 340 年，在制造重达 5.4t 的古印度德里铁柱时，人们就采用了焊接技术，如图 3-15 所示。

图 3-15　古印度德里铁柱

古代的焊接方法主要是铸焊、钎焊、锻焊、铆焊。公元前 2500 年前，古巴比伦人和印度河文明对铜铁金属的热加工和冷加工都已达到较高的水平，能用锻焊、铸焊等焊接法制造金属器具，并刻有文字。这时代表性的文化是哈拉帕文化（即印度河流域文明）。

中国商朝制造的铁刃铜钺，就是铁与铜的铸焊件，其表面铜与铁的熔合线蜿蜒曲折，接合良好。春秋战国时期曾侯乙墓中的建鼓铜座上有许多盘龙，是分段钎焊连接而成的。经分析，所用的与现代软钎料成分相近。战国时期制造的刀剑，刀刃为钢，刀背为熟铁，一般是经过加热锻焊而成的。据明朝宋应星所著《天工开物》一书记载：中国古代将铜和铁一起入炉加热，经锻打制造刀、斧；用黄泥或筛细的陈久壁土撒在接口上，分段锻焊大型船锚，如图 3-16 所示。中世纪，在叙利亚大马士革也曾用锻焊制造兵器。

图 3-16　《天工开物》中的船锚图

中世纪的铁匠通过不断锻打红热状态的金属使其连接，该工艺被称为锻焊。维纳重·比林格塞奥于1540年出版的《火焰学》一书记述了锻焊技术。欧洲文艺复兴时期的工匠已经很好地掌握了锻焊技术，在接下来的几个世纪中，锻焊技术不断改进。直到19世纪时，焊接技术的发展突飞猛进，其风貌大为改观。1800年，汉弗里·戴维爵士发现了电弧，随后俄国科学家尼库莱·斯拉夫耶诺夫与美国科学家C. L.哥芬发明的金属电极推动了电弧焊工艺的成型。电弧焊与后来开发的采用碳质电极的碳弧焊，在工业生产上得到了广泛应用。1919年，C. J.霍尔斯拉格首次将交流电用于焊接，但这一技术直到10年后才得到广泛应用。

电阻焊在19世纪的最后10年间被开发出来，第一个关于电阻焊的专利是伊莱休·汤姆森于1885年申请的，他在接下来的15年中不断地改进这一技术。铝热焊接和可燃气焊接发明于1893年。埃德蒙·戴维于1836年发现了乙炔，到1900年左右，由于一种新型气焊炬的出现，可燃气焊接开始得到广泛的应用。由于廉价和良好的移动性，可燃气焊接在一开始就成为最受欢迎的焊接技术之一。但是在20世纪中叶，工程师们对电极表面金属覆盖技术进行持续改进（即助焊剂的发展），新型电极可以提供更加稳定的电弧，并能够有效地隔离基底金属与杂质，因此电弧焊能够逐渐取代可燃气焊接，成为使用最广泛的工业焊接技术，如图3-17所示。

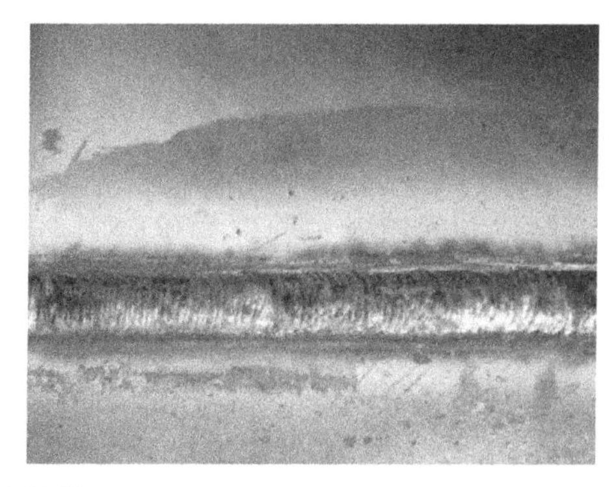

图3-17 电弧焊

1920年出现了自动焊接，通过自动送丝装置来保证电弧的连贯性，保护气体在这一时期得到了广泛的重视。因为在焊接过程中，处于高温状态下的金属会与大气中的氧气和氮气发生化学反应，因此产生的空泡和化合物将影响接头的强度。解决方法是，使用氢气、氩气、氦气来隔绝熔池和大气的直接接触。在接下来的10年中，焊接技术的进一步发展使得诸如铝和镁这样的活性金属也能焊接。1930年至第二次世界大战期间，自动焊、交流电和活性剂的引入大大促进了弧焊的发展。

20世纪中叶，科学家及工程师们发明了多种新型焊接技术。1930年发明的螺柱焊接（植钉焊），很快就在造船业和建筑业中广泛使用。同年发明的埋弧焊，直到今天还很流行。钨极气体保护电弧焊经过几十年的发展后，终于在1941年得以最终完善。随后在1948年，熔化极气体保护电弧焊使得有色金属的快速焊接成为可能，但这一技术需要消耗大量昂贵的保护气体。采用消耗性焊条作为电极的焊条电弧焊是在1950年发展起来的，并迅速成为最流行的金属弧焊技术。1957年，药芯焊丝电弧焊首次出现，它采用的自保护焊丝电极可用于自动化焊接，大大提高了焊接速度。同一年，发明了等离子弧焊。1958年发明了电渣焊，1961年发明了气电焊。

4. 注塑成型

注塑成型又称为注射模塑成型，它是一种注射兼模塑的成型方法。注塑成型方法的优点是生产速度快、效率高，操作可实现自动化，花样品种多，形状可以由简到繁，尺寸可以由大到小，而且制品尺寸精确，产品易更新换代，能成型形状复杂的制件，注塑成型适用于大量生产与形状复杂产品等成型加工领域，图 3-18 所示为注塑机及塑件。

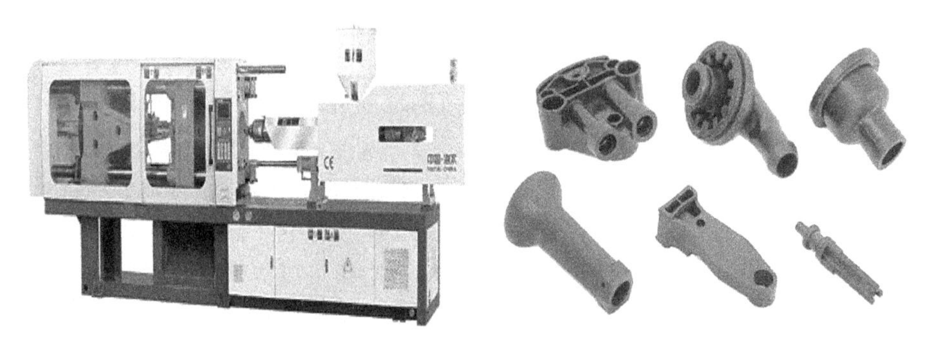

图 3-18　注塑机及塑件

一般的注塑方法是将聚合物组分的粒料或粉料放入注塑机的料筒内，经过加热、压缩、剪切、混合和输送，使其均匀化和熔融（这一过程又称塑化），然后再借助柱塞或螺杆向熔化好的聚合物熔体施加压力，则高温熔体通过料筒前面的喷嘴和模具的浇注系统注射入预先闭合好的低温模腔中，经冷却定型，开启模具，顶出，得到具有一定几何形状和精度的塑料制品。该方法适用于形状复杂部件的批量生产，是塑料加工的主要方法之一。

1851 年，英国人亚历山大·帕克斯把胶棉与樟脑混合在一起产生了一种可弯曲的硬材料，帕克斯称该物质为“帕克辛”，那便是最早的塑料。1868 年，美国人海亚特在前人的基础上改进了制造工序。当时一家制造台球的公司抱怨象牙短缺，海亚特从中看到了这个机会，给了“帕克辛”一个新名称“赛璐珞”。他从台球制造商那里得到了一个现成的市场，并且不久后就用塑料制作出各种各样的产品，使它能够被加工为成品形状。1872年，海亚特同他的兄弟艾赛亚注册了第一个柱塞式注射机的专利权。这个机器比 20 世纪使用的机器相对简单，它运行起来就像一个巨大的皮下注射器针头。这个巨大的针头（扩散筒）通过一个加热的圆筒把塑料注射到模具。

1946 年，美国发明家詹姆斯·沃森·亨德利制造了第一台注射机，能够更精确地控制注射速度和注塑质量。此注射机还可使材料混合注射前，使彩色或再生塑料可被彻底混合注入原生物质。1951 年，美国研制出第一台螺杆式注射机，它没有申请专利，这种装置至今仍然在使用。

在 20 世纪 70 年代，亨德利接着开发了首个气体辅助注塑成型过程，并允许生产复杂的、中空的产品，迅速冷却，使模具设计更加灵活，且容易制造形状复杂零件，同时减少了生产时间、成本、重量和浪费。

第三节　材料成型及控制工程学科的前沿技术

随着工业技术的迅速发展和国际竞争的日益激烈，要求材料成型产品性能高、成本低和周期短。为了生产高精度、高质量和高效率的产品，材料成型技术就需要从传统的单一型走向复合型、多功能型，变得综合化、多样化、多科学化。加快材料成型技术的发展，是适应国际市场、参与全球竞争的必然要求。

一、精密成型技术

机械构件的加工，首先要制造毛坯，再经切削、磨削等工序，才能得到符合设计要求的产品。毛坯到产品的传统加工方法，材料、能源、时间的消耗都很大，还会产生大量的废屑、废液及噪声污染，而精密成型技术可极大地改变这种状况。利用熔化、结晶、塑性变形、扩散、他变等物理化学变化，按预定的设计要求成型机械构件，目的在于使成型的制品达到或接近最后要求的形状或尺寸，这就是精密成型技术。它是现代技术（计算机技术、新材料技术、精密加工与测量技术）与传统成型技术（铸造、锻压、焊接、切割等）相结合的产物。精密成型技术不仅可以提高材料的利用率，减少污染，还可使构件材料获得传统方法难以获得的化学成分与组织结构，从而提高产品的质量与性能。精密成型技术是生产高技术产品（如计算机、电子、通信、宇航、仪表等产品）的关键技术。

1. 粉末冶金

粉末冶金是制取金属粉末或用金属粉末（或金属粉末与非金属粉末的混合物）作为原料，经过成型和烧结，制取金属材料、复合材料以及各种类型制品的工业技术。粉末冶金制造的产品包括轴承、齿轮、硬质合金刀具、模具和摩擦制品等。粉末冶金技术已被广泛应用于交通、机械、电子、航空航天、兵器、生物、新能源、信息和核工业等领域，成为新材料科学中最具发展活力的分支之一。粉末冶金工艺如图 3-19 所示。

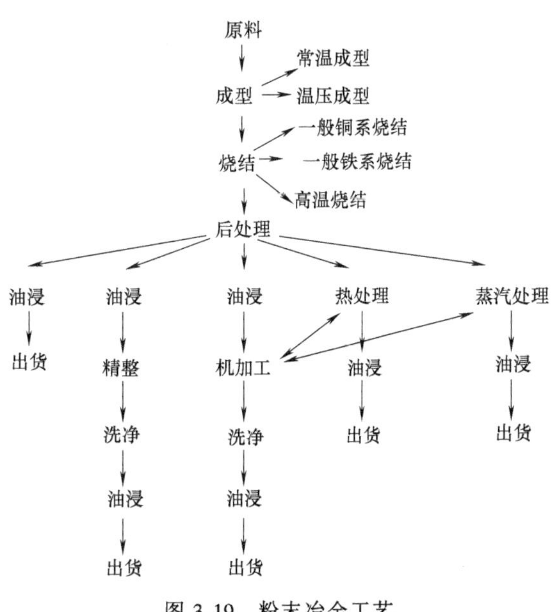

图 3-19　粉末冶金工艺

粉末冶金技术具备以下一系列优点：

1）材料利用率高，可比常规加工减少 50%左右的消耗。

2）设计自由度高，可根据零件的使用条件设计材料的成分，赋予制品特有的组织结构，使其具有优异的性能。

3）制备某些特殊性能的结构材料和功能材料。

4）节能显著、效率高，非常适合于大批量生产。

另外，部分用传统铸造方法和机械加工方法无法制备的材料和复杂零件也可用粉末冶金技术制造，因而此技术备受工业界的重视。

2. 精密铸造

精密铸造是获得精准尺寸铸件工艺的总称。相对于传统砂型铸造工艺，精密铸造获得的铸件尺寸更加精准，表面粗糙度更好。它包括熔模铸造、陶瓷型铸造、金属型铸造、压力铸造和消失模铸造。

精密铸造较为常用的方法是熔模铸造，又叫作失蜡铸造，它的产品精密、复杂，接近于零件最后形状，可不加工或很少加工就直接使用，是一种近净成形的先进工艺。它不仅适用于各种类型、各种合金的铸造，而且生产出的铸件尺寸精度、表面质量比其他铸造方法要高，甚至其他铸造方法难以铸造的复杂、不易加工的铸件，均可采用熔模精密铸造铸得。熔模铸造工艺流程如图 3-20 所示。

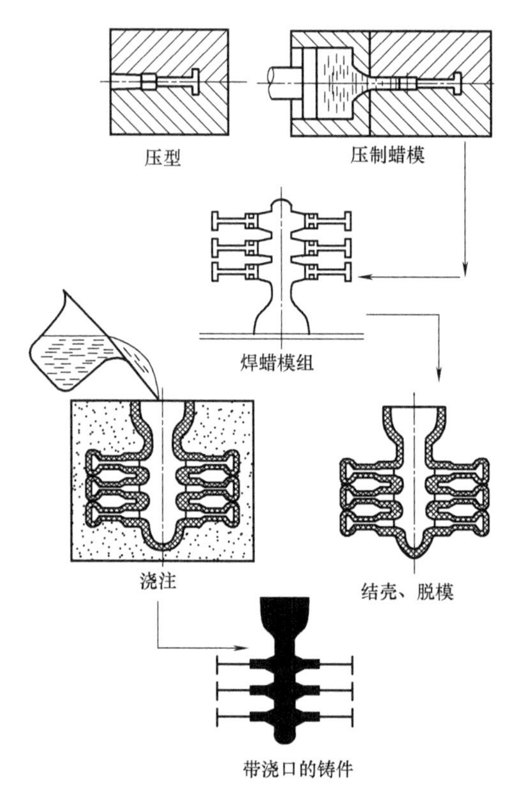

图 3-20　熔模铸造工艺流程

熔模铸件尺寸精度较高，一般可达 CT4-6（砂型铸造为 CT10-13，压铸为 CT5-7），表面粗糙度 Ra 值一般可达 1.6~3.2μm。

熔模铸造的优点如下：

1）可以大量节省机床设备和加工工时，大幅度节约金属原材料。由于熔模铸件尺寸精度较高，表面粗糙度值小，只需在零件要求较高的部位留少许加工余量即可，甚至某些铸件只留打磨、抛光余量，不必机械加工即可使用。

2）可以铸造各种复杂的合金铸件，特别可以铸造高温合金铸件，如喷气式发动机的叶片，其流线型外廓与冷却用内腔，用机械加工工艺几乎无法形成。用熔模铸造工艺不仅可以做到批量生产，保证了铸件的一致性，而且避免了机械加工后残留刀纹的应力集中。

3. 精密锻造

精密锻造是指零件锻造成型后，只需少量加工或不再加工就符合零件要求的成型技术。精密锻造是先进制造技术的重要组成部分，也是汽车、矿山、能源、建筑、航空、航天、兵器等行业中应用广泛的零件制造工艺。精密锻造不仅节约材料、能源，减少加工工序和设备，而且还能显著提高生产率和产品质量，降低生产成本，从而提高了产品的市场竞争能力。

能够成型大型复杂结构锻件是反映一个国家工业科技水平和综合国力的重要体现。随着我国经济和国防事业的飞跃发展，大型复杂锻件的需求量激增，如飞机的整体框、发动机的整体叶盘、燃气轮机和汽轮机的大型叶片及大型盘等。然而，航空、航天和能源等重要制造领域所使用的主要结构锻件材料大多以高温合金、钛合金和高强度合金钢等为主，钛合金和

高温合金既是价格昂贵的金属材料，又是难加工、难变形的特殊材料。一般先锻成粗锻件再进行机械加工，因此增加了制造成本，从而在一定程度上限制和影响了材料的使用。然而，以热模锻造和等温锻造为代表的热精密锻造技术的出现，为解决钛合金、高温合金等难变形材料的近净成形锻造开创了一条重要的途径，为大型复杂锻件的生产提供了新的手段。

4. 精密焊接

精密焊接是指可以达到精确成型制造目的的焊接工艺，包括激光焊接、电子束焊接、扩散焊接和焊熔近净成形技术。

1）激光焊接是利用能量密度很高的激光束聚焦到工件表面，使辐射作用区表面的金属“烧熔”粘合而形成焊接接头。激光焊接的本质特征是基于小孔效应的焊接。

2）电子束焊接是在真空条件下，利用聚焦后被加速的能量密度极高的电子束，以极高的速度冲击到工件表面极小面积上。在极短的时间内，其能量大部分转变为热能，从而引起材料的局部熔化，达到焊接的目的。

3）扩散焊接是一种可以连接物理、化学性能差别很大的异种材料的固态连接方法，如陶瓷与金属，并可连接截面形状和尺寸差异大的材料，以及连接经过精密加工的零部件而不影响其原有精度。

4）焊熔近净成形技术是一种新发展的零件快速制造技术，其实质是采用成型熔化制成全部由焊缝组成的零件。通常可采用已经成熟的焊接技术，按照零件的需求连续逐层堆焊，直至达到零件的最终尺寸。

5. 精密冲裁

精密冲裁（简称精冲）是一种先进的精密成型塑性加工的少无切削技术，在一次冲裁过程中就可以得到尺寸精度高、剪切面粗糙度好，且具有一定立体形状的零件。

精冲具有以下优点：

1）优质。精冲零件尺寸公差可以达到 IT7～IT8 级精度，剪切面的粗糙度 Ra 值可以达到 0.4～0.8μm。

2）高效。对于许多形状复杂的零件，如齿轮、棘轮、链轮和凸轮等扁平件，一次精冲工序就可以完成，时间仅需几秒钟，减少了大量的铣、刨、磨、镗等切削工序，可提高工效 10 倍以上。

3）低耗。精冲工艺不仅节约了大量切削机床加工的能耗，而且由于精冲后的表面具有很强的冷作硬化效果，有时可以取代后续的淬火工序而降低成本和能耗，如汽车的玻璃升降器，采用了精冲工艺后就取消了原来的淬火工序。

4）应用广。精冲工艺应用面广。

精冲工艺目前已经广泛用于汽车、摩托车、纺织机械、农用机械、计算机、家用电器、仪器仪表、量刃具等领域。相当部分的铸、锻毛坯需要切削加工的零件，也趋于采用精冲工艺或精冲复合工艺生产。

6. 快速成型

快速成型技术是用离散分层的原理制作产品原型的总称，其原理为：产品三维 CAD 模型→分层离散→按离散后的平面几何信息逐层加工堆积原材料→生成实体模型。

快速成型技术是将 CAD、计算机辅助制造（CAM）、计算机数字控制、精密伺服驱动、激光和材料科学等先进技术集于一体的新技术，其基本构思是：任何三维零件都可以看作是许多等厚度的二维平面轮廓沿某一坐标方向叠加而成。因此，依据计算机上构成的产品三维设计模型，可先将CAD系统内的三维模型切分成一系列平面几何信息，即对其进行分层切片，得到各层截面的轮廓，按照这些轮廓，激光束选择性地切割一层层的纸（或固化一层层的液态树脂，烧结一层层的粉末材料），或喷射源选择性地喷射一层层的黏结剂或热熔材料等，形成各截面轮廓并逐步叠加成三维产品。

快速成型的过程包括前处理（三维模型的建立、三维模型的近似处理、三维模型的切片处理）、分层叠加成型（截面轮廓的制造与截面轮廓的叠合）和后处理（表面处理等）。

（1）前处理

1）三维模型的建立。由于实现快速成型的系统只能接受计算机构造的产品三维模型，然后才能进行切片处理，因此，首先应在计算机上实现设计思想的数字化，即将产品的形状、特性等数据输入计算机中。目前快速成型机的数据输入主要有两种途径：一是设计人员利用计算机辅助设计软件（如Pro /Engineer、SolidWorks、IDEAS、MDT、AutoCAD等），根据产品的要求设计三维模型，或将已有产品的二维三视图转换为三维模型；另一种是对已有的实物进行数字化，这些实物可以是手工模型、工艺品或人体器官等。这些实物的形体信息可以通过三维数字化仪、CT和MRI等手段采集处理，然后通过相应的软件将获得的形体信息等数据转化为快速成型机所能接收的输入数据。

2）三维模型的近似处理。由于产品上往往有一些不规则的自由曲面，因此加工前必须对其进行近似处理。在目前快速成型系统中，最常见的近似处理方法是，用一系列的小三角形平面来逼近自由曲面。其中，每一个三角形用三个顶点的坐标和一个法相量来描述。三角形的大小是可以选择的，从而能得到不同的曲面近似精度。经过上述近似处理的三维模型文件称为STL格式文件（许多CAD软件都提供了此项功能，如Pro/Engineer、SolidWorks、IDEAS、AutoCAD、MDT等），它由一系列相连的空间三角形组成。典型的CAD都有转换和输出STL格式文件的接口。

3）三维模型的切片处理。由于快速成型是按一层层截面轮廓来进行加工的，因此，加工前必须从三维模型上沿成型的高度方向，每隔一定的间隔进行切片处理，以便提取截面的轮廓。间隔的大小根据被成型件精度和生产率的要求选定，间隔越小，精度越高，成型时间越长；间隔的范围为0.05~0.5mm，常用0.1mm左右，在此取值下，能得到相当光滑的成型曲面。切片间隔选定之后，成型时每层叠加的材料厚度应与其相适应。各种快速成型系统都带有切片处理软件，能自动提取模型的截面轮廓。

（2）截面轮廓的制造 根据切片处理得到的截面轮廓，在计算机的控制下，快速成型系统中的成型头（激光头或喷头）在*X-Y*平面内自动按截面轮廓运动来切割纸（或固化剂、热熔材料），得到一层层截面轮廓。每层截面轮廓成型后，快速成型系统将下一层材料送至成型的轮廓面上，然后进行新一层截面轮廓的成型，从而将一层层的截面轮廓逐步叠合在一起，最终形成三维产品。

快速成型技术突破了“毛坯→切削加工→成品”传统的零件加工模式，开创了不用刀具制作零件的先河，是一种前所未有的薄层叠加的加工方法。

快速成型技术彻底摆脱了传统的“减材”加工法（即：部分去除大于工件的毛坯上

的材料，而得到工件)，采用全新的“增材”加工法（即：用一层层的小毛坯逐步叠加成大工件)，将复杂的三维加工分解成简单二维加工的组合，因此，与传统的切削加工方法相比，快速原型加工具有：降低了新产品开发的成本和周期；可迅速制造出自由曲面和更为复杂形态的零件；不需要机床切削加工所必需的刀具和夹具，无刀具磨损和切削力影响；无振动、噪声和切削废料；可实现完全自动化生产；加工效率高，能快速制作出产品实体模型及模具等优点。

自美国3D公司1988年推出第一台商品SLA快速成型机以来，现在已经有十几种不同的成型工艺，其中比较成熟的有SLA、LOM、SLS和FDM等方法。

1）液态光敏树脂选择性固化（Stereo Lithography Apparatus，SLA）。SLA是最早出现的一种快速成型技术。快速成型机上有一个盛满液态光敏树脂的液槽，这种液态树脂在紫外线的照射下会快速固化。成型开始时，可升降工作台处于液面下一个截面厚度的高度，聚焦后的紫外激光束，在计算机的控制下，按截面轮廓的要求，沿液面进行扫描，使扫描区域固化，得到该截面轮廓。然后，工作台下降一层高度，其上覆盖另一层液态树脂，以便进行第二层扫描固化，新固化的一层牢固地黏结在前一层上，如此重复直到整个产品成型完毕。SLA工作原理如图3-21所示。

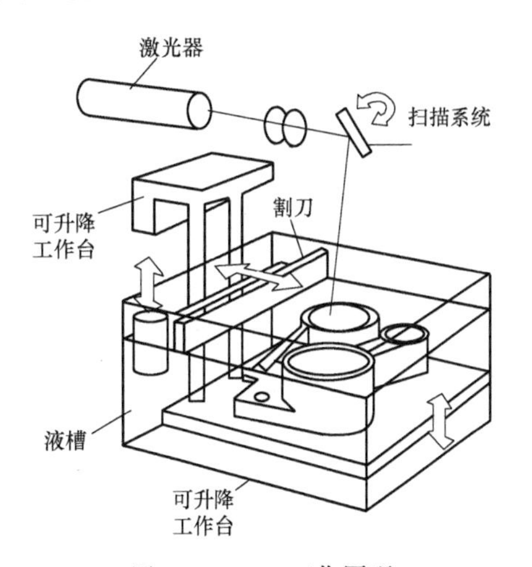

图3-21 SLA工作原理

2）薄型材料选择性切割（Laminated Object Manufacturing，LOM）。LOM快速成型技术最早是由美国Helisys公司开发的。该项技术将薄片材料（如纸、塑料薄膜等）一层一层地堆叠起来，激光束只需扫描和切割每一层的边沿，而不必像SLA技术那样，要对整个表面层进行扫描。它的工作原理是：片材表面事先涂覆上一层热熔胶，加工时，热压辊热压片材，使之与下面已成型的工件粘接；在计算机控制下，CO_2激光器在刚粘接的新层上切割出零件截面轮廓和工件外框，并在截面轮廓与外框之间多余的区域内切割出上下对齐的网格；激光切割完成后，工作台带动已成型的工件下降，与带状片材分离；供料机构转动收料轴和供料轴，带动料带移动，使新层移到加工区域；工作台上升到加工平面；热压辊热压，工件的层数增加一层，高度增加一个料厚；再在新层上切割截面轮廓。如此反复直至零件的所有截面粘接、切割完毕，从而得到分层制造的实体零件。逐步得到各层轮廓，并将其粘结在一起，形成三维产品。LOM工作原理如图3-22所示。

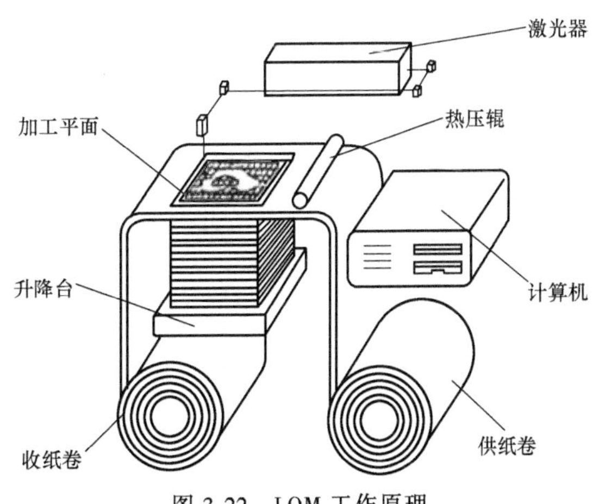

图3-22 LOM工作原理

3）粉末材料选择性烧结（Selected

Laser Sintering，SLS）。SLS 采用 CO_2 激光器和粉末状材料（如塑料粉、陶瓷和黏结剂的混合粉、金属与黏结剂的混合粉）。成型时，先在工作台上铺一层粉末材料，然后，激光束在计算机的控制下，按照截面轮廓的信息，对制件的实心部分所在的粉末进行烧结，逐步得到各层轮廓。一层成型完成后，工作台下降一截面层的高度，再进行下一层的烧结，如此循环，最终形成三维产品。SLS 工作原理如图 3-23 所示。

4）丝状材料选择性熔覆（Fused Deposition Modeling，FDM）。快速成型机的加热喷头在计算机的控制下，可根据截面轮廓的信息，进行 *X-Y* 平面运动和 *Z* 方向的运动。丝材由供丝机送至喷头，并在喷头中加热、熔化，然后被选择性地涂覆在工作台上，快速冷却后形成截面轮廓。一层成型完成后，工作台下降一截面层的高度，再进行下一层的涂覆，如此循环，最终形成三维产品。FDM 工作原理如图 3-24 所示。

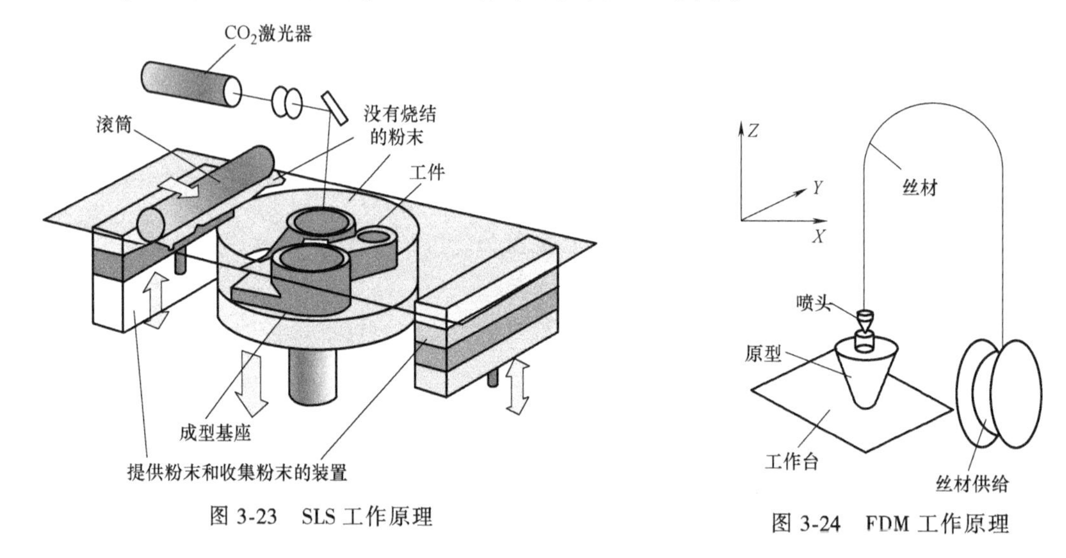

图 3-23　SLS 工作原理

图 3-24　FDM 工作原理

5）粉末材料选择性黏结（Three-Dimensional Printing，3DP）。3DP 也称为 3D 打印。快速成型机的喷头在计算机的控制下，按照截面轮廓的信息，在铺好的一层层粉末材料上，有选择性地喷射黏结剂，使部分粉末粘结，形成截面轮廓。一层成型完成后，工作台下降一截面层的高度，再进行下一层的粘结，如此循环，最终形成三维产品。3DP 工作原理如图 3-25 所示。

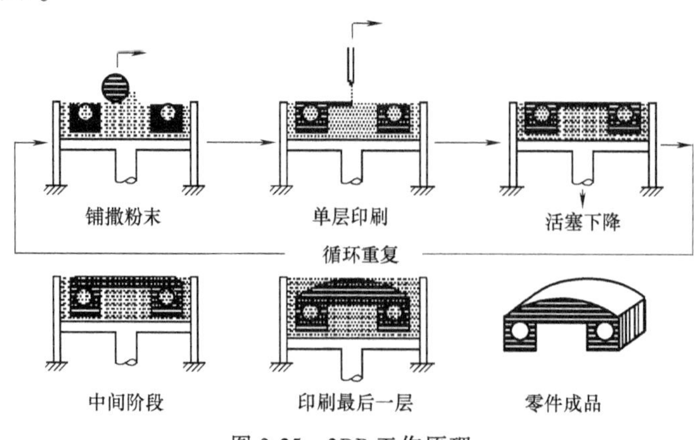

图 3-25　3DP 工作原理

二、复合成型技术

随着空间、海洋、能源等领域的不断开发，创造性的科学技术不断涌现。像现代的科学越来越相互交叉、渗透，出现许多边缘学科、交叉学科一样，材料成型技术也逐渐突破原有铸、锻、焊等技术相互独立的格局，相互融合渗透，产生了种类繁多的复合成型技术。例如，金属基复合材料制备技术与成型技术的融合，开拓了集制备与成型于一体的新型复合工艺。传统的金属成型技术，通常只是利用物质的某一种状态（液、固、气、粉末），而复合成型技术，则有机地利用了物质两种以上“态”的特性。

金属材料复合成型技术是两种或者两种以上传统金属成型方法相结合而形成的金属成型技术。复合成型技术控制金属材料产生合理流动，获得复杂形状、精准尺寸和高性能的零件。复合成型技术突破了传统成型技术的局限性，通过结合各个成型技术的优势，弥补单一成型技术的局限，能获得高品质的金属零件。复合成型有铸锻复合、锻焊复合、铸焊复合和不同塑性成型方法的复合等。

1. 铸锻复合成型

铸锻复合成型技术是将铸造和锻造技术相结合，取长补短，可成型高性能复杂形状的零件。铸锻复合是用浇注法生产金属与金属或金属与非金属复合材料的一种复合加工工艺。在两个固体金属之间浇注熔融的其他金属或在一定形状的固体金属外表面注以熔融的其他金属，是生产复合材料的最常用的方法。在复合界面上靠液相凝固、固相塑性变形生成新表面以及复合组元紧密接触使原子扩散加剧，而加强包覆层的牢固复合。

2. 锻焊、铸焊复合成型

锻焊、铸焊属于压焊范畴，压焊是指在加热或不加热的状态下对组合焊件施加一定的压力，使其产生塑性变形或熔化，并通过再结晶和扩散等方法，使两个分离表面的原子达到形成金属键而连接的焊接方法。锻焊、铸焊是一种固态焊接过程，先加热两片金属，到达白炽状态，之后以锤子反复敲打的方式，使它们熔合，焊接成一块。锻焊、铸焊复合成型技术主要用于一些大型机架或构件，采用铸造或锻造方法加工铸钢或锻钢单元体，然后通过焊接方法获得所需制件。

3. 冲压与焊接复合成型

板料冲压与焊接复合技术是将不同厚度、材质或不同涂层的平板焊接在一起，然后整体冲压成型，以满足零部件不同部位对材料不同性能的要求。冲压与焊接复合成型工艺的出现解决了由传统单一厚度材料所不能满足的超宽板及零件不同部位具有不同工艺性能要求的工艺问题。

冲压与焊接复合成型技术的优点如下：

1）可将厚板或高强度板用于关键部位，以提高整块板的局部强度。

2）应用于汽车制造中，可以使汽车结构在不降低强度的情况下，减轻车身重量，降低材料损耗，节省板材约25%~40%。

3）冲压与焊接复合成型应用于汽车制造业可以减少车身零件的数量，由于拼焊板可以一次成型，减少大量冲压加工的设备和工序，缩减了模具的安装过程，简化车身制造过程。

4）满足汽车各部分对材质、厚度以及性能的需求，将不同性能、涂层和厚度的板料冲压与焊接复合成型在一起，提高了车身设计的灵活性，缩短了设计和开发周期。

三、数字化成型技术

随着计算机技术的发展和科技的进步，产品的设计和生产方式都在发生显著的变化，以前只能靠手工完成的许多作业，已逐渐通过计算机实现了制造过程的高效化和高精度化。数字化成型技术是一项在成型全过程（成型产品设计、分析和制造过程）中融合数字化技术，且以系统工程为理论基础的技术体系，实现优质、高效、低耗、清洁的生产。

数字化成型技术包括设计数字化、分析数字化和制造数字化。其中，设计和制造数字化技术是实施数字化的关键。

1. 设计数字化

为了提高设计质量，降低成本，缩短产品开发周期，近年来，学术界提出了并行设计、协同设计、大批量定制设计等新的设计理论与方法，其核心思想是：借助专家知识，采用并行工程方法和产品族的设计思想进行产品设计，以便能够有效地满足客户需求。实施这些设计理论与方法的基础是数字化技术，其中基于知识的工程技术（KBE）和反向设计技术是两项重要支撑技术。

2. 分析数字化

材料成型过程的机理非常复杂，传统的模具设计也是基于经验的反复修改，从而导致了产品的开发周期长，开发成本高。面对激烈的市场竞争压力，企业迫切需要新技术来改造传统的产业，缩短产品的开发时间，从而更有效地支持相关产品的开发。材料成型过程的数值模拟技术正是在这一背景下产生和发展的。

3. 制造数字化

制造数字化就是指制造领域的数字化，它是制造技术、计算机技术、网络技术与管理科学的交叉、融和、发展与应用的结果，也是制造企业、制造系统与生产过程、生产系统不断实现数字化的必然趋势。

计算机技术与数值模拟技术、机械设计、制造技术的相互结合与渗透，产生了计算机辅助设计/计算机辅助工程/计算机辅助制造这样一门综合性的应用技术，简称CAD/CAE/CAM。材料成型CAD/CAE/CAM技术广泛应用于机械、汽车、航空航天、电子等各个领域中，成为材料成型制造的先进技术。通过CAD进行快速高质量设计，CAE进行优化计算分析以及CAM进行高效、高精度加工，可以提高产品质量，降低开发成本，缩短开发周期，使产品赢得市场竞争。

第四节　材料成型及控制工程专业的就业与升学

一、材料成型及控制工程专业的就业

1. 材料成型及控制工程专业的就业率

根据麦可思公司的调查研究，对2011—2019届材料成型及控制工程专业学生毕业半

年后就业率进行了归纳，见表3-3。

表3-3 2011—2019届材料成型及控制工程专业学生毕业半年后就业率情况（麦可思数据公司）

届数	毕业半年后就业率(%)	全国本科专业就业率排名	全国本科毕业半年后平均就业率(%)
2011届	95.9	16	90.8
2012届	94.3	25	91.5
2013届	94.0	23	91.8
2014届	93.8	29	92.6
2015届	91.9	28	92.2
2016届(机械类)	93.6	—	91.8
2017届(机械类)	93.8	—	91.9
2018届	93.3	37	91.0
2019届	—	—	91.1

从表3-3可以看出，2011—2019届材料成型及控制工程专业学生毕业半年后就业率均位于全国500多个专业就业率的前50位，就业率较高。

材料成型及控制工程专业毕业生主要在钢铁企业、机械制造业、汽车及船舶制造业、金属及橡塑材料加工业等领域从事与焊接材料成型、模具设计与制造等相关的生产过程控制、技术开发、科学研究、经营管理、贸易营销等方面的工作。

2. 材料成型及控制工程专业的人才需求

材料成型及控制工程是材料、机械、控制、计算机等多学科交叉融合的工程技术专业，主要研究金属材料、非金属材料、超导材料、微电子材料及特殊功能材料的成型设备与工艺、成型过程的自动化与智能控制、质量检测和可靠性评价等。随着各种新材料在各行各业中的广泛应用，加之我国新材料行业的产业结构调整与材料成型设备新技术的发展紧密相关，因此对既懂得材料科学知识，又能掌握材料成型设备设计和制造技术的高级科技人才的需求将有所增加。

材料成型及控制工程专业作为机械工程、材料工程、计算机应用技术相结合的宽口径高技术专业，可以培养工程材料、材料成型、模具设计与制造、计算机应用等领域内的高级工程技术人才。

3. 材料成型及控制工程专业就业行业分布

材料成型及控制工程专业毕业生就业前景非常好，就业领域宽，可在机械、电子、电器、汽车、仪器仪表、能源、交通、航空航天等行业内从事材料和产品的研究与开发、工艺设计、模具设计与制造、质量检测、经营销售及管理工作或在相关的研究部门和高校从事科技研究和教学。

材料成型及控制工程专业常见的就业岗位有机械工程师、机械设计工程师、土建工程师、项目经理、施工员、结构工程师、预算员、销售工程师、电气工程师、工艺工程师、采购员、采购工程师等。

二、材料成型及控制工程专业的升学

1. 材料成型及控制工程专业报考硕士研究生的学科

硕士研究生的报考专业是按学科设置的，通常研究生报考的学科就是所谓的专业。材料成型及控制工程专业的学生如果有继续求学深造的愿望可以报考硕士研究生，相关考研的学科有很多，主要报考的学科见表 3-4。

表 3-4　材料成型及控制工程专业报考硕士研究生的主要学科

报考研究生类型	报考的一级学科名称及代码	报考的二级学科名称及代码
学术型	机械工程(学科代码:0802)	机械工程(学科代码:080200) 机械制造及其自动化(学科代码:080201) 机械电子工程(学科代码:080202) 机械设计及理论(学科代码:080203) 车辆工程(学科代码:080207)
	材料科学与工程(学科代码:0805)	材料科学与工程(学科代码:080500) 材料物理与化学学科(学科代码:080501) 材料学(学科代码:080502) 材料加工工程(学科代码:080503)
专业学位型	机械(学科代码:0855)	—
	材料与化工(学科代码:0856)	—

(1) 考研学科（专业）：**机械工程**　材料成型及控制工程专业在专业分类上属于机械类。因此，可以报考机械工程一级学科机械工程（学科代码：080200）的研究生，或报考机械工程一级学科下设的四个二级学科的研究生，即机械制造及其自动化（学科代码：080201）、机械电子工程（学科代码：080202）、机械设计及理论（学科代码：080203）、车辆工程（学科代码：080207）。

(2) 考研学科（专业）：**材料物理与化学**　材料成型及控制工程属于机械和材料的交叉学科，可以报考材料科学与工程一级学科下设的材料物理与化学学科（学科代码：080501）二级学科的研究生，材料物理与化学是物理、化学和材料等构成的交叉学科，它综合了各学科的研究方法与特色。是以物理、化学等自然科学为基础，从分子、原子、电子等多层次上研究材料的物理、化学行为与规律，研究不同材料组成-结构-性能间的关系，设计、控制及制备具有特定性能的新材料与相关器件，致力于先进材料的研究与开发。研究各种材料特别是各种先进材料、新材料的性能与各层次微观结构之间关系的基本规律，为各种高新技术材料发展提供科学依据的应用基础学科，是理工科结合的学科。

(3) 考研学科（专业）：**材料学**　也可以报考材料科学与工程一级学科下设的材料学（学科代码：080502）二级学科的研究生。材料学是研究材料的制备或加工工艺、材料结构与材料性能三者之间的相互关系的科学。涉及的理论包括固体物理学、材料化学，与电子工程结合，则衍生出电子材料，与机械结合，则衍生出结构材料，与生物学结合，则衍生出生物材料等。

(4) 考研学科（专业）：**材料加工工程**　也可以报考材料科学与工程一级学科下设的材料加工工程（学科代码：080503）二级学科的研究生。材料加工工程是将原料、原材料（有时加入各种添加剂、助剂或改性材料）转变成实用材料或制品的一种工程技术。目前在中国学术界更多地指向聚合物加工。可以分为金属材料加工工程和非金属材料加工工程。

材料加工工程学科与本科生的材料成型及控制工程专业比较接近。

(5) 考研学科（专业）：机械或材料与化工　机械（学科代码：0855）和材料与化工（学科代码：0856）为专业学位硕士。专业学位型硕士和学术型硕士学位处于同一层次，培养方向各有侧重。专业学位型硕士主要面向经济社会产业部门专业需求，培养各行各业特定职业的专业人才，其目的重在知识、技术的应用能力。

2. 入学考试专业课

材料成型及控制工程专业入学考试专业课是指初试中的专业基础课和复试中的专业课。

(1) 初试中的专业基础课

1) 机械工程。对于报考机械工程一级学科或下设的二级学科的研究生，初试中的专业基础课主要有机械原理、机械设计、材料力学、理论力学、机械工程控制基础、机械制造基础、工程热力学和生产管理学等。

2) 材料科学与工程。对于报考材料科学与工程一级学科或下设的二级学科的研究生，初试中的专业基础课主要有材料科学基础、金属材料学和无机化学等。

各招生单位对初试中的专业基础课要求不一，具体见各校的研究生招生简章。

(2) 复试中的专业课

1) 机械工程。对于报考机械工程一级学科或下设的二级学科的硕士研究生，复试中的专业课主要有控制工程基础、汽车理论、机械制造技术基础、CAD、热工测试技术、电工电子技术、自动控制原理、机械工程材料、机电一体化、PLC、单片机原理等。

2) 材料科学与工程。对于报考材料科学与工程一级学科或下设的二级学科的研究生，复试中的专业课主要有材料工程基础、金属学原理、高分子化学、热力学、金属塑性成形原理、半导体光谱学、无机化学和综合化学等。

各招生单位对复试中的专业课要求也不一样，具体见各校的研究生招生简章。

3. 研究方向

(1) 机械工程的主要研究方向　研究方向是指从事的主要研究领域，对于材料成型及控制工程来说，所涉及的领域十分广泛，如机械设计技术、机械制造技术、材料科学、制造工艺学和自动化技术等诸多方面。各个学校重点研究的项目也有所不同，如清华大学的生产线设计与机器人化制造单元技术、多功能快速成形制造系统技术、大批量生产线监控与管理技术等，华中科技大学的机器人技术、嵌入式系统与设备控制、数字制造与智能制造技术、微机电与加工技术等，虽然各个大学研究的重点不一样，但都逐渐走向机电一体化、智能化和自动化等。

对于报考机械工程的一级学科或下设的二级学科的学术型硕士研究生，其主要研究方向有机械制造及其自动化、机械电子工程、机械设计及理论、车辆工程、工业工程、动力机械、工程热科学等。有的招生单位不设研究方向。

对于报考机械（学科代码：0855）的专业学位型硕士研究生，其主要研究方向有机械工程、车辆工程、智能制造等。有的招生单位不设研究方向。

(2) 材料科学与工程的主要研究方向　对于报考材料科学与工程的一级学科或下设的二级学科的学术型硕士研究生，其主要研究方向有先进材料结构表征与工艺调控、先进炭材料及复合材料、轻量化材料及成形技术、高性能结构与功能陶瓷、电子能源新材料、纳米光电材料与集成器件、材料基因工程、复合材料制备及加工、金属材料塑性加工、激光增材制造及加工、先进焊接与连接加工、材料表面加工与改性、能量转换与存储材料、先进功能材料、功能结构一体化材料、超分子与绿色催化材料等。有的招生单位不设研究方向。

对于报考材料与化工（学科代码：0856）的专业学位型硕士研究生，其主要研究方向有工业催化、表面与界面工程、新能源材料、复合材料成型技术、金属材料加工及成形技术、材料设计与制备、精细化学品合成与绿色工艺等。有的招生单位不设研究方向。

思 考 题

1. 常见的工程材料有哪些类型？
2. 材料成型的主要技术内容包括哪些方面？
3. 根据材料的种类、形态、成型原理及特点，成型工艺一般可分为哪些类型？
4. 简述材料成型工艺的主要特点。
5. 材料成型及控制工程本科专业的主要课程有哪些？
6. 简述材料成型及控制工程专业的发展过程。
7. 简述材料发展与成型技术发展史。
8. 材料成型及控制工程本科专业的人才培养模式有哪些？
9. 上网检索几所学校的材料成型及控制工程专业的培养方案，并与你所在的学校材料成型及控制工程专业培养方案的培养目标、毕业要求进行对比，分析异同点。
10. 上网检索几所学校的材料成型及控制工程专业的教学计划，并与你所在的学校材料成型及控制工程专业教学计划的专业基础课、专业必修课、实践环节、学分要求进行对比，分析异同点。
11. 简述材料成型技术在国民经济中的作用。
12. 材料精密成型技术有哪些？
13. 材料复合成型技术有哪些？
14. 材料数字化成型技术有哪些？
15. 简述你对材料成型及控制工程专业的认识和了解。
16. 分析材料成型及控制工程专业的人才需求情况。
17. 你对材料成型行业的哪些工作岗位感兴趣？
18. 材料成型及控制工程专业的主要就业方向有哪些？你对未来职业生涯有何规划？
19. 材料成型及控制工程专业应届毕业生可申报的研究生类型主要有哪些？

第四章

机械电子工程

机械电子工程既是机械工程一级学科下的一个二级学科名称，也是机械类专业中的一个专业名称。本章主要介绍机械电子工程学科（专业）的内涵、机械电子工程行业的发展、机电一体化系统、机械电子工程学科的前沿技术、机械电子工程专业的就业与升学等内容。

第一节 机械电子工程学科（专业）的内涵

一、机械电子工程专业的范畴

1. 何谓机械电子工程

“机械电子工程”来源于英文名词“Mechatronics”，是由“Mechanics（机械学）”的前五个字母和“Electronics（电子学）”的后七个字母组合而成的，其含义是机械与电子的集成技术，在我国通常翻译为“机电一体化”。在欧洲经济共同体内部，普遍将“Mechatronics”定义为“在设计产品或制造系统时所思考的精密机械工程、电子控制以及系统的最佳协同组合”。

日本机械振兴协会经济研究所于1983年提出：“机电一体化是在机械的主功能、动力功能、信息与控制功能上引进微电子技术，并将机械装置与电子设备以及软件等有机结合而构成的系统总称”，该提法体现了“机械电子工程”的基本内容和特征。

1996年，美国电气与电子工程师协会和机械工程师协会（IEEE/ASME）对机电一体化初步定义为：“在工业产品和过程的设计和制造中，机械工程和电子与智能计算机控制的协调集成，共包括11个方面：成型和设计、系统集成、执行器和传感器、智能控制、机器人、制造、运动控制、振动和噪声控制、微器件和光电子电子系统、汽车系统和其他应用。”综上所述，机电一体化是指在设计和制造机电系统的过程中，以感知、控制信息为纽带，将机械和电子装置有机地融合在一起构成智能化机电系统的理念、技术和产品。

因此，机械电子工程是一个多学科集成技术，它的核心学科是机械工程、电子工程以及信息与控制工程。

2. 何谓机械电子工程专业

关于机械电子工程专业，教育部编写的《普通高等学校本科专业目录和专业介绍》中进行了详细描述。

(1) 培养目标 机械电子工程专业是培养具备机械、电子、控制等学科的基本理论和基础知识，能在机电行业及相关领域从事机电一体化产品和系统的设计制造、研究开发、工程应用、运行管理等方面工作的高素质复合型工程技术人才。

(2) 培养要求 要求本专业学生主要学习机械工程、电子技术、控制理论与技术等方面的基本理论和基础知识，接受机械电子工程师的基本训练，培养机电一体化产品和系统的设计、制造、服务，以及性能测试与仿真、运行控制与管理等方面的基本能力。

(3) 毕业生应获得的知识和能力 毕业生应获得以下几方面的知识和能力：

1）掌握本专业所需的相关数学和机械电子学等基本理论和基础知识，了解本专业领域的发展现状和趋势。

2）掌握文献检索、资料查询及运用现代信息技术获取信息的基本方法，具有综合运用所学理论、知识和技术设计机电一体化系统、部件和过程的能力。

3）掌握科学的思维方法，具有制订实验方案，完成实验、处理和分析数据的能力。

4）具有对机电工程问题进行系统表达、建立模型、分析求解、论证优化和过程管理的初步能力。

5）具有较强的创新意识和进行机电一体化产品与系统开发和设计、技术改造与创新的初步能力。

6）具有较好的人文科学素养、较强的社会责任感和良好的工程职业道德，熟悉与本专业相关的法律法规，能正确认识本专业对客观世界和社会的影响。

7）具有一定的组织管理能力、较强的表达能力和人际交往能力以及在团队中发挥作用的能力。

8）具有一定的国际视野和跨文化交流、竞争与合作的初步能力，具有终身教育的意识和继续学习的能力。

(4) 主干学科 主干学科包括机械工程、控制科学与工程。

(5) 核心知识领域 核心知识领域包括工程图学、工程力学、电路原理、工程电子技术、控制工程基础、传感与检测技术、机械设计基础、机械制造技术基础、微型计算机原理与应用、机电系统设计、机电传动与控制等。

(6) 主要实践性教学环节 主要实践性教学环节包括认识实习、金工实习、生产实习、机电系统综合实践、课程设计、科技创新与社会实践、毕业设计（论文）等。

(7) 主要专业实验 主要专业实验包括工程力学实验、电路与电子技术系列实验、机械基础实验、微型计算机原理与应用实验、机电控制基础实验、传动与控制技术系列实验、电子机械综合实践等。

(8) 修业年限 四年。

(9) 授予学位 工学学士。

3. 机械电子工程专业的发展

1989 年，国家教育委员会将“机械电了工程专业”列为试办专业，1993 年，在全国正式开设机械电子工程专业，或称机电一体化专业，并招生培养；1998 年，教育部本科专业目录调整，被并入机械设计制造及其自动化专业；2012 年，机械电子工程专业正式出现于《普通高等学校本科专业目录》中。目前，开设机械电子工程专业的院校有 200 多所。

二、机械电子工程学科的发展

机械电子工程归属于机械工程一级学科下属的二级学科。

机械电子工程是科技高速发展以及学科相互连接的产物，其知识体系来源于学科间的交叉融合，是机械、电子、控制、信息、计算机、人工智能、管理等诸多理论体系的集合，其特点是知识结构庞大、理论丰富、应用范围广泛。该学科的培养体系适应“工业 4.0”和“中国制造 2025”的工业升级和改革的需求，体现互联网大数据与传统机械工业的融合。

现如今，国内外许多大学的机械电子专业课程主要是由机械工程、电子工程、计算机科学以及控制工程中的部分课程整合而成的。机械电子工程所要求的人才及人才知识结构、技术素养等明显不同于传统的机械工程人员。

机械电子工程是随着现代科学技术的发展而逐步形成的。自 20 世纪 80 年代初以来，发展日益迅速。它的需求背景是工厂自动化、办公自动化、家庭自动化以及社会服务自动化。在这些自动化环境条件下，自然需要各种各样的精密机械与微电子紧密结合的机器、机器人以及灵巧机械。因此，近年来，机电一体化的产品正以惊人的速度不断涌向市场，其中，一类是老产品的更新换代，例如，新型汽车发动机、汽车自动防滑驾驶系统、自动调整焦距和快门的照相机，以及各种计算机数控机床、工具等；还有一类是新设计的产品，例如，模块式工业机器人、激光视盘放映机、复印机、行驶模拟装置和自动售票机等。这些产品体现了精密机械与微电子协同组合的特点，并且在某种程度上，精密机械系统的功能被电子系统取代。

目前在国内机械电子工程学科（专业）具有重要影响力的主要有哈尔滨工业大学、浙江大学、华中科技大学、北京理工大学等高校，并形成了各具特色的机械电子工程学科发展方向。例如，哈尔滨工业大学的主要研究方向为先进机器人技术与系统，浙江大学的主要研究方向为电液控制技术、现代气动技术，北京理工大学的主要研究方向为机电动态控制。

到目前为止，我国开设机械电子工程学科的高校超过百所，其中哈尔滨工业大学、吉林大学、湖南大学、北京航空航天大学、北京理工大学、华中科技大学、重庆大学、西安交通大学、华南理工大学、燕山大学、西南交通大学和中南大学等 10 余所学校的机械工程是国家重点一级学科，其机械电子工程学科也是二级学科国家重点学科。拥有机械电子工程学科博士学位授予权的学校有 40 余所，拥有机械电子工程学科硕士学位授予权的高校有 100 余所。各高校为社会输送了大批复合型工程技术人才，推动了机械电子工程行业的快速发展。

三、机械电子工程专业对人才素质的要求

根据工程教育认证标准中的毕业要求，机械电子工程专业为达成培养目标，对人才素质有以下 12 条要求：

1. 工程知识

能够将数学、自然科学、工程基础和专业知识用于解决机械电子工程专业领域的复杂工程问题。

2. 问题分析

能够应用数学、自然科学和工程科学的基本原理，通过文献研究、分析机械电子工程专业领域中的复杂工程问题，并能识别、表达这些复杂工程问题以获得有效结论。

3. 设计/开发解决方案

能够设计针对机械电子工程专业领域中复杂工程问题的解决方案，设计满足特定需求的系统、单元（部件）或工艺流程，并能够在设计环节中体现创新意识，考虑社会、健康、安全、法律、文化以及环境等因素。

4. 研究

能够基于科学原理并采用科学方法对机械电子工程专业领域中的复杂工程问题进行研究，包括设计实验、分析与解释数据，并通过信息综合得到合理有效的结论。

5. 使用现代工具

能够针对机械电子工程专业领域中的复杂工程问题，开发、选择与使用恰当的技术、资源、现代工程工具和信息技术工具，包括对复杂工程问题的预测与模拟，并能够理解其局限性。

6. 工程与社会

能够基于工程相关背景知识进行合理分析，评价机械电子工程专业领域工程实践和复杂工程问题解决方案对社会、健康、安全、法律以及文化的影响，并理解应承担的责任。

7. 环境和可持续发展

能够理解和评价针对机械电子工程专业领域复杂工程问题的工程实践对环境、社会可持续发展的影响。

8. 职业规范

具有人文社会科学素养、社会责任感，能够在工程实践中理解并遵守工程职业道德和规范，履行责任。

9. 个人和团队

能够在多学科背景下的团队中承担个体、团队成员以及负责人的角色。

10. 沟通

能够就机械电子工程专业领域中的复杂工程问题与业界同行及社会公众进行有效沟通和交流，包括撰写报告和设计文稿、陈述发言、清晰表达或回应指令。并具备一定的国际视野，能够在跨文化背景下进行沟通和交流。

11. 项目管理

理解并掌握工程管理的原理与经济决策方法，并能在多部门、多行业、多学科环境中应用。

12. 终身学习

具有自主学习和终身学习的意识，有不断学习和适应发展的能力。

第二节　机械电子工程行业的发展

一、机械电子工程的发展历史

在生产发展的历史中，人们不断采用各种机械工具代替手脚和增强其功能，如滑轮和杠杆；采用动力机械来代替和增强人的体力，如蒸汽机的发明等。20 世纪 70 年代出现微

型计算机以后，人们进一步利用微电子技术来代替和增强人的脑力。机械技术与微电子技术的最佳协同组合，极大增强了机械系统的性能，同时简化了机械系统的结构。

在20世纪70年代，“机械电子工程”只是狭义的制造新机器的设计概念，说明这种机器的机械系统是简化的，而它的能力依靠电子电路获得了提高。“机械电子工程”的设计减轻了产品的重量，并降低了产品的价格，增加了产品可靠性和能力。到了20世纪80年代，机械电子工程的设计新概念在欧美和我国得到了进一步推广和传播，机械电子工程具有了广义的含义，成为机械学与电子学的交叉学科。当时我国的机械电子工业部还制定了相关发展战略与政策，在我国逐渐形成了推广和发展机械电子工程的热潮。

机械电子工程与数控（NC）机床的发展密切相关，并和现代工业机器人的技术组合，对制造系统的柔性化发挥了巨大推动作用。

1. 数控机床

在20世纪最初的20年中，人们的注意力集中在大批量产品加工及其自动化生产设备上，出现了自动车床、生产流水线和装配线，某些工序的操作可以通过凸轮和挡块，由机械、机电或气动控制器来控制。

20世纪30年代和40年代形成了固定自动化。在20世纪40年代，为了生产超音速飞机的精密和复杂零件，1947年诞生了数控概念。1949年，在MIT（美国麻省理工学院）发展了“可编程”数控铣床雏形。1952年，Cincinnati Milacron公司演示了Hydrotel三轴数控铣床，程序打在穿孔卡片上，然后输入硬件机电控制器。因控制器采用继电器和电子管制作，尺寸庞大，可靠性差。

自从20世纪70年代出现微型计算机以后，现代NC控制器都是基于计算机的数字控制器，其不仅尺寸小，可靠性高，而且功能更强。基于计算机的数字控制器已经应用于车床、铣床、钻床和磨床等各种类型的机床（图4-1）。从数控铣床发展而来的加工中心具有自动交换加工刀具的能力，通过在刀库上安装不同用途的刀具，可在一次装夹中通过自动换刀装置改变主轴上的加工刀具，实现多种加工功能。数控加工中心多数具有内作用的图像接口，可以很方便地实时编程，还配备换刀装置、换托盘装置以及网络通信装置。现代数控机床具有高速、精密、坚固、耐用，并且容易操作的特点，甚至可以实现无人看管运行。

a) 应用控制器的数控车床

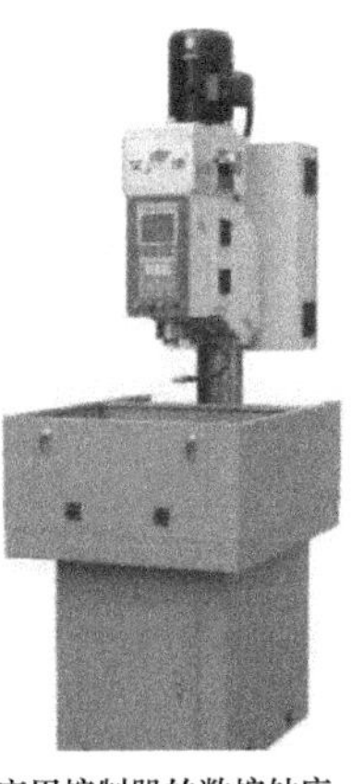

b) 应用控制器的数控钻床

c) 应用控制器的数控无心磨床

图4-1　数控机床

2. 工业机器人

所谓工业机器人，就是一种用于搬运物料、零件及工具的多功能可编程机械手，或者通过可编程运动达到某种任务能力的特殊装置，具有多关节或多自由度的特点。

1954 年，美国人乔治·德沃尔制造出世界上第一台可编程的机器人（即世界上第一台真正的机器人），并注册了专利。这种机械手能按照不同的程序从事不同的工作，因此具有通用性和灵活性。

1959 年，德沃尔与美国发明家约瑟夫·英格伯格联手制造出第一台工业机器人。随后，成立了世界上第一家机器人制造工厂——Unimation 公司。由于英格伯格对工业机器人的研发和宣传，他也被称为“工业机器人之父”。1961 年，福特汽车公司装备了 Unimate 机器人，用于压铸机。

1962 年，美国 AMF 公司生产出“VERSTRAN”（意思是万能搬运），与 Unimation 公司生产的 Unimate 一样成为真正商业化的工业机器人，并出口到世界各国，掀起了全世界对机器人和机器人研究的热潮。

1962—1964 年，传感器的应用提高了机器人的可操作性。人们尝试在机器人上安装各种类型的传感器，包括 1961 年恩斯特采用的触觉传感器，1962 年，托莫维奇和博尼在世界上最早的“灵巧手”上用到了压力传感器，而麦卡锡 1963 年开始在机器人中加入视觉传感系统，并在 1964 年帮助 MIT 推出了世界上第一个带有视觉传感器、能识别并定位积木的机器人系统。

1965 年，约翰·霍普金斯大学应用物理实验室研制出 Beast 机器人。Beast 机器人已经能通过声呐系统、光电管等装置，根据环境校正自己的位置。从 20 世纪 60 年代中期开始，美国麻省理工学院、斯坦福大学、英国爱丁堡大学等陆续成立了机器人实验室。美国兴起研究第二代带传感器、“有感觉”的机器人，并向人工智能进发。

1968 年，美国斯坦福研究所公布他们研发成功的机器人 Shakey。它带有视觉传感器，能根据人的指令发现并抓取积木，但控制它的计算机有一个房间那么大。Shakey 可以算是世界上第一台智能机器人，从此拉开了第三代机器人研发的序幕。

1969 年，日本早稻田大学加藤一郎实验室研发出第一台以双脚走路的机器人。加藤一郎长期致力于研究仿人机器人，被誉为“仿人机器人之父”。日本专家一向以研发仿人机器人和娱乐机器人的技术见长，后来更进一步催生出本田公司的 ASIMO 和索尼公司的 QRIO。

1973 年，世界上机器人和小型计算机第一次携手合作，就诞生了美国 Cincinnati Milacron 公司的机器人 T3。

1978 年，美国 Unimation 公司推出通用工业机器人 PUMA，这标志着工业机器人技术已经完全成熟。

20 世纪 80 年代以后，机器人具有视觉和触觉等感觉器官，进一步向智能化方向发展。除了工业机器人外，还推出了用于非制造业并服务于人类的各种先进机器人，被称为特种机器人，包括服务机器人、水下机器人、娱乐机器人、军用机器人、农业机器人、机器人化机器等。除了固定机座的机器人外，还有移动、爬行及行走机器人在市场出现。

如今机器人的发展特点，一是应用面越来越宽，由95%的工业应用扩展到更多领域的非工业应用，如做手术、采摘水果、剪枝、巷道掘进、侦查、排雷，还有空间机器人、潜海机器人。机器人的应用无限制，只要能想到的，就可以去创造实现。二是机器人的种类会越来越多，如正在研究的可以进入人体的微型机器人只有米粒大小，机器人智能化得到加强，机器人会更加聪明。

工业机器人是集机械、电子、控制、计算机、传感器、人工智能等多学科先进技术于一体的现代制造业重要的自动化装备。自20世纪50年代美国研制出世界上第一台工业机器人以来，机器人技术及其产品发展很快，已成为柔性制造系统（FMS）、自动化工厂（FA）、计算机集成制造系统（CIMS）的自动化工具。几种典型的工业机器人如图4-2所示。

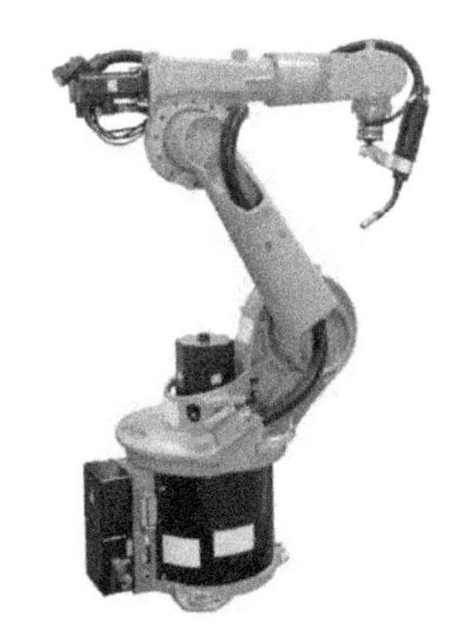

a) 焊接机器人

b) 仿人机器人

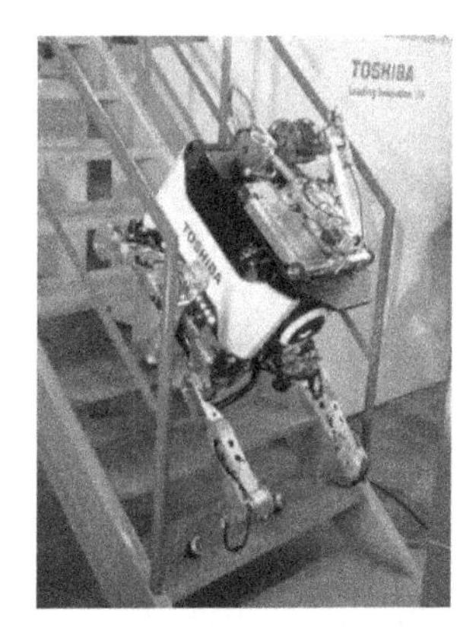

c) 东芝四肢行走型机器人

d) 消防灭火机器人

e) 排爆机器人

图4-2 几种典型的工业机器人

3. 柔性自动化

在工业领域，自动化定义为，在生产操作和控制中，与应用机械、电子及基于计算机的系统有关的一种技术。这种技术包括传输线、机械化装配机、反馈控制系统、数控机床以及机器人。工业自动化具有固定自动化、可编程序自动化以及柔性自动化三大类型。固定自动化采用专用生产设备，适用于大批量生产，效率高，如生产汽车发动机的专用生产线；可编程序自动化主要用于小批量生产，它能适应多品种的变化。随着计算机技术的发展，在固定自动化和可编程序自动化之间存在柔性自动化。柔性自动化包括 FMS 和 CIMS，其发展 15~20 年后，在 20 世纪 80 年代达到了实用化。20 世纪 80~90 年代，在“863”高技术计划推动下，我国曾经兴起了发展柔性自动化的高潮。清华大学于 1993 年完成 CIMS 实验工程，在全国起到了示范作用。柔性自动化系统一般由一系列工作站［如立式加工中心、卧式加工中心、三坐标测量机（图 4-3）、生产装配站（图 4-4）以及立体仓库等］通过物料储运系统（如传送带、自动导引车）连接而成。中央计算机控制系统中的各种活动，选择各种零件到达合适工作站的路径，控制各个工作站上的程序操作。柔性自动化通过控制计算机的计算功能，使得不同产品可以同时在同一个制造系统中加工，柔性自动化最适合于中等批量的产品，能适应产品的更新，大大缩短了生产周期，提高了加工质量和生产率，增强了市场竞争力。

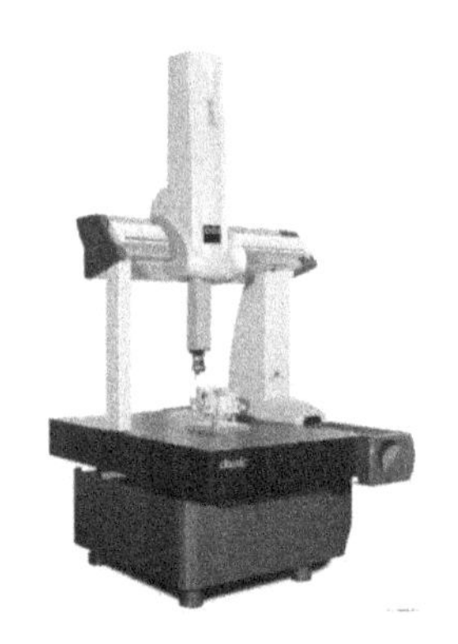

图 4-3　三坐标测量机

图 4-4　生产装配站

4. 消费类产品

机械电子工程对消费类产品同样产生了十分显著的影响。如汽车上的各种微机电传感器系统通过接口电路与计算机相连，可以进行故障检测与控制，全球定位系统（GPS）与电子地图组合进行导航，使现代汽车功能更齐全、驾驶更方便、乘坐更舒适、行驶更安全。现代打印机通过大量使用执行器和包括微处理器在内的电子电路，简化了机械系统，增加了可靠性，减轻了重量和减小动作噪声，成本也更低，在功能上不仅能打印文字，而且能绘制图像。电子控制缝纫机减少了凸轮、连杆、滑轮等机械零件，不但提高了可靠性，而且附加了一些重复使用的功能，如刺绣。

二、机电一体化系统的发展概况

机电一体化系统的发展始终遵循着科技发展的一般规律：人们对不断提高劳动生产率的愿望和彻底从体力劳动和脑力劳动中解放出来的理想，一直推动着机电一体化技术的发展；而机电一体化技术的飞速进步反过来又促进了机电一体化新产品层出不穷。

机电一体化系统的发展，大致可以分为萌芽、蓬勃发展和智能化三个阶段。

20 世纪 60 年代以前为第一阶段，可称其为“萌芽”阶段。在这一时期，人们自觉或不自觉地利用电子技术的初步成果来完善和提高机械产品的性能。特别是在第二次世界大战期间，战争的需要刺激了机械产品与电子技术的结合，出现了许多性能相当优良的军事

用途的机电产品。这些技术在第二次世界大战后转为民用，对战后经济的恢复和科技的进步起到了积极的作用。

20 世纪 70—90 年代为第二阶段，可称其为“蓬勃发展”阶段。在这一时期，世界上许多发达国家和一些发展中国家都涌进了机电一体化发展的大潮，纷纷制定政策，促进本国机电一体化的发展，人们自觉地、主动地利用计算机技术、通信技术和控制技术的巨大成果创造出了许多新的机电一体化产品，在满足人们日益增长需求的同时，也提高了本国机电产品在国际上的竞争力。

20 世纪 90 年代后期开始为第三阶段，可称其为“智能化”阶段。从那时起，人工智能技术、神经网络技术、模糊控制技术已逐步走向实用化阶段，大量的智能化产品不断涌现，甚至还出现了“混沌控制”产品。可以说 21 世纪将可以把人们从繁重的体力劳动和脑力劳动中逐步解放出来。

1. 国外机电一体化发展概况

机电一体化的发展主要体现在制造业和产品应用两个方面。

（1）国外制造业的发展　制造业的发展体现在设计与制造两个方面，它们的发展过程都是先有个体，然后将个体综合成系统。在制造业方面，美日两国始终走在世界的前端。

1）设计。设计是先有设计手段的现代化，后有设计方法的现代化，最后将它们综合到制造系统中。

20 世纪 60~70 年代，CAD、CAE 软件已走向实用化，将机器的造型设计、零件设计及参数计算从繁重的劳动中解放出来，推动了设计方法的现代化；20 世纪 80 年代后，仿真设计、优化设计、可靠性设计得到了迅速发展和完善。现代设计方法是随着当代科学技术的飞速发展和计算机技术的广泛应用而在设计领域发展起来的一门新兴的多元交叉学科，它是以设计产品为目标的一个总的知识群体的总称。目前它的内容主要包括优化设计、可靠性设计、CAD、工业艺术造型设计、虚拟设计、疲劳设计、三次设计、相似性设计、模块化设计、反求工程设计、动态设计、有限元法、人机工程、价值工程、并行工程、人工神经元计算方法等。在运用它们进行工程设计时，一般都以计算机作为分析、计算、综合、决策的工具。

2）制造。制造设备也是先有单机，后有系统，最后实现系统、车间、工厂自动化。

美国和日本从 20 世纪 70 年代开始相继进入数控时代。计算机数字控制机床和 MC（数控加工中心）已用于日常生产中，利用 CAM 软件编制零件加工程序，可以很快地加工出任意形状的机械零件。在工艺设计方面，也出现了 CAPP（计算机辅助工艺规程设计）软件，工艺人员可以根据产品制造工艺的要求，利用该软件交互或自动地确定产品加工方法或方案。

3）综合系统。20 世纪 80 年代，美国、日本等国开始实施 CIM 战略，在企业（工厂）里建立了 CIMS（计算机集成制造系统）。CIMS 是以企业为对象，以市场需求和资源为输入，以投放市场的产品为输出，以整体动态优化（即高效率、高质量、高柔性和高效益的统一）为目标，在系统科学的指导下，以计算机和网络通信技术为手段，在作业过程简化、标准化和自动化的基础上，把企业的经营、生产和工程技术诸环节集成为一体的开放式闭环系统。

CIMS 具有工程体系、制造体系、管理体系、质量体系四大功能体系，CIMS 从使用开始到现在一直在完善。

(2) 国外产品领域的发展 除了制造业以外，机电一体化产品很快应用到人们生产、生活的各个领域，国外机电一体化产品的应用领域与案例见表 4-1。

表 4-1 国外机电一体化产品的应用领域与案例

产品领域	产 品 案 例
航天	宇宙飞船:1961 年 4 月 12 日,苏联首次发射了“东方 1 号”载人宇宙飞船 空间站:1971 年 4 月,苏联首次发射了“礼炮 1 号”空间站 航天飞机:1977 年 6 月 18 日,美国进行了首次载人航天飞机试飞
交通	高速列车:1964 年 10 月 1 日,日本开通新干线高速列车,最高速度 443km/h,运营速度可达 270km/h 或 300km/h。法国的 TGV 系列创下钢轮式实验速度之最,2007 年,其速度曾达到 574.8km/h 自动驾驶汽车:1995 年,德国进行自动驾驶汽车长距(1600km)实验
物流	立体仓库、取放机械手:20 世纪 50 年代初,美国出现了桥式堆垛起重机式立体仓库
潜海	深海探测器:1948 年,瑞士的皮卡德制造出“弗恩斯三号”深潜器(深 1370m)
医疗	CT 机:1972 年,英国制造出 CT 机 核磁共振:1973 年,美国开发出基于核磁共振现象的成像技术(MRI) 彩色 B 超:1989 年,美国 ATL 公司首先推出“全数字化”彩超
家用电器	傻瓜照相机:1963 年,日本柯达生产了第一台傻瓜照相机 全自动洗衣机:20 世纪 70 年代后期,日本生产出微处理器控制的全自动洗衣机 智能手机:1993 年,美国 IBM 生产了第一台智能手机 智能电冰箱:1999 年 11 月,韩国三星电子推出首款数字化智能电冰箱
机器人	工业机器人:1959 年,美国制造出首台工业机器人 仿人机器人:1968 年,美国首推仿人机器人 踢球机器人:2000 年 11 月 12 日,日本制造出踢球机器人 清洁机器人:2002 年 9 月,美国推出一款面向家庭的清洁机器人

2. 我国机电一体化的发展

虽然我国机电一体化的发展比美国等国落后一些，但由于我国高度重视，目前，我国机电一体化已得到迅速发展。

(1) 我国制造产业的发展

1) 设计。我国 CAD/CAM 技术的研究始于 20 世纪 70 年代，由于科学技术发展的“七五”“八五”规划，国家均进行了大量投资，所以开发应用 CAD/CAM 技术的增长速度高于国际同期水平，很快就具备了 CAD/CAM 软件平台和应用软件的开发能力。

2) 制造。我国在 20 世纪七八十年代就已经能够制造计算机数字控制机床和 MC，真正成批生产使用是在 20 世纪 90 年代，在我国制造业转型中起到了重要作用。

3) 综合系统。我国在 20 世纪 80 年代初开始接触 MRP-Ⅱ（Manufacture Resource Plan，制造资源计划），20 世纪 90 年代开始建立 CIMS 工程研究中心，2000 年，全国已有 20 多个省市、10 多个行业、200 多个不同规模和类型的企业通过实施 CIMS 应用示范工程，取得了巨大经济效益。

(2) 我国产品领域的发展 我国机电一体化产品的应用领域与案例见表 4-2。

表 4-2 我国机电一体化产品的应用领域与案例

产品领域	产 品 案 例
航天	卫星:1975 年 11 月,我国第一颗返回式遥感卫星发射成功,并顺利回收;1984 年 4 月,我国第一颗静止轨道试验通信卫星发射成功;1986 年 2 月,我国第一颗静止轨道实用通信卫星发射成功;1988 年 9 月,我国第一颗气象卫星"风云一号"发射成功;进入 20 世纪 90 年代,大容量通信卫星"东方红三号"、气象卫星"风云二号"以及资源卫星先后发射成功;至 2000 年 10 月,我国长征系列运载火箭已成功发射 62 次;1994 年,"风云三号"列入航天技术"九五"规划,2000 年 11 月,国务院正式批准立项,风云三号气象卫星一共由四颗卫星组成,已分别于 2008 年、2010 年、2013 年和 2017 年成功发射了风云三号 FY-3A 卫星、FY-3B 卫星、FY-3C 卫星、FY-3D 卫星,2017 年 11 月 15 日,风云三号 D 星在太原卫星发射中心发射升空 宇宙飞船:1999 年 11 月 20 日,中国第一艘无人试验飞船神舟一号试验飞船在酒泉起飞,21h 后在内蒙古中部回收场成功着陆;2001 年 1 月 10 日 1 时 0 分,中国自行研制的神舟二号无人飞船在酒泉卫星发射中心发射升空;2002 年 3 月 25 日,神舟三号在酒泉卫星发射中心成功升入太空;2002 年 12 月 30 日,神舟四号无人飞船在酒泉卫星发射中心发射升空;2003 年 10 月 15 日,中国第一位航天员杨利伟乘坐神舟五号飞船进入太空,实现了中华民族千年飞天的梦想。2005 年 10 月 12 日,航天员费俊龙、聂海胜乘坐神舟六号飞船再次飞上太空,并在太空遨游 5 天,完成一系列太空实验后安全返回地面。神舟七号载人飞船于 2008 年 9 月 25 日从中国酒泉卫星发射中心载人航天发射场用长征二号 F 火箭发射升空,宇航员有翟志刚、刘伯明、景海鹏。神舟八号无人飞船,于 2011 年 11 月 1 日由改进型"长征二号"F 遥八火箭顺利发射升空。神州九号载人飞船,于 2012 年 6 月 16 日在酒泉卫星发射中心发射升空,宇航员有刘洋、景海鹏、刘旺。神州十号载人飞船,于 2013 年 6 月 11 日在酒泉卫星发射中心发射升空,宇航员有聂海胜、张晓光和王亚平。神州十一号载人飞船于 2016 年 10 月 17 日在酒泉卫星发射中心点火发射,宇航员有景海鹏、陈冬 空间站:2011 年 9 月 29 日,"天宫一号"空间实验站在酒泉卫星发射中心发射成功。"天宫二号"空间实验室自 2016 年 9 月 15 日发射入轨以来,先后与神舟十一号载人飞船和天舟一号货运飞船完成 4 次交会对接,成功支持两名航天员在轨工作生活 30 天,突破掌握航天员中期驻留、推进剂在轨补加等一系列关键技术
交通	自动驾驶汽车:2003 年 3 月,清华大学的 THMR-V 系统试制完成,平均速度 100km/h,最高速度 150km/h;目前,国内的百度、长安等企业以及国防科技大学、军事交通学院等军事院校的无人驾驶汽车走在国内研发的前列 高速列车:2007 年 4 月 18 日,和谐号高速列车正式运营,现已成为世界名牌。2021 年年初,我国自主研发设计、自主制造的世界首台高温超导高速磁浮工程化样车及试验线正式启用,设计速度 620km/h,标志着我国高温超导高速磁浮工程化研究实现从无到有的突破
物流	立体库,取放机械手:1973 年,研制出第一台由计算机控制的自动化立体仓库 自动导引车:1991 年,新松公司开始研制开发 AGV
潜海	深海探测器:2000 年,蛟龙号深海探测器海试成功;蛟龙号当前最大下潜深度为 7062m,最大工作设计深度为 7000m,工作范围可覆盖全球 99.8%的海洋区域
医疗	核磁共振:1986 年,安科公司开始自主研发 彩色 B 超:1997 年,我国开始自主生产
家用电器	傻瓜照相机:20 世纪 90 年代初开始自主研发 全自动洗衣机:1995 年,第一台全自动洗衣机在海尔集团诞生 智能冰箱:2001 年 10 月 23 日,美菱网络冰箱通过省级鉴定 智能手机:2007 年,魅族开始研发
机器人	工业机器人:1980 年,第一台工业机器人研制成功 仿人机器人:2000 年 11 月 29 日,国防科技大学研制出我国第一台仿人机器人 踢球机器人:2002 年 1 月,中国 863 机器人主题专家组开始研发 清洁机器人:2007 年 6 月 8 日,哈尔滨工业大学与香港大学联合研制出五方位移动清洁机器人

第三节 机电一体化系统

一、机电一体化系统的构成

一个典型的机电一体化系统，应包含结构组成要素、动力组成要素、运动组成要素、感知组成要素和智能组成要素五个基本要素，也可以看作由机械本体、动力与驱动部分、执行机构、传感测试部分、控制及信息处理部分组成（图 4-5）。这些组成要素内部及其之间形成一个通过接口耦合来实现运动传递、信息控制、能量转换等有机融合的完整系统。

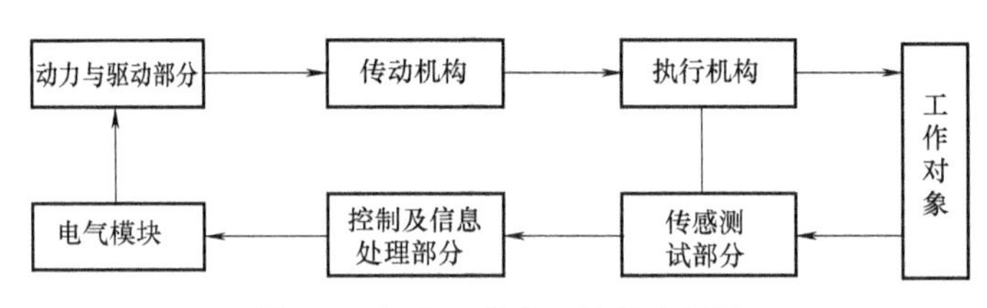

图 4-5 机电一体化系统构成框图

1. 机械本体

机电一体化系统的机械本体包括机身、框架和连接等。由于机电一体化产品技术性能、水平和功能的提高，机械本体要在机械结构、材料、加工工艺性以及几何尺寸等方面适应产品高效率、多功能、高可靠性和节能、小型、轻量、美观等要求。

2. 动力与驱动部分

动力部分是按照系统控制要求，为系统提供能量和动力，使系统正常运行。以尽可能小的动力输入获得尽可能大的功能输出，是机电一体化产品的显著特征之一。

驱动部分是在控制信息作用下提供动力，驱动各执行机构完成各种动作和功能。机电一体化系统一方面要求驱动的高效率和快速响应特性，同时要求对水、油、温度、尘埃等外部环境的适应性和可靠性。高性能的步进驱动、直流伺服和交流伺服驱动方式已大量应用于机电一体化系统。

3. 传感测试部分

传感测试部分对系统运行中所需要的本身和外界环境的各种参数及状态进行检测，变成可识别信号，传输到信息处理单元，经过分析、处理后产生相应的控制信息。其功能一般由专门的传感器及转换电路完成。

4. 执行机构

执行机构根据控制信息和指令，完成要求的动作。执行机构是运动部件，一般采用机械、电磁和电液等机构。根据机电一体化系统的匹配性要求，需要考虑改善系统的动、静态性能，如提高刚性、减轻重量和适当的阻尼，应尽量考虑组件化、标准化和系列化，提高系统整体可靠性等。

5. 控制及信息处理部分

控制及信息处理部分将来自各传感器的检测信息和外部输入命令进行集中、存储、分

析、加工，根据信息处理结果，按照一定的程序和节奏发出相应的指令，控制整个系统有目的地运行。其一般由计算机、PLC、数控装置以及逻辑电路、A/D 与 D/A 转换、I/O（输入输出）接口和计算机外部设备等组成。机电一体化系统对控制和信息处理单元的基本要求是：提高信息处理速度和可靠性，增强抗干扰能力以及完善系统自诊断功能，实现信息处理智能化。

在机电一体化系统中的这些单元和它们各自内部各环节之间都遵循接口耦合、运动传递、信息控制和能量转换的原则，被称为四大原则。

6. 接口耦合、能量转换

1）变换。两个需要进行信息交换和传输的环节之间，由于信息的模式不同（数字量与模拟量、串行码与并行码、连续脉冲与序列脉冲等），无法直接实现信息或能量的交流，需要通过接口完成信息或能量的统一。

2）放大。在两个信号强度相差悬殊的环节间，经接口放大，达到能量的匹配。

3）耦合。变换和放大后的信号在环节间能可靠、快速、准确地交换，必须遵循一致的时序、信号格式和逻辑规范。接口具有保证信息的逻辑控制功能，使信息按规定模式进行传递。

4）能量转换。其执行元件包含了驱动器和执行器。能量转换涉及不同类型能量间的最优转换方法与原理。

7. 信息控制

在系统中，所谓智能组成要素的系统控制单元，在软、硬件的保证下，完成数据采集、分析、判断、决策，以达到信息控制的目的。对于智能化程度高的系统，还包含了知识获取、推理及知识自学习等以知识驱动为主的信息控制。

8. 运动传递

运动传递是指运动各组成环节之间的不同类型运动的变换与传输，如位移变换、速度变换、加速度变换及直线运动和旋转运动变换等。运动传递还包括以运动控制为目的的运动优化设计，目的是提高系统的伺服性能。

二、机电一体化系统的分类及其应用

1. 机电一体化产品的分类

机电一体化系统（产品）的分类，可以从机电一体化系统的机电集成度和应用领域两个方面来划分。

根据机电集成度，机电一体化产品可划分为机电融合型、功能附加型和功能替代型三类。

1）机电融合型产品的主要特征：根据产品的功能和性能要求及技术规范，以系统的方法分配“机”和“电”的功能和性能指标，设计方案上不受已有产品的约束，并且通过专门设计的或具有特定用途的集成电路来实现产品的控制和信息处理等功能，使产品结构更加紧凑，设计更加灵活，成本进一步降低。因此，机电融合型产品是机与电在更深层次上有机结合的产品，如传真机、复印机、磁盘驱动器、计算机数字控制机床等。

2）功能附加型产品的主要特征：在原有机械产品的基础上，采用微电子技术使产品的功能增加和增强，性能适当提高，如经济型数控机床、电子秤、数显量具、全自动洗衣机等都属于这一类机电一体化产品。

3）功能替代型产品的主要特征：采用微电子技术及装置取代原产品中的机械控制功能、信息处理功能或主功能，使产品结构简化，性能提高，柔性增加。如电子缝纫机用微电子装置取代了原来复杂的机械控制机构；电子石英钟、电子式电话交换机等用微处理器取代了原来机械式信息处理机构；线切割加工机床、激光手术器等则是因微电子技术的应用产生的新功能，取代了原来机械的主功能。

从机电一体化的定义看，机电一体化融合型产品才真正符合机电一体化的发展方向，而其他两类是机电一体化的中间过程。

机电一体化产品遍布社会生产和生活的各个领域，其应用领域十分广泛，如农、林、牧、渔业的自动化粮食加工、自动化畜禽饲养设备，制造业的数控机床、木材加工、点焊机器人、板材 FMS，采矿业的台车、米库姆转鼓、挖掘机，交通和运输业的汽车、火车，仓储和邮政业的牵引车、立体仓库、邮件分拣和传送，信息传输和其他服务业的传真机、复印机，航天、航空和国防业的飞机、航天飞机、卫星信号接收设施等。

2. 机电一体化产品的应用举例

（1）全自动照相机 日常使用的全自动数码照相机（图 4-6）就是典型的机电一体化产品，其内部装有测光测距传感器，测得的信号由微处理器进行处理，根据信息处理结果控制微型电动机，由微型电动机驱动快门、变焦及卷片倒片机构，从测光、测距、调光、调焦、曝光到卷片、倒片、闪光及其他附件的控制都实现了自动化。

图 4-6 全自动数码照相机

（2）发动机燃油喷射控制系统 汽车上广泛应用的发动机燃油喷射控制系统（图 4-7）也是典型的机电一体化系统。分布在发动机上的空气流量传感器、冷却液温度传感器、节气门位置传感器、曲轴位置传感器、进气歧管绝对压力传感器、爆燃传感器、氧传感器等连续不断地检测发动机的工作状况和燃油在燃烧室的燃烧情况，并将信号传递给电控单元（ECU），ECU 首先根据进气歧管绝对压力传感器或空气流量传感器的进气量信号及发动机转速信号，计算基本喷油时间，然后再根据发动机的冷却液温度、节气门开度等工作参数信号对其进行修正，确定当前工况下的最佳喷油持续时间，从而控制发动机的空燃比。此外，根据发动机的要求，ECU 还具有控制发动机的点火时间、怠速转速、废气再循环率、故障自诊断等功能。

（3）五轴联动数控机床 机床是一个国家制造业水平的象征，而代表机床制造业最高水平的是五轴联动数控机床系统，从某种意义上说，它反映了一个国家的工业发展水平。

五轴联动数控机床是一种科技含量高、精密度高，专门用于加工复杂曲面的机床，这种机床系统对一个国家的航空、航天、军事、科研、精密器械、高精医疗设备等行业有着

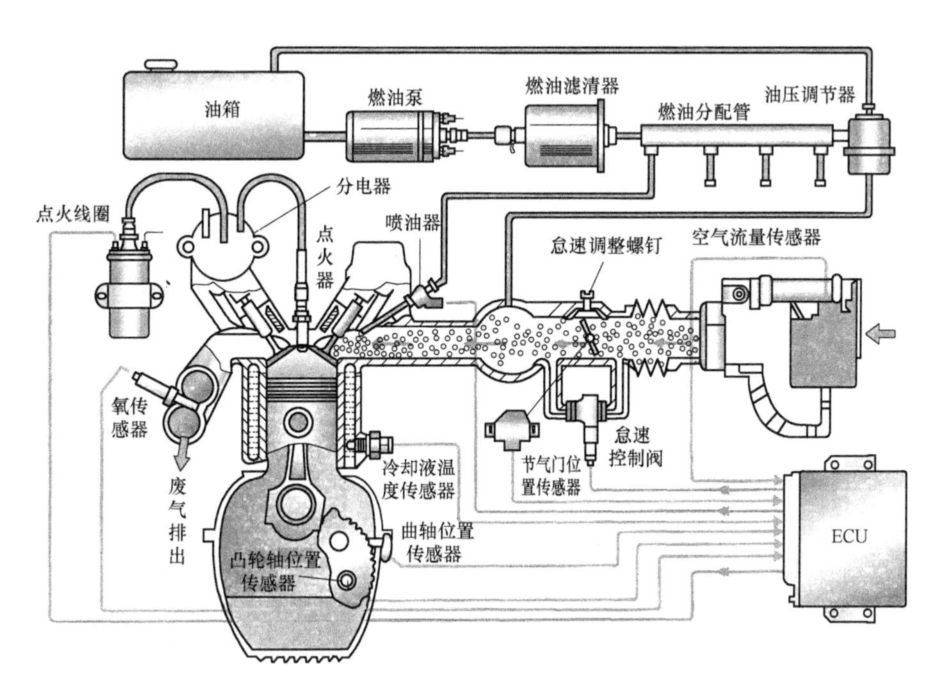

图 4-7　发动机燃油喷射控制系统

举足轻重的影响力。目前，五轴联动数控机床系统是解决叶轮、叶片、船用螺旋桨、重型发电机转子、汽轮机转子、大型柴油机曲轴等加工的唯一手段。

国产五轴联动数控机床在品种上已经拥有立式、卧式、龙门式和落地式的加工中心，适应不同大小尺寸的复杂零件加工，加上五轴联动铣床和大型镗铣床以及车铣中心等的开发，基本满足了国内市场的需求。

五轴联动数控机床有五个自由度，即有 X、Y、Z 三个方向的移动与绕 Z 轴和水平轴的两个转动。在加工过程中，控制工件与刀具运动的五个自由度可以同时运动（即五轴联动），能加工出任意曲面。五轴联动数控机床的核心技术主要有直线电机驱动技术和双驱动技术。五轴联动数控机床如图 4-8 所示。

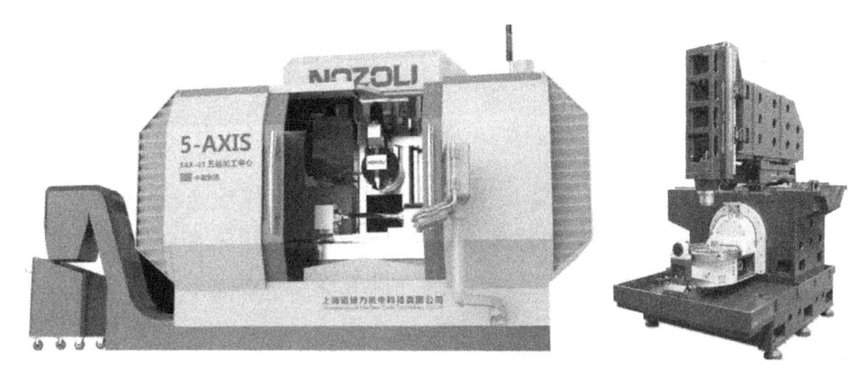

图 4-8　五轴联动数控机床

（4）物流自动分拣存储系统　自动分拣存储系统通常建在物流配送中心，其实现的功能：一是对大宗物品能分门别类地自动快速地存放到立体库；二是根据客户要求，按提货单将不同种类的物品，自动快速地从立体库中取出，并通过自动分拣机将发往同一地区客户的物品放在同一个储物箱内，以便快速配送。图 4-9 所示为物流自动分拣存储演示系统。

a) 物流自动分拣存储演示系统实物图

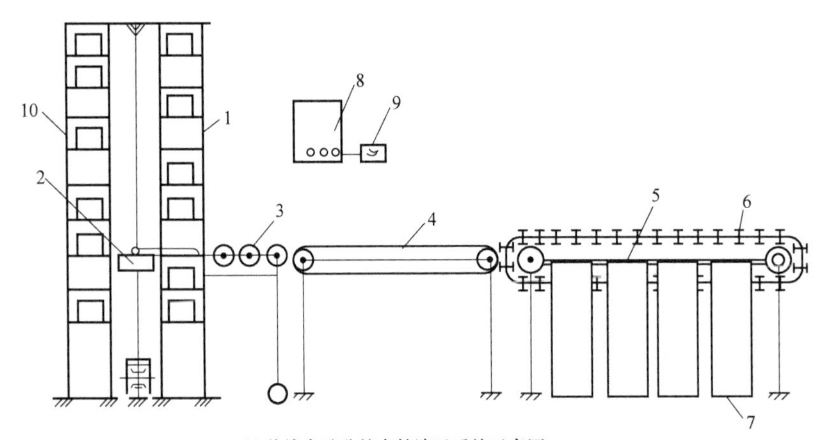

b) 物流自动分拣存储演示系统示意图

图 4-9　物流自动分拣存储演示系统

1、10—立体库（货架）　2—存取机械手　3—滚柱输送机　4—传动带运输机
5—刮板式分拣机　6—刮板　7—储物箱　8—控制柜　9—条码扫描器

自动分拣存储系统一般由立体库 1、存取机械手 2、滚柱输送机 3、传动带运输机 4、刮板式分拣机 5、控制柜 8 和条码扫描器 9 组成。立体库 1 用于存储物品，它由多排货架组成，货架高度根据库房高度而定，其排数及每排长度与库房面积和存货量需要有关。存取机械手 2 安装在两排货架之间，它能自动地沿货架长与高的方向任意移动到存放物品的位置，快速地存取物品。滚柱输送机 3 传输距离较短，是方便物品移动的辅助设备。传动带运输机 4 用于传输物品，它被安放在货架与分拣机之间，它的长度根据货架至分拣机的距离而定，而其台数由货架排数和分拣机台数而定。刮板式分拣机 5 有各种类型，如邮政用的信函分拣机、包裹分拣机、机场用的包箱分拣机、商品用的刮板分拣机等，按所分物

品类型选用，其功能是将传动带运输机 4 送过来的物品，按同一种或按同一地点分拣到同一储物箱内。控制柜 8 里面装有电路板、控制电路和继电器，电路板上有微处理器，内存中预置了控制存取机械手 2 和刮板式分拣机 5 刮板动作的程序。条码扫描器 9 用于识别物品的条码。

物品存放流程：将欲存物品先放在滚柱输送机 3 上，用手持条码扫描器 9 扫描物品的条码，则存取机械手 2 按预置程序将物品取走放到货架的相应位置，同时记下位置号（条码与位置号对应）。

物品取出与分拣流程：用条码扫描器 9 扫描出库单上欲出库物品的条码，存取机械手 2 则按预置程序将欲出库物品从立体库 1 的相应位置取出，放到滚柱输送机 3 上，通过滚柱输送机 3 将该物品传送给传动带输送机 4，再传给刮板式分拣机 5，刮板式分拣机 5 中的气缸再按预置程序驱动刮板 6，将该物品推到相应的储物箱 7 中。此后，即可将储物箱装车运到客户手中。

第四节 机械电子工程学科的前沿技术

一、数控技术

数控技术也称为计算机数控技术（Computerized Numerical Control，CNC），它是采用计算机实现数字程序控制的技术。这种技术用计算机按事先存储的控制程序来执行对设备的控制功能，由于采用计算机替代原先用硬件逻辑电路组成的数控装置，使输入数据的存储、处理、运算、逻辑判断等各种控制机能均可以通过计算机软件来完成。数控技术是制造业信息化的重要组成部分。

数控技术和数控装备是制造工业现代化的重要基础，直接影响一个国家的经济发展和综合国力，关系到一个国家的战略地位。因此，世界上各工业发达国家均采取重大措施来发展自己的数控技术及其产业。

数控技术的应用不但给传统制造业带来了革命性的变化，使制造业成为工业化的象征，而且随着数控技术的不断发展和应用领域的扩大，其对国计民生的一些重要行业（如 IT、汽车、轻工、医疗等）的发展也起着越来越重要的作用。从世界数控技术及其装备发展的趋势来看，其主要研究热点有以下几个方面：

1. 高速、高精加工技术及装备的新趋势

先进制造技术的主体是效率和质量，高速、高精加工技术可以极大地提高效率，提高产品的质量和档次，缩短生产周期和提高市场竞争能力。为此日本先端技术研究会将其列为五大现代制造技术之一，国际生产工程学会（CIRP）将其确定为 21 世纪的中心研究方向之一。

在轿车工业领域，年产 30 万辆轿车的生产节拍是 40s/辆，而且多品种加工是轿车装备必须解决的重点问题之一；在航空和宇航工业领域，其加工的零部件材料为铝或铝合金，多为薄壁和薄筋结构，刚度很差，只有在高切削速度和切削力很小的情况下，才能减少其变形。采用大型整体铝合金坯料“掏空”的方法来制造机翼、机身等大型零件，替

代了多个零件通过大量的铆钉、螺钉和其他连接方式的拼装，使构件的强度、刚度和可靠性得到提高。这些都对加工装备提出了高速、高精和高柔性的要求。

在加工精度方面，普通级数控机床的加工精度已由10μm提高到5μm，精密级加工中心则从3~5μm提高到1~1.5μm，并且超精密加工精度已达到纳米级（0.01μm）。

在可靠性方面，国外数控装置的平均故障间隔时间（MTBF）已达6000h以上，伺服系统的MTBF值达到30000h以上，表现出非常高的可靠性。为了实现高速、高精加工，与之配套的功能部件（如电主轴、直线电机）也得到了快速的发展，进一步扩大了应用领域。

2. 五轴联动加工和复合加工机床快速发展

采用五轴联动数控机床对三维曲面零件进行加工，可用刀具最佳几何形状进行切削，不仅表面质量好，而且能大幅度提高生产率。一般认为，1台5轴联动机床的效率可以等于2台3轴联动机床，特别是使用立方氮化硼等超硬材料铣刀进行高速铣削淬硬钢零件时，5轴联动加工比3轴联动加工能发挥出更高的效益。

当前由于电主轴的出现，五轴联动加工的复合主轴头结构大为简化，其制造难度和成本大幅度降低，数控系统的价格差距缩小，促进了复合主轴头类型五轴联动机床和复合加工机床（含五面加工机床）的发展。新日本工机的五面加工机床采用复合主轴头，可实现四个垂直平面的加工和任意角度的加工，使得五面加工和五轴加工可在同一台机床上实现，还可进行倾斜面和倒锥孔的加工。德国DMG公司的DMUVoution系列加工中心，可在一次装夹下五面加工和五轴联动加工，可由数控系统控制或CAD/CAM直接或间接控制。

3. 智能化、开放式、网络化成为当代数控系统发展的主要趋势

21世纪的数控装备是具有一定智能化的系统，智能化的内容体现在数控系统中的各个方面：为追求加工效率和加工质量方面的智能化，如加工过程的自适应控制，工艺参数自动生成；为提高驱动性能及使用连接方便的智能化，如前馈控制、电机参数的自适应运算、自动识别负载、自动选定模型、自整定等；简化编程、操作方面的智能化，如智能化的自动编程、智能化的人机界面等；还有智能诊断、智能监控方面的内容，方便系统的诊断及维修等。

为解决传统的数控系统封闭性和数控应用软件的产业化生产存在的问题，许多国家对开放式数控系统进行研究。所谓开放式数控系统就是数控系统的开发可以在统一的运行平台上，面向机床厂家和最终用户，通过改变、增加或剪裁结构对象（数控功能），形成系列化，并可方便地将用户的特殊应用和技术诀窍集成到控制系统中，快速实现不同品种、不同档次的开放式数控系统，形成具有鲜明个性的名牌产品，如美国的NGC（The Next Generation Work-Station/Machine Control）、欧共体的OSACA（Open System Architecture for Control within Automation Systems）、日本的OSEC（Open System Environment for Controller）、我国的ONC（Open Numerical Control System）等。开放式数控系统的体系结构规范、通信规范、配置规范、运行平台、数控系统功能库以及数控系统功能软件开发工具等是当前研究的核心。数控系统开放化已经成为数控系统的未来之路。

数控装备的网络化将极大地满足生产线、制造系统、制造企业对信息集成的需求，也

是实现新的制造模式（如敏捷制造、虚拟企业、全球制造）的基础单元。国内外一些著名数控机床和数控系统制造公司推出了相关的新概念和样机，如日本山崎马扎克（Mazak）公司的“Cyber Production Center”（智能生产控制中心，简称CPC）、日本大隈（Okuma）机床公司的“IT plaza”（信息技术广场，简称IT广场）、德国西门子（Siemens）公司的Open Manufacturing Environment（开放制造环境，简称OME）等，反映了数控机床加工向网络化方向发展的趋势。

二、传感检测技术

传感检测技术是机械电子工程的关键技术，它将所测得的各种参量（如位移、位置、速度、加速度、力、温度、酸度和其他形式的信号等）转换为统一规格的电信号并输入信息处理器中，并由此产生出相应的控制信号，以决定执行机构的运动形式和动作幅度。

传感与检测装置是系统的感受器官，它与信息系统的输入端相连，并将检测到的信号输送到处理器。传感与检测是实现自动控制、自动调节的关键环节，其功能越强，系统自动化程度就越高。传感与检测的关键元件是传感器，传感器是将被测量（包括各种物理量、化学量和生物量等）变换成系统可识别的、与被测量有确定对应关系的有用电信号的转换装置。在机械电子产品中，工作过程的各种参数、状态等信息都要通过传感器进行接收，并通过相应的信号检测装置进行测量，然后送入信息处理装置并反馈给控制装置，以实现产品工作过程的自动控制。

现代工程要求传感器能快速、精确地获取信息并能经受严酷环境的考验。传感器的精度、灵敏度和可靠性将直接影响机械电子产品的性能。传感器的发展已进入集成化、智能化研究阶段。传感原理、传感材料、加工制造装配技术是传感器开发的三个重要方向。

传感检测技术今后的发展方向有以下几方面：

1）加速开发新型敏感材料。通过微电子、光电子、生物化学、信息处理等技术以及各种新技术的互相渗透和综合利用，有望研制出一批基于新型敏感材料的先进传感器。

2）向高精度发展。研制出灵敏度高、精确度高、响应速度快、互换性好的传感器，以确保生产自动化的可靠性。

3）向微型化发展。通过发展新的材料及加工技术实现传感器微型化将是近年来研究的热点。

4）向微功耗及无源化发展。传感器一般都是将非电量向电量的转化，工作中需要电源，开发微功耗的传感器以及无源传感器是必然的发展方向。

5）向智能化、数字化发展。随着现代化的发展，传感器的功能已突破传统模式，其输出不再是一个单一的模拟信号（如0～10mV），而是经过微处理器处理后的数字信号，甚至带有控制功能，即智能传感器。

三、计算机与信息处理技术

在机电一体化系统中，计算机与信息处理部分指挥整个系统的运行。信息处理是否正确、及时，直接影响系统工作的质量和效率。因此，计算机应用及信息处理技术已成为促进机电一体化技术发展和变革的最主要因素。

计算机技术包括计算机的软件技术和硬件技术、网络与通信技术、数据库技术等。信息技术包括信息的输入、识别、变换、运算、存储及输出技术，它们大都是依靠计算机来进行的。因此，计算机技术与信息处理技术是密切相关的。信息处理技术包括信息的交换、运算、判断和决策等，实现信息处理的主要工具是计算机。

机电系统中主要采用 PLC、单片机、总线式工业控制机、分布式计算机测控系统等进行信息处理。

四、伺服驱动技术

伺服驱动包括电动、气动、液压等各种类型的传动装置，由微型计算机通过接口与这些驱动装置相连接，控制它们的运动，带动工作机械做回转、直线以及其他各种复杂的运动。伺服驱动技术主要是指机电一体化产品中的执行元件和驱动装置设计中的技术问题。伺服传动技术是直接执行操作的技术，伺服系统是实现电信号到机械动作的转换装置与部件，对系统动态性能、控制质量和功能具有决定性的影响。

伺服驱动技术的主要研究对象是执行元件及其驱动装置。执行元件分为电动、气动和液压等多种类型，机电一体化产品中多采用电动式执行元件。驱动装置主要是指各种电动机的驱动电源电路，目前多由电力电子器件及集成化的功能电路构成。

执行元件有利用电能的电动机、利用液压能的液压驱动装置和利用气压能的气压驱动装置三大类。常见的伺服驱动有电液马达、脉冲油缸、步进电动机、直流伺服电动机和交流伺服电动机等。由于变频技术的进步，交流伺服驱动技术取得了突破性进展，为机电一体化系统提供了高质量的伺服驱动单元，极大地促进了机电一体化技术的发展。

伺服驱动技术作为数控机床、工业机器人及其他产业机械控制的关键技术之一，在国内外受到普遍关注。在 20 世纪的最后 10 年间，微处理器［特别是数字信号处理器（DSP）］技术、电力电子技术、网络技术、控制技术的发展为伺服驱动技术的进一步提高奠定了良好的基础。20 世纪 80 年代，交流伺服驱动技术取代了直流伺服驱动技术，到 20 世纪 90 年代，伺服驱动系统已实现了全数字化、智能化、网络化。

我国在 20 世纪 80 年代初期通过引进、消化、吸收国外先进技术，又在国家“七五”“八五”“九五”期间对伺服驱动技术进行重大科技项目攻关并取得了丰硕成果。但产品可靠性等方面制约着我国数控机床的配套及应用，从而影响了我国装备制造业的发展。一些机床厂家不得不选用国外的伺服系统，使得国产数控机床在价格、交货期和可靠性等方面均不占优势，更无心力开发市场需求的新品种，从而失去了巨大的市场份额。从公开的统计资料来看，数控系统中 75%以上的故障出自伺服部分。但是，2012 年以来，在国家不断组织科技攻关的同时，一些民营高科技公司也为发展我国伺服驱动技术注入了新的活力。华中数控股份有限公司、珠峰数控公司、航天数控系统有限公司、中科院电工所等单位通过实施国家科技项目攻关，已能够向各机床制造厂配套自身数控系统所需要的伺服系统，还应用于一些老设备技术改造。洛阳轴承研究所自主研发的高速电主轴，已应用于轴承磨床，印刷电路板的铣、钻等方面。

五、自动控制技术

自动控制技术就是在没有人直接参与的情况下，通过控制器使被控对象或过程自动地按照预定的规律运行。自动控制技术范围很广，包括自动控制理论、控制系统设计、系统仿真、现场调试、可靠运行等从理论到实践的整个过程。自动控制技术包含了自动控制系统中所有元器件的构造原理和性能，以及控制对象或被控过程的特性等方面的知识；自动控制系统的分析与综合；控制用计算机（能作为数字运算和逻辑运算的控制机）的构造原理和实现方法。在这些理论的指导下，对具体控制装置或控制系统进行设计；设计后对系统进行仿真，现场调试；最后使研制的系统能可靠地投入运行。由于控制对象种类繁多，所以控制技术的内容极其丰富，包括高精度定位控制、速度控制、自适应控制、自诊断、校正、补偿、示教再现、检索等。

自动控制技术的目的是实现机电一体化系统的目标最佳化。由于微型机的广泛应用，自动控制技术越来越多地与计算机控制技术联系在一起，成为机电一体化中十分重要的关键技术。

我国自动控制技术的发展道路，大多是在引进成套设备的同时进行消化吸收，然后进行二次开发和应用。目前我国的自动控制技术、产业和应用都有了很大的发展，工业计算机系统行业已经形成。目前，工业控制自动化技术正在向智能化、网络化和集成化方向发展。

六、系统总体技术

系统总体技术是一种从整体目标出发，用系统工程的观点和方法，将机电一体化系统的总体功能分解成若干功能单元，并以功能单元为子系统继续分解，直至找出能够完成各个功能的可能技术方案，再把功能与技术方案组合成方案组进行分析、评价，综合优选出适宜的功能技术方案。深入了解系统内部结构和相互关系，把握系统外部联系，对系统设计和产品开发十分重要。系统总体技术除考虑优化设计外，还包括可靠性设计、标准化设计、系列化设计、造型设计等。

接口技术是系统总体技术中的一个重要方面，它是实现系统各部分有机连接的保证。接口包括电气接口、机械接口、人机接口。电气接口可以实现系统间电信号连接；机械接口则可以完成机械与机械部分、机械与电气装置部分的连接；人机接口提供了人与系统间的交互界面。从系统外部看，输入/输出是系统与人、环境或其他系统之间的接口；从系统内部看，机电一体化系统是通过许多接口将各组成要素的输入/输出联系成一体的系统。因此，各要素及各系统之间的接口性能就成为综合系统性能好坏的决定性因素。

七、微机电系统技术

微机电系统（MEMS）是指微型化的器件或器件组合，是将电子功能与机械的、光学的或其他功能相结合的综合集成系统，采用微型结构（包括集成微电子、微传感器和微执行器），使之能在极小的空间内达到智能化的功效。因此，MEMS 是微电子技术的拓宽和延伸，它将微电子技术和精密机械加工技术相互融合，并将微电子与机械融为一体。

MEMS将电子系统和外部世界有机地联系起来，它不仅能感受运动、光、声、热、磁等自然界的外部信号，使之转换成电子系统可以识别的电信号，而且还能通过电子系统控制这些信号，进而发出指令，控制执行部件完成所需的操作。

微机电系统技术是一门多学科交叉的新兴技术，涉及精密微机械、微电子、材料科学、微细加工、系统与控制等技术科学和物理、化学、力学和生物学等若干基础学科。MEMS的主要特点在于：能在极小的空间里实现多种功能，可靠性好、质量小且耗能低，可以实现低成本大批量生产。MEMS将在21世纪的信息、生物医学等多方面使人类认识和改造世界的能力产生重大突破，给国民经济以及国防建设带来深远的影响。

微电子集成工艺是MEMS的基础，要构成MEMS的各种特殊结构，必须有一系列的特殊工艺技术，如体微加工技术、微表面加工技术、高深宽比微加工技术、组装与键合技术以及超微精密加工技术等（图4-10）。

硅是MEMS的主要结构材料，硅片大量用于微构件，采用化学刻蚀和离子刻蚀进行各向同性和各向异性刻蚀来形成所需的结构。此外，MEMS也使用硅化物、金属、合金以及一些聚合物材料。

MEMS的智能化是将高性能的传感器、执行器、大量的微处理器集成在一个系统里，即将传感、判定和运动组建在一起高质量地执行任务。目前，多维传感器系统、多层信息处理系统等的发展使传感器、执行器和界面电子学有机结合为新型的MEMS器件。

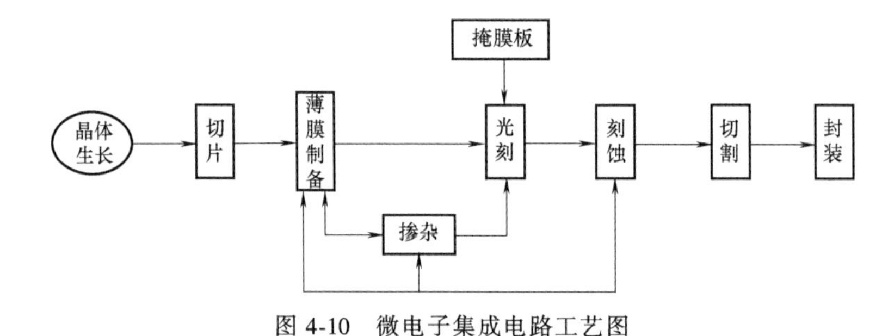

图4-10　微电子集成电路工艺图

第五节　机械电子工程专业的就业与升学

一、机械电子工程专业的就业

1. 机械电子工程专业的就业率

根据职友集2020年7月的统计数据，机械电子工程专业在机械类专业的就业中排名第2名；在工学170个专业中，就业排名第11名，在全国所有1095个专业中，就业排名第62名；该专业就业率始终保持在90%以上，是一个比较受欢迎的专业。

麦可思研究院每年均发布《中国大学生就业报告》，称为就业蓝皮书，对每个专业每届学生毕业半年后的就业率进行了统计，其中，2011—2019届机械电子工程专业毕业半年后就业率情况见表4-3。从表4-3中可以看出，机械电子工程专业每届毕业半年后就业率均很高，这表明，机械电子工程专业目前是热门专业，是急需人才的一个专业。

表 4-3　2011—2019 届机械电子工程专业毕业半年后就业率情况

届数	机械电子工程专业就业率(%)	专业就业率排名	全国本科平均就业率(%)
2011 届	97.5	7	90.8
2012 届	95.7	8	91.5
2013 届	96.6	4	91.8
2014 届	93.5	37	92.6
2015 届	94.5	28	92.2
2016 届	95.3	8	91.8
2017 届	94.4	15	91.9
2018 届	95.3	7	91.0
2019 届	93.6	41	91.1

2. 机械电子工程专业的人才需求

机械电子工程专业是培养具备机械设计制造基础知识与应用能力，应用机械、电子、传感、测试和计算机技术，从事国民经济各部门所必需的机电设备及其自动化技术的设计制造、科技开发、应用研究、运行管理和经营销售等方面的高级工程技术人才。该专业的特色是设计与制造并重，机械与电子、计算机紧密结合，以实现机电一体化和自动化。

进入 21 世纪以来，我国工业发展的速度飞快，特别是近几年来制造业的迅猛崛起，使得机电方面的人才缺口大幅攀升，长三角、珠三角、京津唐区域现代化机械制造业方面人才缺口尤为明显。

3. 机械电子工程专业就业行业分布

机械电子工程专业学生毕业后可从事机电设备系统及元件的研究、设计、开发，机电设备的运行管理与营销等工作。目前该专业的毕业生就业主要分布在深圳、东莞、上海、广东、江苏等沿海经济发达地区的机械制造业中。毕业生在企业就业后，直接从事设计、技术工作的占 20%；直接从事企业管理、技术管理工作的占 10%；在生产一线工作 3 个月 ~1 年后调至设计、技术岗位的占 66%。其中在设计、技术岗位的人员一般担任产品设计工程师、工艺设计工程师、工艺管理工程师、设备管理工程师、数控装置及重要设备操作与管理人员等。

根据职友集 2020 年 7 月的统计数据，机械电子工程专业就业方向分布见表 4-4，机械电子工程专业就业地区分布见表 4-5。

表 4-4　机械电子工程专业就业方向分布

排名	就业方向	占比(%)	排名	就业方向	占比(%)
1	电子技术、半导体、集成电路	31	6	专业服务(咨询、人力资源、财会)	6.4
2	机械、设备、重工	14	7	计算机软件	6.4
3	仪器仪表、工业自动化	12	8	家具、家电、玩具、礼品	4.2
4	新能源	11	9	贸易、进出口	4.2
5	医疗设备及器械	7.4	10	原材料和加工	3.4

表 4-5　机械电子工程专业就业地区分布

排名	就 业 方 向	占比(%)	排名	就 业 方 向	占比(%)
1	深圳	21	6	杭州	5.6
2	东莞	20	7	厦门	5.2
3	上海	16	8	武汉	5.2
4	广州	8.7	9	成都	4.8
5	苏州	8.7	10	北京	4.8

二、机械电子工程专业的升学

1. 报考研究生类型和学科

对于机械电子工程专业的应届毕业生，可报考学术型硕士研究生、专业学位型硕士研究生两种。自 2021 年起，国家开始按照新的专业目录招生，机械电子工程专业学生如果有继续求学深造的愿望可以报考硕士研究生，相关考研的学科有很多，主要报考的学科见表 4-6。

表 4-6　机械电子工程专业报考硕士研究生的主要学科

报考研究生类型	报考的一级学科名称及代码	报考的二级学科名称及代码
学术型	机械工程(学科代码:0802)	机械工程(学科代码:080200)(不设置二级学科)
		机械制造及其自动化(学科代码:080201) 机械电子工程(学科代码:080202) 机械设计及理论(学科代码:080203) 车辆工程(学科代码:080207)
专业学位型	机械(学科代码:0855)	—

2. 录取分数线

录取分数线有国家复试分数线和学校复试分数线两种。

(1) 国家复试分数线　教育部根据研究生初试成绩，每年确定了参加统一入学考试考生进入复试的初试成绩基本要求（简称国家复试分数线），原则上，达到国家复试分数线的考生有资格参加复试。

对学术型研究生和专业学位型研究生，其国家复试分数线是各不相同的，可参阅相关报道。

国家复试分数线按考生所报考地处不同，其分数也有高低不同。

(2) 学校复试分数线　学校复试分数线是指各学校根据考生达到国家复试分数线的人数与本校各专业的招生名额来确定的复试分数线。由此可以看出，每个学校各专业的复试分数线是不同的。

如果达到国家复试分数线的人数少于某专业的招生名额，则学校复试分数线与国家复试分数线相同，不能低于国家复试分数线；反之，则高于国家复试分数线。

机械电子工程专业类属工学门类，很多学校的复试分数线按照 14 个学科门类划分，工学是热门报考专业门类，所以，一般学校工学门类的复试分数线均大于国家复试分数线。

机械电子工程是机械工程下属学科，根据教育部最新发布的第四轮机械工程学科评估结果，机械工程学科排名前四名的大学是清华大学、哈尔滨工业大学、上海交通大学、华中科技大学。

3. 能招收机械电子工程硕士研究生的“双一流”学校

世界一流大学和一流学科建设，简称“双一流”。建设世界一流大学和一流学科，是中共中央、国务院作出的重大战略决策，也是中国高等教育领域继“211 工程”“985 工程”之后的又一国家战略，有利于提升中国高等教育综合实力和国际竞争力，为实现“两个一百年”奋斗目标和中华民族伟大复兴的中国梦提供有力支撑。

2017 年，教育部、财政部、国家发展改革委联合发布《关于公布世界一流大学和一流学科建设高校及建设学科名单的通知》，正式公布世界一流大学和一流学科建设高校及建设学科名单，首批双一流建设高校共计 140 所，其中世界一流大学建设高校 42 所（A 类 36 所，B 类 6 所），世界一流学科建设高校 95 所。

在这些双一流大学中，能招收机械电子工程硕士研究生的一流大学有 31 所，一流学科大学有 47 所，机械工程为一流学科的学校有 10 所，具体见表 4-7。

表 4-7　能招收机械电子工程硕士研究生的“双一流”学校

双一流类别	学 校 名 称
能招收机械电子工程硕士研究生的一流大学（31 所）	清华大学、北京航空航天大学、北京理工大学、中国农业大学、天津大学、大连理工大学、东北大学、吉林大学、哈尔滨工业大学、同济大学、上海交通大学、东南大学、浙江大学、中国科学技术大学、厦门大学、山东大学、武汉大学、华中科技大学、湖南大学、中南大学、国防科技大学、华南理工大学、重庆大学、四川大学、电子科技大学、西安交通大学、西北工业大学、西北农林科技大学、中国海洋大学、郑州大学、新疆大学
能招收机械电子工程硕士研究生的一流学科大学（47 所）	北京交通大学、北京工业大学、北京科技大学、北京化工大学、北京邮电大学、北京林业大学、天津工业大学、华北电力大学、河北工业大学、太原理工大学、大连海事大学、延边大学、哈尔滨工程大学、东北林业大学、华东理工大学、上海海洋大学、上海大学、苏州大学、南京航空航天大学、南京理工大学、中国矿业大学、河海大学、江南大学、南京林业大学、南京农业大学、合肥工业大学、福州大学、南昌大学、中国地质大学（武汉）、中国地质大学（北京）、武汉理工大学、海南大学、广西大学、西南交通大学、西南石油大学、西南大学、贵州大学、西安电子科技大学、长安大学、青海大学、宁夏大学、石河子大学、中国石油大学（华东）、中国石油大学（北京）、宁波大学、中国科学院大学、中国矿业大学（北京）
机械工程为一流学科的学校（10 所）	清华大学、哈尔滨工业大学、上海交通大学、上海大学（自定）、浙江大学、华中科技大学、湖南大学、重庆大学（自定）、西安交通大学、西北工业大学

注：能以“机械工程”大类招收研究生的学校，均可以招收机械电子工程专业研究生。

4. 机械电子工程专业硕士研究生的入学考试专业课与研究方向

（1）入学考试专业课　机械电子工程专业入学考试专业课是指初试中的专业基础课和复试中的专业课。

1）专业基础课。各招生单位对专业基础课要求不一，一般为机械、电子、控制为基础的课程，主要有理论力学、机械原理、控制工程基础、电子技术基础、机械制造工程基础等课程中的 1~2 门课程的组合，具体见各校的研究生招生简章。

2）复试中的专业课。复试科目主要是专业课或专业基础课，各招生单位的规定均不相同。一般复试中的专业课是控制工程基础、机械设计、单片机、微机原理、C 语言、计算机应用基础等课程，具体见各校的研究生招生简章。

(2) **研究方向** 由于机械电子工程涉及的主要研究领域包括机械学、电子学、信息技术、计算机技术、控制技术等多方面，各招生单位根据自身优势和基础条件的不同，设计了各自的研究方向。各单位的研究方向有较大差异，但都是围绕机械电子技术这个研究平台，如华中科技大学的研究方向为电子制造技术与装备、机器人技术、流体传动与控制技术、嵌入式系统与设备控制、数控技术与装备、数字制造与智能制造、网络测控、诊断与智能维护、MEMS与微细加工等，浙江大学的研究方向为机电系统集成及智能化、电液控制技术、电子-气动控制技术、测试与信号处理技术、计算机仿真、MEMS技术、应用流体力学等。

思考题

1. 何谓机械电子工程？
2. 机械电子工程涉及哪些关键技术？
3. 机电一体化的典型产品有哪些？
4. 试说明机械电子工程在制造业中的作用。
5. 机电一体化系统由哪些部分构成？
6. 简述机电一体化技术的发展趋势。
7. 为何设置机械电子工程专业的学校越来越多？
8. 上网检索几所学校的机械电子工程专业的培养方案，并与你所在的学校机械电子工程专业培养方案的培养目标、毕业要求进行对比，分析异同点。
9. 上网检索几所学校的机械电子工程专业的教学计划，并与你所在的学校机械电子工程专业教学计划的专业基础课、专业必修课、实践环节、学分要求进行对比，分析异同点。
10. 你所在的机械电子工程专业的培养类型是什么？是如何定位的？
11. 分析机械电子工程专业的人才需求情况。
12. 机械电子工程专业的人才需求有哪些特点？
13. 为何机械电子工程专业的就业率比较高？
14. 你对机械电子工程行业的哪些工作岗位感兴趣？
15. 机械电子工程专业的主要就业方向有哪些？你对未来职业生涯有何规划？
16. 机械电子工程专业的应届毕业生可报考硕士研究生的主要学科有哪些？

第五章

工业设计

工业设计是机械类中的一个专业，属于机械工程一级学科的机械制造及其自动化二级学科。本章主要介绍工业设计专业的内涵、工业设计学科的发展、工业设计学科的前沿技术、工业设计专业的就业与升学等内容。

第一节　工业设计专业的内涵

一、工业设计专业的培养方案

工业设计专业主要要求学生系统学习和掌握工业设计的基础理论，培养具有强烈社会责任感，良好的人文素养，具有机械、材料、艺术、美术等学科宽厚的基础理论知识、扎实的工业设计专业技能、较强实践能力和创新精神，能适应当前工业设计发展的新潮流，能在产品开发与设计、视觉传达设计、设计创作、科学研究等方面工作的创新型和复合型人才。

关于工业设计专业，教育部编写的《普通高等学校本科专业目录和专业介绍》中进行了较为详细的描述。

1. 培养目标

工业设计专业培养具备工业设计基础知识与应用能力，能在工业产品领域从事产品开发与设计、视觉传达设计、设计创作、科学研究等方面工作的复合型高级工程技术人才。

2. 培养要求

工业设计专业学生主要学习机械设计、工业设计、人机工程等方面的基础理论和基础知识，接受现代机械工程师的基本训练，具有工业产品设计、制造及生产组织管理等方面的基本能力。

3. 毕业生应获得的知识和能力

毕业生应获得以下几方面的知识和能力：

1）具有解决工业设计领域复杂产品（系统）中的美学、艺术、数学、工程基础和专业知识，并能应用。

2）能够应用美学、艺术、数学和工程科学的基本原理，并通过文献检索研究，对工业设计领域复杂产品（系统）进行识别、表达、分析，以获得有效结论。

3）能够针对工业设计领域复杂产品（系统），利用外观造型、结构、设计、制造、运输和销售等专业知识提出解决方案，设计满足特定需求的产品（系统）、单元（部件）或操作使用流程，并能够在设计的不同阶段体现创新意识，考虑社会、健康、安全、法律、文化以及环境等因素。

4）能够基于科学原理并采用科学方法对工业设计领域复杂产品（系统）进行研究，包括设计实验、统计分析与解释数据，并通过信息综合获得合理有效的结论。

5）能够利用至少一种建模工具对工业产品研究对象进行建模，借助恰当的技术、资源和信息工具，通过所学造型与结构设计技能和相关专业仿真分析平台对工业设计领域复杂产品（系统）进行分析、预测和评价，并能够理解其局限性。

6）能够基于工业设计相关背景知识进行合理分析，评价工业产品开发过程中的工程实践和复杂工程问题解决方案对社会进步、人类健康、公共安全、法律法规以及文化传承的影响，并理解应承担的责任。

7）理解工业设计专业相关的职业和行业的开发设计，研究开发过程中的环境保护和可持续发展等方面的原理、方法和知识，能正确客观地对环境影响及可持续发展进行评价。

8）具有较好的人文社会科学素养、较强的社会责任感和良好的机械工程技术人员的职业道德。

9）能够在设计学、心理学、社会学、计算机、电子信息和材料学等多学科背景下的团队中担任个体、团队成员以及负责人的角色。

10）能够就工业设计领域复杂产品（系统）与业界同行及社会公众进行有效沟通和交流，包括撰写报告和设计文稿、陈述发言、清晰表达或回应指令等。并具备较好的机械工程专业外语和计算机应用能力，能够进行跨文化背景下的学习，扩展国际视野。

11）理解并掌握设计管理基本原理和经济决策方法，能够应用在设计学、心理学、社会学、计算机、电子信息和材料学等多学科项目管理中。

12）对终身学习有正确的认识，具有不断学习和适应发展的能力。

4. 主干学科

主干学科包括机械工程、设计学。

5. 核心知识领域

核心知识领域包括工业设计原理与方法（含产品设计原理与方法、创新方法论、平面与色彩构成、立体构成、人机工程学、产品形态设计、产品开发设计、产品系统设计）、设计表达理论与实践（含基础素描、工程制图、阴影与透视、产品速写、设计表达、模型制作）、工程基础知识与应用（含工业设计工程基础、造型材料与成型工艺）、计算机应用技术（含计算机辅助工业设计、数字化建模）、视觉传达原理与方法（含视觉传达设计、标志与企业形象设计、包装设计）。

6. 主要实践性教学环节

主要实践性教学环节包括金工实习、写生实习、认识实习、生产实习、课程设计、科技创新与社会实践、毕业设计（论文）。

7. 主要专业实验

主要专业实验包括产品结构拆解实验、机械设计基础实验、人机工程基础实验、CMF（色彩、材料、工艺）设计与认知实验。

8. 修业年限

四年。

9. 授予学位

工学学士。

二、工业设计专业的发展

18世纪60年代英国开启的工业革命（18世纪60年代至19世纪40年代），以棉纺织的技术革新为始，以瓦特蒸汽机的改良和广泛使用为枢纽，直至1840年英国工业革命带来机械化、批量化生产的兴起，机器生产、劳动分工和商业的发展，也促成了社会和文化的重大变迁。由于生产的分工，逐渐将设计和制造分开，设计才形成独立的学科。

1919年，德国成立了世界上第一所完全为发展设计教育而建立的学院包豪斯（Bauhaus），由德国著名建筑家、设计理论家格罗佩斯所创立。“bauhaus”是格罗佩斯专门创造的一个新字，“bau”在德语中是“建造”的意思，“haus”在德语中是“房子”的意思。1933年4月11日，德国纳粹政府下令关闭了包豪斯，包豪斯的存在时间虽然短暂，但对现代设计产生的影响却非常深远，它奠定了现代设计教育的结构基础，建立了独立的平面和立体构成的研究、色彩构成的研究和材料研究，使视觉教育建立在科学的基础上，而不仅仅是基于艺术家个人的、非科学化的、不可靠的感觉基础上。同时，包豪斯还开始了结合现代材料、以批量化生产为目的、具有现代主义特征的工业设计教育，奠定了现代主义的工业设计的基本面貌。包豪斯奠定了以观念为中心、以解决问题为中心的欧洲设计体系，与重视改变外形、强调商业效益的美国设计体系形成差异。

第二次世界大战结束后，大批移居美国的包豪斯人员将包豪斯体系的部分内容与美国的设计体系相结合，形成了国际主义设计运动，对世界产生了进一步的影响。工业设计在美国的兴起，开始了其与市场和商业的学科交叉。在美国竞争激烈的商业市场上，市场机制具有非常惊人的供求关系调节功能，市场机制决定了需要什么、不需要什么，这种与市场密切相连的发展，是与大批量生产密切相连的。

20世纪20年代的美国是世界上工业化程度最高的国家之一，由于美国的工业发达、经济成熟，工业设计的职业化过程在美国的纽约、芝加哥等城市开始出现。第二次世界大战后，美国工业设计的方法广泛影响了欧洲和其他地区，日本的工业设计由战后初期的模仿，逐步发展成为高水平设计。日本明治维新之后，大量吸收西方文化，也创造了大量词汇，“设计”一词便是先由日本人使用，然后传入我国的。新中国成立之后，百废待兴，生产还停留在以手工业为基础的层面。

到了20世纪70年代后期，随着改革开放和工业现代化的加速发展，工业设计受到重视。1977年6月，经国家第一机械工业部批准，在湖南大学成立了“机械造型及制造工艺美术研究室”，邀请了日本工业设计专家举办工业设计培训班，并建立了国内最早的人机工程实验室，1987年成立工业设计专业。无锡轻工学院、清华大学、北京理工大学等在这一时期也设立了工业设计专业。由于我国高等设计院校紧跟国际思潮，所以设计理论的发展领先于业界的实践。

1993年，《普通高等学校本科专业目录新旧专业对照表》中工业设计（080316）由工业造型设计（工科）和工业造型设计（社科）两个专业合并而来。1979 年成立的中国工业美术协会，1987 年更名为中国工业设计协会，进一步促进了工业设计在我国的发展。

1998 年的《普通高等学校本科专业目录新旧专业对照表》中工业设计专业代码由 080316 调整为 080303，工业设计（080303）可授工学或文学学士学位。2000 年前，我国成立工业设计专业的院校共 162 所。

2012 年的《普通高等学校本科专业目录新旧专业对照表》中工业设计专业代码由 080303 调整为 080205。原工业设计（080303）授予工学学士学位的部分转入工业设计（080205）专业，而授予文学学士学位的部分转入产品设计（130504）专业。

2020 年，在教育部发布的《普通高等学校本科专业目录（2020 年版）》中，工业设计专业隶属于工学、机械类（0802），专业代码：080205。

三、工业设计专业对人才素质的要求

工业设计是一门交叉学科，与设计学、计算机、电子信息和材料学等许多学科有着密切的联系。根据中国工程教育专业认证标准的最新要求，对于人才培养提出了 12 点要求。

1. 工程知识

能够将数学、自然科学、工程基础和专业知识用于解决人-机-环境问题。掌握数学的基本知识和基本原理，能就简单的工程问题建立方程并进行求解。掌握物理学的基础知识和基本原理，运用物理学的理论、机械、电子、信息技术等工程基础知识和基本原理，分析简单产品装备的工作原理，在此基础上，设计产品功能和结构。能从用户需求出发建立产品系统，对产品形态审美、材料审美、结构审美和功能审美等问题提出解决方案。并能从人机工程学的角度，对人、产品和环境的关系问题进行方案优化。

2. 问题分析

能够运用数学、自然科学和工程科学的基本原理，对产品功能原理问题进行识别、表达，并通过文献研究分析人-机-环境问题，以获得有效结论。能够运用几何学、工程力学和机械工程的基本原理识别常见产品的工艺、模具和功能以及电子产品、交通工具中的常规工程问题。能够将工程力学和机电工程科学的基本原理用于产品外观制造及技术经济评价的表述之中。掌握文献检索和图像分析方法，并能够用于分析产品成型的工艺及产品有形化设计等领域。能够针对常规材料的成型工艺及先进加工工艺和技术优势提出有效的产品外形设计解决方法。

3. 设计/开发解决方案

能够设计针对人-机-环境问题的解决方案，设计满足特定需求的系统、单元（部件）或工艺流程，并能够在设计环节中体现创新意识，考虑社会、健康、安全、法律、文化以及环境等因素。掌握工业产品功能与服务设计，审美和塑造产品形态的基本理论和方法；并能够在具体设计环节中体现创新意识，考虑生产制造可行性，以及社会、健康、安全、法律、文化、环境等因素。有意愿并能够针对特定方案发现问题、提出问题并就改进的可能性进行初步分析。能够根据消费者的实际需求，结合市场调研，进行功能分析，再根据材料成型的基本原理和方法提出解决方案。能够分析和评价产品流通消费和产品售后领域内关于包装、使用和回收的产品设计方案的合理性。

4. 研究

能够基于科学原理，并采用科学方法对人-机-环境问题进行研究，包括设计实验、分析与解释数据，并通过信息综合得到合理有效的结论。能够熟悉和掌握常见产品的材料、功能原理和生产加工工艺，以及常见模型制作材料、方法和制作流程及相关工具的操作方法，并具有对材料和产品结构的合理性做出有效评价的能力。具有进行模型方案设计、模型制作平台搭建、开展实验研究、数据采集及分析处理的基本能力。能够构建产品的服务系统，规划产品的系统要素，分析产品与人之间的交互问题，解决产品和服务实践中的复杂性问题。

5. 使用现代工具

能够针对人-机-环境问题，开发、选择与使用恰当的技术、资源、现代工程工具和信息技术工具，包括对人-机-环境问题的预测与模拟，并能够理解其局限性。掌握现代设计、分析及虚拟技术及相关软件和设备的使用方法。能够学习、选择与使用现代工具，构想、模拟及优化产品功能结构形态及服务系统。能够识别产品虚拟形态塑造问题中的各种制约条件，合理选择现代工具。

6. 工程与社会

能够基于工程相关背景知识进行合理分析，评价专业工程实践和人-机-环境问题解决方案对社会、健康、安全、法律以及文化的影响，并理解应承担的责任。能够完成市场调研、设计定位、草图绘制、模型测试、效果图制作及样机制作等产品设计全过程，并能分析和评价设计方案对生产制造与工艺革新，以及对社会、健康、安全、法律及文化的影响。

7. 环境和可持续发展

能够理解和评价针对人-机-环境问题的设计行业实践对环境、社会可持续发展的影响。了解产品设计及设计艺术学专业相关的方针、政策与法律法规。理解设计行业与环境保护的关系，能够评价产品设计实践活动对环境、社会可持续发展的影响。能够从绿色设计、生态设计和伦理的可持续性方面思考设计的问题。

8. 职业规范

具有人文社会科学素养、社会责任感，能够在工程实践中理解并遵守工程职业道德和规范，履行责任。理解世界观、人生观的基本意义及影响。理解个人在历史、社会及自然环境中的地位，中国可持续发展的科学发展观及个人责任。理解工业设计师的职业性质与责任，基本职业道德的含义及其影响。

9. 个人和团队

能够在多学科背景下的团队中担任个体、团队成员以及负责人的角色。能够理解团队中每个角色的定位以及其对于整个团队的意义。能够在团队中胜任自己担任的角色，并能与其他成员协同合作。

10. 沟通

能够就人-机-环境问题与业界同行及社会公众进行有效沟通和交流，包括撰写报告和设计文稿、陈述发言、清晰表达或回应指令。并具备一定的国际视野，能够在跨文化背景下进行沟通和交流。能够通过口头或手绘方式表达自己的想法。至少具有运用一门外语的能力，对产品设计学科及其相关行业的国际状况有基本了解，并能表达自己的观点。

11. 项目管理

理解并掌握工程管理原理与经济决策方法，并能在多学科环境中应用。具备用专业技术手段降低产品设计实践活动对环境、社会负面影响的初步能力。理解设计活动中重要的经济与管理因素。能够将设计管理的原理和市场营销的方法用于产品开发及产品服务体系的设计、策划及管理。

12. 终身学习

具有自主学习和终身学习的意识，有不断学习和适应发展的能力。对于自我学习和发展的必要性有正确的认识。具备能够选择合适的途径实现自身发展的能力。了解产品设计学科相关技术与理论的重要进展和前沿动态。

工程教育专业认证是指专业认证机构针对高等教育机构开设的工程类专业教育实施的专门性认证，由专门职业或行业协会（联合会）、专业学会会同该领域的教育专家和相关行业企业专家一起进行，旨在为相关工程技术人才进入工业界从业提供预备教育质量保证。

工程教育专业认证是国际通行的工程教育质量保障制度，也是实现工程教育国际互认和工程师资格国际互认的重要基础。工程教育专业认证的核心就是要确认工科专业毕业生达到行业认可的既定质量标准要求，是一种以培养目标和毕业出口要求为导向的合格性评价。工程教育专业认证要求专业课程体系设置、师资队伍配备、办学条件配置等都围绕学生毕业能力达成这一核心任务展开，并强调建立专业持续改进机制和文化，以保证专业教育质量和专业教育活力。工业设计的工程教育专业认证开展较迟，目前尚未有学校申请获得工程教育专业认证。

第二节　工业设计学科的发展

一、工业设计的范畴

设计在《现代汉语词典》中的解释为，根据一定要求，对某项工作预先制定图样、方案。日本《广辞苑》将汉字设计解释为：在进行某项制造工程时，根据其目的，制定出有关费用、占地面积、材料，以及构造等方面的计划，并用图纸或其他方式明确表示出来。由此可以看出，设计指的是将一种规划、设想、构思，通过提出问题、分析问题并解决问题的方法，以视觉方式进行传达的活动过程。这一活动过程包括了三个阶段：

1）通过规划、设想、构思提炼出问题。

2）以视觉的方式对该问题进行分析，并找到该问题的解决方案。

3）通过视觉的方式进行应用。

工业设计是以工业产品为载体、以用户为对象的设计活动，工业化是其最主要的特征，在计划将某一对象转化为工业化产品后，基于工业化原则，对批量化生产的需求、计划、销售、生活方式、社会影响等方面提出、分析并解决问题，批量化生产或以批量化形

式呈现是工业化最显而易见的表征指标，图 5-1 展示的是工业设计的流程。随着社会文明的发展、科学技术的不断提升，用户的需求促使工业设计的内容和范围越来越广泛，不断涌现的新的物质化工业产品和非物质化产品（交互界面、APP 等）服务于用户在技术变迁的时代里的新需求。

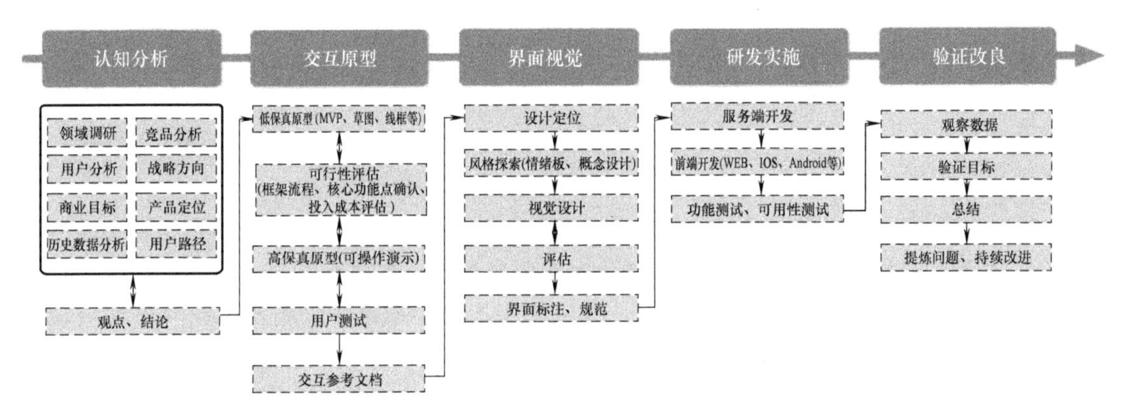

图 5-1　工业设计的流程

英国的工业设计包括染织、服装、陶瓷、玻璃器皿、家具、家庭用品、机械产品等设计，也包括室内陈列和装饰设计。法国、日本将商业广告宣传的视觉传达设计、室内环境设计、城市规划设计等也纳入了工业设计领域。美国工业设计协会为了避免与室内设计、商业广告设计和一般的产品设计重复，将工业产品中的纤维工业、陶瓷工业、家具工业、餐具工业、餐具用金属制品工业、纸加工工业（壁纸制造）的设计除外，使工业设计的领域局限在机械器具、塑料制品等产品，以及用新材料、新技术开发新产品的工业领域。总的来看，工业设计领域从广义角度来看，包括了视觉传达设计、产品设计和环境设计三个领域，而从狭义的角度来看，工业设计主要指器具、机械和设备的工业品的设计。

第二次世界大战期间，人机工程开始应用于设计中，例如美国在第二次世界大战时就曾根据对士兵的人体数据测量来设计军服，人机工程学也应用于战机的驾驶舱设计。工业设计学科体现了多学科的交叉性，但又不与交叉的学科相同。不同于美术和任何一种单纯的艺术活动所呈现的艺术家的个性化表达，工业设计强调的是为大众用户服务，这和批量化生产的目的相契合。同样，不同于工程设计所着力解决物与物之间的关系，例如考虑到效能的最大化，齿轮设计中研究如何达到更佳的传动比。而工业设计解决的是物与人之间的关系，例如产品设计中考虑人的审美偏好、用户的操作使用习惯等，使产品更美观、更好用。这些都体现出工业设计作为一门交叉学科的特点，既与交叉的学科相联系，也与交叉的学科有所区别。随着社会不断地发展、技术的日益创新以及人的需求日益增长，工业设计在解决“产品—用户—社会—环境”这一问题中，呈现出一定的变化和发展，工业设计的内涵与外延也在不断发生相应的变化。

国际工业设计协会（The International Council of Societies of Industrial Design，ICSID）理事会在 1980 年举行的第 11 次年会上公布的工业设计的定义：就批量化生产的产品而言，凭借训练、技术知识、经验及视觉感受而赋予材料、结构、形态、色彩、表面加工以及装饰以新的品质和规格。不同于设计的萌芽阶段、手工艺设计阶段，工业设计阶段是呈现出基于批量化生产的技术条件产生的特征。

美国工业设计师协会（Industrial Designers Society of America，IDSA）对工业设计给出的定义：工业设计是一项专业性的服务，为使用者和制造商双方的利益，以优化产品的外观、功能和使用价值。这种专业性的服务包含有工程、营销、心理学、制造等各方面的服务。

2006 年，国际工业设计协会发展了对工业设计的定义：工业设计的目的是为物品、过程、服务以及它们在整个生命周期中构成的系统建立起多方面的品质。因此，设计既是创新技术人性化的重要因素，也是经济文化交流的关键因素。

2015 年，由国际工业设计协会更名的“世界设计组织”（World Design Organization，WDO）赋予工业设计的新定义：工业设计旨在引导创新、促进商业成功及提供更好质量的生活，是一种策略性解决问题的过程，并应用于产品、系统、服务及体验的设计活动。它是一种跨学科专业，将创新、技术、商业、研究及消费者紧密联系起来，共同进行创造性活动，并将需要解决的问题和提出的解决方案进行可视化，重新解构问题，并将其作为更好的产品、系统、服务、体验或商业网络的机会，提供新的价值以及竞争优势。

工业设计定义的发展，正体现出工业设计活动过程中三个阶段的不断丰富。

1）随着社会、环境的发展与变化，通过规划、设想、构思不断提炼出新的问题。例如伴随着更多环保再生材料的创新和应用，工业设计向环境友好方向进行探索和发展。同时，工业设计更加关注社会文明的发展与变迁，以及人在社会中的角色和需求，如互联网、物联网等新技术的发明与普及，工业设计更加关注人类生活的便利性和安全性。

2）随着视觉方式的技术革新，例如计算机辅助工业设计技术等带来更多新的视觉方式对问题进行分析，对方案的呈现和解决也提供了新的方式。

3）新技术、新材料的出现，使视觉方式的应用产生更多的可能性，如界面的交互方式、3D 打印技术极大缩短了设计周期。

二、工业设计学科的内涵

工业设计属于机械工程一级学科的一个二级学科。人类的设计活动大致可以分为三个阶段，即设计的萌芽阶段、手工艺设计阶段和工业设计阶段。人类的设计萌芽是从旧石器时代原始人类制作石器时，就已有了明确的目的性和一定程度的标准化。到了新石器时代，陶瓷的发明标志着人类开始了通过化学变化改变材料特性的创造性活动，标志着人类开始进入手工艺设计阶段。手工艺设计阶段一直延续到工业革命前，在数千年漫长发展进程中，人类创造了光辉灿烂的手工艺设计文明，各地区、各民族形成了具有鲜明特色的设计传统。工业革命以后，伴随着机械化、批量化生产方式的兴起和发展，设计活动便进入了一个崭新的阶段——工业设计阶段。作为人类设计活动的延续和发展，工业设计有着悠久的历史渊源，作为一门独立完整的现代学科，它经历了长期的酝酿阶段，直到 20 世纪 20 年代才开始确立。

工业设计是以有关的人文社会科学、自然科学和技术科学为理论基础，结合生产实践中的技术经验，研究和解决工业产品在开发、设计、制造、运输和销售中的全部实际问题

的应用学科。

工业设计以工业产品开发与设计为基础，融入设计学、心理学、社会学、计算机、电子信息和材料学等相关学科，运用产品开发设计的理论与方法，解决现代产品设计领域中人与产品之间的问题，以实现产品美观、实用与新颖。

工业设计在航天、汽车、工程机械、设施装备、医疗器械、家电、电子消费类产品等多个领域广泛应用，与人们的生活息息相关。随着社会学、人类学、计算机科学、电子技术、信息技术、人工智能、神经生物学、大数据、人工智能、人机工程等领域相关技术与设计理论的融合、发展和交叉，一方面，工业设计在人类需求的研究有了更深层次的发展，另一方面，工业设计对工业产品的非物质化层面的研究有了进一步发展。

三、工业设计行业的发展

1. 中国产品设计发展源流

原始社会时期，人们经过长期探索，开始较普遍地采用石器的磨制技术，在石器的设计上是经过艺术造型思考的，他们具有朴素的审美观念和艺术手法。彩陶最早在河南省渑池县仰韶村发现，所以也被称为“仰韶文化”。仰韶文化中的尖底瓶汲水器（图 5-2），其基本形状为小口、尖底，腹部置有双耳，双耳除了系绳之用外，还具有平衡重心的作用，使注满水的容器能自动在水中直立，底尖便能下垂入水，也易于注满水，其造型设计轻巧实用。

图 5-2　尖底瓶汲水器

商周时期的青铜工艺象征着中国奴隶社会手工业发展的最高水平。青铜是红铜和其他化学元素的合金，因呈青灰色，故名青铜。根据生活用途的不同，青铜器大体可分为饪食器、酒器、水器、杂器、兵器、乐器、礼器工具八类。青铜器上的纹样设计体现了产品精神功能的需求，其中饕餮纹是商周青铜器的主要纹样，它采用抽象和夸张的手法，形成狰狞、恐怖的视觉效果，图 5-3 所示为饕餮纹构成示意图，图中 1~9 分别表示目、眉、角、鼻、耳、躯干、尾、腿和足。夔纹在商代铜器纹饰中应用也较多，是一种近

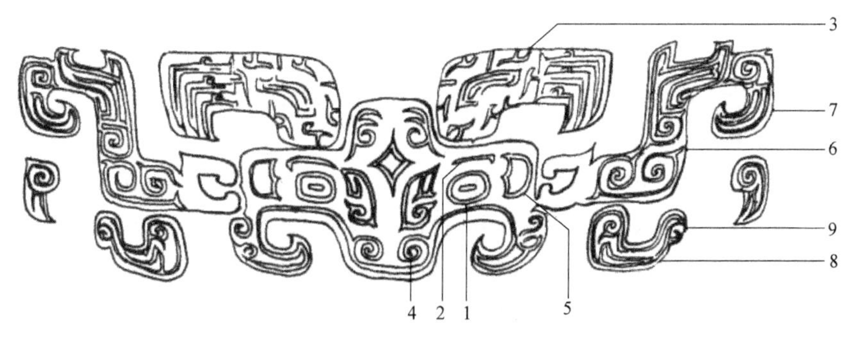

图 5-3　饕餮纹构成示意图

1—目　2—眉　3—角　4—鼻　5—耳　6—躯干　7—尾　8—腿　9—足

似龙纹的怪兽纹，也叫作夔龙纹，为兽头、蛇身、一足一角的形象，其特征是张口卷尾。这些纹样的设计往往蕴含了谐音的吉祥含义，或者展现古人对生死的思考，用于辟邪驱鬼、祭祀仙灵等。

到了春秋晚期和战国时代，人们开始用失蜡法制作铜器。失蜡法用蜡制作模具，然后在模具内外敷泥，成为泥范，再制作成陶范，最后浇入加热后的铜溶液进行铸造，蜡则融化流出，该方法可以制造精美细致的装饰，其中最具代表性的是后母戊鼎（原称司母戊鼎），又称为后母戊大方鼎、后母戊方鼎。其于1939年3月在河南安阳出土，是商王祖庚或祖甲为祭祀其母戊所制，是商周时期青铜文化的代表作，现藏于中国国家博物馆。后母戊鼎因鼎腹内壁上铸有“后母戊”三字得名。

汉代产品工艺中则以漆器最为著名，以苎麻贴在泥或者木胎上形成外胎，干后去掉内胎，再加以髹漆，制成外观豪华的漆器。河北省满城出土的汉代长信宫灯（图5-4），灯体呈圆形，有两块瓦状的罩板，可以任意调节光照的方向，造型上采用优美的仕女塑像，左手托灯，右手提灯罩。长信宫灯的设计十分巧妙，宫女一手执灯，另一手袖子似在挡风，实为虹管，用以吸收油烟，这样既避免了空气污染，又有审美价值。此宫灯因曾放置于窦太后（刘胜祖母）的长信宫内而得名。

图5-4　汉代长信宫灯

唐代、宋代、元代的瓷器工艺经历长时间的探索和发展，达到了古代陶瓷手工艺发展的鼎盛时期。唐三彩用1000℃左右的高温烧成陶坯，挂釉后再经过900℃左右的高温焙烧，其用料精细、制作规整，不变形、不裂缝、不脱釉。唐三彩经常采用黄、绿、褐等色釉，是一种低温铅釉的彩釉陶器。宋代时全国各地名窑众多，著名的瓷窑有汝窑、官窑、定窑、哥窑、钧窑、龙泉窑、景德镇窑、磁州窑、建窑和吉州窑等。这一时期的人们掌握了许多烧制技术和装饰技法，产品各具特色。例如定窑装饰上有刻花、划花和印花，线条洗练流畅，哥窑的釉面有裂纹，即开片，这种裂纹是由于釉面和胎体冷却过程中的收缩率不同而形成的。元代烧成的青花和釉里红将钴矿研磨成极细的粉末，再加水调成墨汁状，用它在干燥的胎体表面上绘制各类纹饰，然后施以长石为原料的矿物釉，在1250~1400℃的高温下烧制。当釉开始熔融后，火焰呈还原性，烧到最后阶段称为中性或略带氧化性，此时釉料形成具有光泽的无色透明釉层，覆于蓝色纹饰之上，显得庄重、美观、朴素、典雅。釉里红则是釉下彩瓷，先用铜红料在胎体上绘制纹饰，再覆以透明釉，放置在1200~1250℃高温下烧制而成。图5-5和图5-6分别为唐三彩和青花瓷。

明代和清代，中国的家具设计具有科学性和艺术性的高度统一，在家具的结构、榫卯构造、装饰手法、造型意味上具有一致风格特征，明代家具并不限于明代。明式家具在设计上讲究选材，突出材料自身的质感和美观性，以体现意匠美，材料多用紫檀、花梨、红木等，也采用楠木、樟木、胡桃木以及其他硬杂木。明式家具造型稳定、简练质朴，讲究运线，其线条雄劲流畅，擅长将选材、制作、使用和审美巧妙结合起来，采用木构架结构，背板贴合人体脊柱的形状，具有人机工程的特点。

图 5-5　唐三彩骆驼

图 5-6　青花八棱执壶

2. 世界范围内工业设计发展简史

自 18 世纪 60 年代从英国发起的第一次工业革命起，经历了第二次工业革命，直至第一次世界大战爆发，欧洲、美国、日本先后完成资产阶级革命或改革，促使了经济的快速发展，机械化、批量化生产条件的形成，开创了以机器替代手工作业的时代，也开启了工业设计的酝酿和探索。1839 年，英国“艺术联合会”的月刊《艺术联盟》的一期关于法国艺术教育调查的文章中，第一次出现了工业设计（Industrial Design）的称谓。

1851 年，英国在伦敦海德公园举行了世界上第一次国际工业博览会，由于时间紧迫，无法以传统的方式建造博览会建筑，组委会采用了园艺家帕克斯顿的“水晶宫”设计方案（图 5-7），故称为“水晶宫”国际工业博览会。这次博览会在工业设计史上有着重要的意义，它一方面较全面地展示了欧洲和美国工业发展的成就，另一方面也暴露了一些问题，如关注机器生产的特点和既定功能而忽视美学，或者探索各种新材料和新技术所提供的可能性，一味地追求浮夸的形式和装饰。如何以新的美学原则来指导工业设计，是水晶宫博览会带给设计师们的思考。

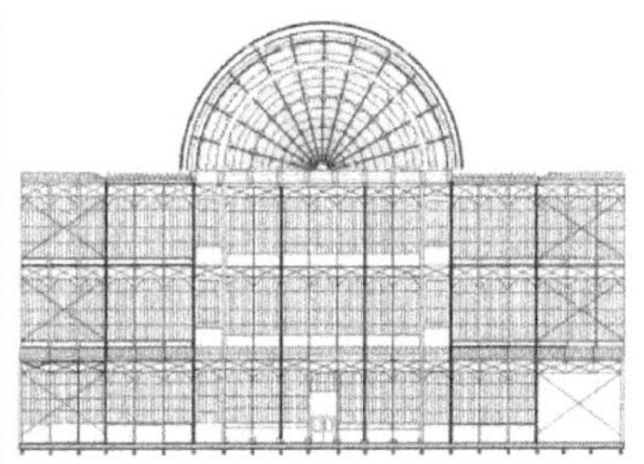

图 5-7　帕克斯顿的“水晶宫”设计方案

当时的工业设计基本思想还是以机器的功能和生产率为主，并没有把操作者放在首位，迫使人的操作要适应机器的速度、强度和行为方式，其设计思想是要求人必须适应机器的无限效率、无限精度、连续工作、性能稳定、可重复性、可靠性等，将人看作是机器流水线中的一个环节，而忽视了人的行为特征与机器的本质差异，这便是“以机器为本”的设计思想。直至 1857 年，波兰人亚斯特色波夫斯基创建了人机学，研究劳动工作环境中人的生理特性，使机械设备设计和劳动管理适应人的生理特性，形成了“以人为本”的设计思想，使工具适应人的行为特征，心理学成为工业设计的重要思想来源，虽然当时工业设计中主要关注的是劳动安全保护设计。

1880—1910 年，开启了一场以英国为中心的设计革命运动“工艺美术运动”，其起因是针对家具、室内产品、建筑的工业批量生产所造成的设计水准下降的局面，这种局面以“水晶宫”博览会开始。工艺美术运动对设计改革的贡献非常重要，它首先提出了“美与技术结合”的原则，主张美术家从事设计，反对“纯艺术”。同时，工艺美术运动的设计非常强调“师承自然”，忠实于材料和适应的使用目的，从而创造出一些朴素而适用的作品。

随后，在 19 世纪、20 世纪新旧世纪交替之际，开启了新艺术运动，其潜在的动机是与先前的历史风格决裂。新艺术运动的艺术家们希望将他们的艺术建立在当今现实，甚至是未来的基础之上，因此必须打破旧有风格的束缚，创造出具有青春活力和时代感的新风格。在探索新风格的过程中，他们将目光投向了热烈而旺盛的自然活力，即努力去寻找自然造物最深刻的根源，这种自然活力是难于用复制其表面形式来传达的。新艺术最典型的纹样都是从自然草木中抽象出来，多是流动的形态和蜿蜒交织的线条，充满了内在活力。新艺术运动受到英国的工艺美术运动非常大的影响，其本质仍是一场装饰运动，但它用抽象的自然形态，脱掉了守旧、折中的外衣，是现代设计简化和进化过程中的重要步骤之一。20 世纪 20~30 年代，在法国、美国和英国等国家开展了一次风格非常特殊的“装饰艺术运动”。这场运动与欧洲的现代主义几乎同时发生和发展，因此装饰艺术运动受到现代主义运动很大的影响，无论从材料的使用上，还是从设计的形式上，都可以明显看到这种影响的痕迹。艺术家和设计师敏感地了解到新时代的必然性，他们不再回避机械形式，也不回避新的材料，如钢铁、玻璃等。他们认为，工艺美术运动和新艺术运动有一个致命缺陷，就是对于现代化和工业化的断然否定态度，时代已经不同了，现代化和工业化形势已经无可阻挡，与其回避它，不如适应它。

与此同时，欧美国家的工业技术发展迅速，新的设备、机械和工具不断被发明出来，极大地促进了生产力的发展，这种飞速的工业技术发展，同时对社会结构和社会生活也带来了很大的冲击。这些技术的产品无论从使用功能上、外观上、安全性、方便性上，都存在着非常多的问题。在现代都市的高层建筑设计方面，在大量商业海报、广告、书籍、公共标志、公共传播媒介等视觉传达设计方面，设计界一筹莫展。工艺美术运动、新艺术运动、装饰主义运动都无法解决这些设计问题，因为这些运动的本质仍是逃避，甚至反对工业技术，反对工业化、反对现代文明。设计界面临的问题主要包括两个方面：一是如何解决众多的工业产品、现代建筑、城市规划、传达媒介的设计问题，必须迅速地形成新的策略、新的体系、新的设计观、新的技术体系，来解决这些问题；二是针对往昔所有设计运动只是强调为社会权贵服务的本质，如何形成新的设计理论和原则，以使设计能够第一次为广大的人民大众服务，彻底改变设计服务的对象问题。针对这两个方面的问题，世界各国的设计先驱们都在努力地探索，为解决第一方面的问题，即现代的、工业化的产品，现

代城市和建筑，现代平面媒介的设计问题，出现了现代设计体系；为解决第二方面的问题，即设计的社会功能问题，形成了现代设计思想。

两次世界大战（第一次世界大战：1914 年 7 月 28 日至 1918 年 11 月 11 日，第二次世界大战：1939 年 9 月 1 日至 1945 年 9 月 2 日）在客观上推动了科学技术的发展。第一次世界大战前后，德国出现了两个重要的设计组织：德意志工作同盟和包豪斯。

1907 年成立的德意志工作同盟是一个积极推进工业设计的舆论团体，由一群热心设计教育与宣传的艺术家、建筑师、设计师、企业家和政治家组成，他们每年在德国不同的城市举行会议，并在各地成立地方组织。德意志工作同盟的目标是“通过艺术、工业与手工业合作，用教育、宣传及对有关问题采取联合行动的方式来提高工业劳动的地位”，其目标显示了对工业的肯定和支持的态度。德意志工作同盟中最著名的设计师是贝伦斯，1907 年受聘担任德国通用电气公司 AEG 的艺术顾问，同时他还是一位杰出的设计教育家，他的学生包括沃尔特·格罗佩斯、米斯·凡德罗和柯布西埃三人，他们后来都成为 20 世纪最伟大的现代建筑师和设计师。贝伦斯设计了大量的工业产品，这些产品多数都是非常朴素而实用的，并且正确体现了产品的功能、加工工艺和所用的材料。另外，他还积极探索用有限的标准零件组合，以提供多样化的产品。贝伦斯强调产品设计的重要性，“不要认为一位工程师在购买一辆汽车时，会把它拆卸开来进行检查，甚至他也是根据外形来决定购买”。

德意志工作同盟努力探索新的设计道路，以适应现代社会对设计的要求，主张功能第一、突出现代感和摒弃传统式样的现代设计，从而奠定了现代工业设计的基础。1919 年 4 月，在德国魏玛筹建的包豪斯（图 5-8），进一步从理论上、实践上和教育体制上推动了工业设计的发展。包豪斯在各个方面进行探索和试验，并通过这些探索和试验提出一系列重要的问题。到底艺术与设计如何教育？艺术与设计能否传授？什么是德意志工作同盟反复强调的好的设计的本质？建筑对于居住在其中的人到底有什么影响？现代设计教育的体系应该是怎样的？设计的目的是什么？设计对于社会的功能与影响是什么？作为一名设计师，应该具有哪些基本素质？包豪斯经历三任校长，分别是沃尔特·格罗佩斯、汉斯·迈耶和米斯·凡德罗。包豪斯对于现代工业设计的影响和贡献是巨大的，其设计教育体系至今仍影响着世界许多学校的设计教育。

图 5-8　包豪斯校舍

20 世纪 20 年代，艺术装饰成为在欧美国家主要流行的风格，其名称起源于 1925 年在巴黎举办的国际现代装饰与工业艺术博览。这次博览会带来了更广泛的市场，使得艺术装饰风格得以更好地商业化。艺术装饰风格由法国影响其他国家，逐渐成为象征现代化生活的风格。在美国，艺术装饰风格在好莱坞发展成以迷人、豪华、夸张的特色被运用到批量生产的商品上，大规模地生产使它能被普通大众接触并流行。

自 20 世纪 30 年代以后，一种空气动力学名词描述的流线型风格开始取代艺术装饰风格，它象征着速度感和时代感而广为流传，以象征性手法赞颂了工业时代的精神，它不但发展成为一种时尚的汽车美学，而且逐渐在家电产品领域开始流行起来。这种风格在美国经济大萧条以后，给人们带来了希望和解脱。流线型风格的流行也有技术和材料的原因，塑料和技术模压成型的方法得到了广泛应用，大曲率半径的倒角特征有利于脱模成型，因此造型上以这种加工特征为基础产生，圆润的倒角风格开始取代原有产品冰冷感的直角风格。运用这种造型风格最负盛名的设计师是美国的第一代职业设计师雷蒙德·罗维，他设计的流线型可口可乐玻璃瓶身（图 5-9）、以流线型象征速度感的宾夕法尼亚公司的机车以及“可德斯波特”品牌的冰箱，都以流线型造型为特征。盛行于 20 世纪 30 年代的流线型风格在 20 世纪 80 年代又开始流行，它成为一种具有重要影响力的风格。

图 5-9 流线型可口可乐玻璃瓶身

两次世界大战给世界大多数国家带来了不同程度的破坏和经济的衰退，而经济的快速恢复使各国迅速从战争的创伤中恢复过来。美国的马歇尔计划通过一系列的经济刺激，为战后西欧国家提供大量的经济援助，为它们迅速恢复工业生产提供了帮助，并带来了全球经济的繁荣，从而进一步推动了新技术、新材料的先后出现，由此使工业设计更广泛地应用于各类产品开发中。战后的工业设计从理论、实践和教育上均取得快速发展，同时，工业设计与密切相关的学科开始交叉、融合，例如心理学、社会学、计算机、市场学、人机工程学等，使工业设计得到了发展和完善，成为现代社会中不可缺少的一门独立学科。战后的工业设计在世界主要国家发展方向上，形成两种截然不同的观念。一种设计观念是以促进商业发展为主，突出工业设计为商品带来的高附加值，把工业设计当作市场竞争的重要手段，通过诱导消费增加企业的效益。另一种设计观念则强调通过工业设计更好地改善人们的生活，基于人们的生活需求，反对设计带来的资源浪费。前者是在美国实用主义的商业市场氛围下酝酿的设计观念，后者则是受到包豪斯设计思想的影响而产生的设计观念。

第二次世界大战以后，随着包豪斯的关闭，大量包豪斯主要领导人移民到美国，以包豪斯理论为基础发展起来的现代主义和强调商业利益的“商业设计”在美国的工业设计界产生了很大的相互影响。美国现代主义的核心是功能主义，强调产品的美取决于其适用性和对材料、结构的真实体现，以科学、客观的分析为基础进行产品设计，尽可能减少不可靠的设计师的主观意识，以提高产品的使用可靠性、便利性和经济性。包豪斯的现代设计思想在 20 世纪 40 年代的美国形成倍受推崇的美学标准：产品设计要适应于材料的特性和生产工艺，形式追随功能。20 世纪 50 年代以后消费主义盛行，现代主义开始脱离包豪斯的几何化模式，与新材料、新技术相结合，产品造型更加多样化，形成更为成熟的工业设计美学。图 5-10 所示为埃罗·沙

图 5-10 胎椅

里宁设计的胎椅，其造型设计呈现出有生命力的自由形态，而不再是枯燥的几何形态，正是美国的现代主义发展突破了包豪斯风格的代表。

现代主义的设计在20世纪40—50年代的美国取得了成功，与此同时，美国在战后是世界上经济最为繁荣的国家，商业体制和商业模式较为成熟，商业设计的观念在美国也大为盛行。商业设计的观念在本质上是注重产品的形式，往往不考虑产品的功能因素和内部结构，通过产品样式不断推陈出新来刺激消费。在这种商业设计的观念下，美国的工业设计开始推行“有计划的商品废止计划”，产品设计使产品的功能或样式在一段时间内，被新的功能和样式替代，以刺激消费者不断购买新的产品。有计划的商品废止计划在汽车行业中体现最为突出，汽车厂商不关注原有车型中的功能、油耗等问题，而不断通过新奇、时髦的样式改型，使消费者不断汰旧换新。1959年，凯迪拉克推出由设计师厄尔设计的59型Eldorado轿车（图5-11），在造型上夸张地表达喷气式飞机般的速度感的形式，59型凯迪拉克轿车的夸张造型与功能并无关系。战后的欧洲在美国的经济援助下，工业设计的发展，在各个国家结合不同的文化背景，形成各自不同的特色，德国、日本、英国、芬兰等国家明确提出设计与工业发展应该并驾齐驱。

图5-11　凯迪拉克59型Eldorado轿车（尾部设计与喷气式飞机类似）

自1945年以来，工业设计在大工业化的背景下，逐渐产生工业设计的职业化。区别于传统的手工艺设计阶段，工艺匠人无须与其他部门进行交流沟通，他们既是产品的设计者，也是产品的生产者和销售者。而大工业的催生，使得设计与市场营销、生产等各个环节有着千丝万缕的关系。设计师思考、分析、归纳市场趋势和需求、消费者特征、价格标准、生产厂商的意向、人机工程学、材料和技术的限制和应用等因素，通过绘制产品预想图、制作设计原型等方式，将计划的预想结果与客户进行交流，在取得客户的同意之后，再将这种研究结果生产出来。为了保证设计结果能被批量化生产出来，复杂的设计任务则需要工程技术人员的合作。因此工业设计涉及多个部门的沟通合作，在具体的设计实践中，工业设计师从市场部门取得市场资料，与工程技术人员配合工作，将设计结果与市场相适应。20世纪50年代，工业设计在美国和西欧的大企业中经历了职业化发展进程，并逐渐形成制度化，这些制度化的发展在荷兰的飞利浦公司、意大利的奥利维蒂公司、德国布劳恩公司、美国的国际商用机器公司、诺尔家具公司和米勒家具公司、日本索尼公司、法国雪铁龙汽车公司等大型企业得以发展。在这些公司，工业设计成为一个企业必需的组成部分。

科学技术的发展、材料科学的进步、加工技术的提高、设计手段的进步，对工业设计的进一步完善起到了非常重要的促进作用。工业设计师更多地开始研究美学、工程学、人机工程学、消费心理学、产品符号学、购买行为科学等学科知识，而不仅仅只考虑产品的功能，这些研究结果被广泛地应用于设计实践，对于明确设计的目的性，提供给用户实用、安全、方便、美观的产品起到了很大的帮助。

自20世纪60年代以后，工业设计的设计理念和设计风格开始向多元化发展，尤其是电子技术的发展，电子电路板的功能和形式使传统的“形式追随功能”的设计理念不再合理。此外，不同地域特征、文化群体的多样化市场逐渐开始形成，设计的多元化发展成为必然。

第三节　工业设计学科的前沿技术

随着电子技术、计算机技术、信息技术等科技的飞速发展，工业化产品复杂化程度越来越高，科学技术、社会环境的发展伴随着人类生产、生活方式的不断变迁，工业设计学科的观念呈现越来越多元化的特征，现代化设计原理和方法层出不穷，工业设计在产品设计开发、生产制造和市场销售等一系列环节中与相关前沿技术的结合越来越紧密。其包括以下几方面的具体内容：

一、计算机辅助工业设计技术

计算机辅助工业设计的英文全称是 Computer Aided Industrial Design，简称 CAID，它是在计算机辅助设计（Computer Aided Design，CAD）的基础上发展而来的。计算机辅助工业设计使现代设计方法和设计效率有了质的提升，是传统工业设计无法比拟的。计算机辅助工业设计技术与数控加工、快速成型、模型制作和模具生产等加工环节相结合，通过工业仿真方式视觉化呈现，如图5-12所示。

图5-12　计算机辅助工业设计中的工业仿真

工业产品的设计流程中，可视化是其最主要的呈现特征，因而计算机辅助工业设计可以很好地帮助可视化的实现。现有计算机辅助工业设计所使用的软件非常丰富，包括了二维软件 AutoCAD、Photoshop、Illustrator、CorelDRAW、InDesign 等，三维建模软件 Creo、Solidworks、Rhinoceros、3DS MAX、CATIA、UG 等，这些计算机辅助设计软件可以大大加

快设计周期，提升设计效率。

在全球化的浪潮下，国际经济的快速发展要求企业必须紧跟时代步伐，快速响应市场变化，快速创新自身技术，提高自身的国际竞争力。企业在开发产品时，计算机辅助技术能有效帮助企业提高产品设计品质，加快产品开发周期，减少产品开发成本。计算机辅助工业设计主要有并行工程和虚拟现实技术两个方向。并行工程是利于产品设计及其相关过程（包括制造过程和支持过程），通过集成化手段生成系统方法的一种综合技术，在工业设计过程的应用中，能够有效处理相关数据，并通过系统性分析对产品制造提供技术支持，从而对产品进行并行设计。并行设计对于工业设计师的要求也较高，设计师必须具有整体性和综合性思维，从产品的多个角度进行并行处理，这样才能最有效地进行并行工程，发挥其综合性和系统性的作用，提高产品开发效率，确保企业实现经济利益的最大化。

面向并行工程的工业设计流程模型由产品并行设计开发团队、虚拟设计网络平台、工业设计主流程和产品并行设计其他环节四个模块组成。产品并行设计开发团队由跨部门、跨职能的各专业人员组成，专业相近人员组成项目小组。虚拟设计网络平台是由各类设计及管理软件、产品数据库、产品主要模型等组成的信息管理系统。产品主要模型是产品并行虚拟设计的关键并行协调技术，它将整个产品开发活动视为一个整体，所有活动都围绕一个统一的产品主要模型分布式并行协调推进。而产品设计开发过程覆盖产品从客户调研到报废回收整个生命周期的各个阶段，包括用户研究、概念设计、详细设计、技术设计、工艺装配、生产制造、市场营销和回收利用等，以及贯穿开发过程的成本控制和质量监督等流程。

并行工程把串行过程中按照时间先后顺序运行的各环节，变成同时并列运行的业务要素。由于系统优化的需要以及生产过程诸要素的业务联系，工业设计与各个要素之间必然发生业务对接和交互影响。从产品开发层面看，在时间上工业设计对产品开发进行的总体规划，尽量体现产品生命周期各阶段业务工作的协同并行，重点是工业设计与各阶段业务工作的对接以及从中得到有用的信息。传统的工业设计是串行流程，这种流程使信息局限于研发工作的部门之间得以交流，而不是面向市场的全流程，因而设计的反复次数较多，造成大量人力、物料和时间成本的浪费，进一步导致设计周期延长，面向并行工程的工业设计流程模型能有效避免这些问题。以郑州宇通的产品开发设计中并行工程的运用为例，首先，他们建立了由产品策划、技术研发、工艺装配、管理层级等构建起来的庞大创新体系，对新产品开发实行项目管理，在新产品开发的各个阶段明确团队、职能、时间节点等概念，形成市场导向的新产品开发流程。团队跨产品开发处、市场部、国家级客车技术中心、试验中心（博士后科研工作站、整车试验室等）、产品认证部等部门，包括工业设计师、工程师、销售人员等，强化项目小组的功能，各小组之间各司其职，相互协调，共同完成产品并行设计任务。宇通以及集成化管理模式，为产品开发项目的运作提供了人力资源保障。

虚拟设计网络平台保障了设计活动并行实施。郑州宇通公司通过 CATIA 三维设计软件，对产品开发过程进行数字化设计和装配，为并行工程设计模式的运行提供了条件。应用 CATIA，设计人员只要将基本的结构尺寸发布出去，各方人员便可开始并行协同工作。

通过电子样车的可视化设计，在预装配之初，就能全面地考虑整体造型和客车结构的匹配性、车内人机工程的合理性和维修的便利性，及时检查和修改设计中的干涉和不协调，提高了产品结构设计的一次成功率。在实车试制的过程中杜绝了设计和装配不匹配的问题，加快了实车装配的进度，并使整车性能有了很大提高。通过并行工程在设计活动中的应用，节省了50%的重复工作和错误修改时间，大大缩短了产品研发周期，降低了产品开发成本。

随着技术的进一步发展，相关配套产品的增多，3D打印机的成本下降明显，许多企业和设计公司将计算机辅助工业设计技术与3D打印技术相结合，为产品的工业设计提供了助飞的翅膀。传统的样机制作，通过手工制作的方式到数控加工等方式不断演进，直至3D打印技术的出现，不但进一步加快了产品研发周期，也带来了样机制作的便利性。3D打印技术利用数字技术材料打印机，根据设定的数字模型文件，输出可粘合材料，最终实现构造物体，在工业产品、汽车、建筑、教育等领域有着越来越广泛的应用。借助计算机辅助工业设计和3D打印技术，设计师对于产品的审核、检验等有了直观方式的新选择，也大大提高了研发效率，可以将产品快速地组织批量化生产，以投放市场，最大限度地提高了企业的利润率。

二、计算机辅助人机工程技术

现代计算机技术的迅猛发展，为人机工程学的研究手段和评价方法提供了新的可能。计算机辅助人机工程的英文全称是Computer Aided Ergonomics Design（简称CAED），随着各种计算机人-机仿真算法的实现，出现了多种能够实现人-机仿真的商业软件和仿真方法，目前常用的计算机辅助人机工程软件主要有JACK、SAMMIE、ERGO等，主要通过人体建模来对产品进行相关测评。计算机辅助人机工程包括计算机科学与技术、运动学、工程技术等多学科知识，其中虚拟人体建模是关键技术。图5-13是通过Pro/E的Manikin模块进行人机工程分析，以优化设计。

图5-13　计算机辅助人机工程开发案例

国内许多学者对计算机辅助人机工程技术进行了研究和应用。例如，罗仕鉴等人对人机工程咨询系统、人机仿真系统和人机工程评价系统进行了整合研究，将人体测量、人体建模、虚拟人运动控制与仿真、人机评价等关键技术相结合，构建了计算机辅助人机工程设计系统，并以汽车驾驶座椅为例进行了实时评价和验证。王沈策研究了计算机辅助人机

工程设计知识库系统构建中的感知系统知识库，通过感性微分法，推导了产品系统要素与感性需求的映射关系模型，并通过感性工学试验方法将影响人机设计的感知要素量化。徐孟等人对虚拟人体模型的精度、控制算法等方面进行了研究，采用关节约束下的基于逆向运动学控制方法和基于运动捕获数据的姿势生成方法，提高了人体作业姿势的快速性和准确性，并开发了面向工作空间设计的虚拟人体建模系统，以 VC++开发工具、OpenGL 为图形平台，对上述方法进行了验证。李月凤等人结合人机工程学知识，利用 UG 软件建立人体二维模型，并对座椅进行了仿真分析。汤小红等人参照二维人体模板，对三维人体进行了结构划分，在 SolidWorks 软件中实现了对三维人体的建模，通过人体 CAD 模型对座椅 CAD 模型的几何匹配，精确提取了人体坐姿模型的姿态角度，实现了对座椅的舒适性分析。占宇剑等人对通过扫描获取的 VRML 格式的人体模型数据文件进行解析，使用 Java3D 技术建立了三维人体模型，并将其应用于服装设计。此外，在医学领域中，可通过人体分层扫描的方式实现人体三维模型的构建，为人机工程学、生物力学的研究提供了准确的人体数据。

三、有限元仿真技术

各类用于 CAED 研究的商业软件在模型生成时精度不高，因此仿真结果的精确性不够，且对于复杂的力学问题无法求解。在工程技术领域中，对于复杂的力学问题常采用数值计算方法求解其近似值。随着计算机技术的飞速发展和广泛应用，有限元法已成为求解科学技术和工程问题的有力工具。运用有限元软件可对产品在数字化设计过程中的各种工况进行模拟，通过对设计方案的快速迭代，求得最佳解，有效缩短设计周期（图 5-14）。

图 5-14 有限元技术的应用

运用有限元方法进行人-机仿真目前已在工业设计领域中得以应用。张磊等人以自行车鞍座设计为例，首次将有限元法运用到工业设计过程中，以 ANSYS 软件为平台，对自行车鞍座的设计模型进行压力分布、应力、载荷、疲劳等方面的分析和诊断，通过有限元云图检测了自行车鞍座数字模型的各种应力变化，由此为修正设计缺陷、优化设计参数提供理论依据。徐一春等人为进一步研究自行车鞍座结构对人体舒适性的影响，通过 Pro/E 软件建立了人-鞍座三维耦合模型，采用 ANSYS 软件对其进行了有限元仿真分析，得到了人与鞍座接触面上的压力分布、鞍座及人体的应力及应变云图，为自行车鞍座的优化设计提供理论指导。

有限元法是数值分析方法中得以广泛应用的一种，其基本思想是将连续的求解区域离散为一组有限个，且按一定方式相互连接在一起的单元组合体。应用有限元法求解工程实际问题，主要包括以下步骤：①建立模型；②推导各类有限元方程的列式；③求解有限元方程组；④数值结果表述。

ANSYS是世界上著名的大型通用有限元分析软件，广泛应用于机械制造、石油化工、航空航天、汽车、土木工程、生物工程等各种科学研究。ANSYS软件含有多种有限元分析的能力，包括从简单线性静态分析到复杂非线性动态分析。进行有限元分析主要分为三个步骤：①建立有限元模型；②施加载荷并求解；③查看分析结果。

人体建模中，一般以解剖学知识及相关人体尺寸为依据，在CAD软件中建立三维人体实体模型，并将人体结构划分为头部、上躯干、下躯干、上臂、前臂、手部、大腿、小腿和脚部共九个肢体模块，构建多关节自由度的运动约束模型。为简化模型，实现人体各关节的自由活动功能，各关节部位一般用球面副代替头、胳膊、腰、腿等部位，能够实现360°范围内活动。同时，对应人体尺寸标准对模型尺寸进行修正，分别创建5百分位、50百分位、95百分位的三维人体姿势与动作的模型库。最后通过相关人体健康动作的姿势，参照相关操作动作和姿势的功能模板的设计要求，通过关节活动，调整动作和姿势，生成人体操作动作和姿势的三维模型，并在CAD软件中进行人-产品几何尺寸匹配设计，建立人-产品耦合模型。在有限元分析中，对受力对象的弹性模量、泊松比等问题需要进行相关设置。在操作按钮等相关的人机耦合问题分析中，上述方法能较好解决其中的力学问题分析。考虑到有些产品表面是柔性体，产品接触到的人体表面也是柔性体，也可以采用ADAMS软件进行进一步的耦合体之间的力学分析。

如何实现三维工程模型与有限元软件的兼容是一个较为关键的问题，尤其是在CAD软件（如Pro/E）中对模型进行简化甚至重建，不必要的结构要删减，最后以 .igs 或 .sat 格式导出。将人机耦合模型导入有限元软件中，首先要进行网格划分，获得人机耦合的有限元模型，人体与产品之间通过接触单元建立关系，产品各部分按照装配方向进行自由度耦合，人体位置保持不变，仅考虑重力及重力的分力载荷。此外，由于人体是非均质体，各部位的密度和当量弹性模量不同，因此需要定义出各部位不同的密度和当量弹性模量参数。

四、系统设计

系统设计是根据系统分析的结果，运用系统科学的思想和方法，设计出能最大限度满足所要求的目标（或目的）的新系统的过程。系统指的是由相互有机联系且相互作用的事物构成，是一种具有特定功能的有序的集合体。系统设计是一种综合的、形象的创造行为，是为满足人的合理需求，运用系统原理集中相关的信息与能力要素，研究与处理其环境-整体-局部间的动态关系，有效提出问题解决方案的活动。

当设计对象涉及的范围相对较小时，可考虑将设计对象放在一个较大的系统环境中来考察，对包括设计对象在内的系统各个方面的要素或系统的各个子系统进行设计与规划，最后设计出能与使用环境和其他相关要素和谐共处的新设计。当设计对象涉及范围相对较广时，将设计对象作为一个相对独立的系统进行设计与规划，重点分析系统内各子系统之间的相互关系和影响，分析系统的物流和能力流，设计和谐有序的新系统。

系统在现代设计中主要包含三层含义。第一，从考虑产品和用户之间的位置关系方面，设计师可以从系统的角度考虑感性工程因素对设计对象的影响，从而把握系统结构。第二，从系统的概念出发，单件产品被看作是一个系统，把它们设计成组合部件，容易安装和拆卸。从系统的角度出发，从三维立体系统扩展到四维持续的发展系统，既要从整体与局部的关系考虑问题，又要用发展的思维把握整体。第三，系统的概念被用于工业设计后，人们不再把设计对象看成是孤立的个体，而是将其置身系统之中，使功能设计不再局限于单一的设计对象，而是考虑它与其他环境因素之间的关系，考虑在系统环境中人的整体需要，这样的设计更符合实际的使用情况。在这样的大前提下，产品系统的概念应运而生。设计开始既考虑设计对象自身各组成元素所构成的基础系统，即材料、结构、色彩、功能、形态之间的相互关系，以及它们各自与它们所组成的统一体的关系，同时，又将设计对象整体作为子元素放在经济、社会、技术这样的宏观系统中考虑，从而更好地实施设计本身。

从工业时代到后工业时代和信息时代的转变之后，现在已经进入了后信息时代，又称为数字化时代。在数字化时代里，数字信息将通过取代资本和劳力成为最为关键性的资源，产品本身有形的物质特性（造型、材料、加工等）将不再是重点，而其本身无形的非物质性，例如象征、意义、符号性成为主角。信息与知识的数字化使数字化的速度和广度得到前所未有的发展，系统的能量传递得到前所未有的增强，内部要素之间的依赖性与变化性也更加凸显。在数字化时代里，产品设计成为一个信息编码的过程，产品的形态与空间、材料与肌理、结构与功能、整体与局部都是通过一些符号的组合来表达其实质。而人们对产品的认知实际上也是一个信息加工处理的过程。

在产品系统设计中要遵守开放性、动态性、突变性、稳定性、目的性、层次性、整体性、自组织性和相似性九个基本原理。

1. 开放性

开放性是指任何系统设计工程只有把自己保持在不断地与外界进行能量、信息交换的状态下，才能抗拒外界对它的侵犯，维持自身的动态稳定。开放性越高的系统其适应能力越强，发展水平也就越高。系统设计运用这一观点去观察和解决实际问题，称为开放性原理。

2. 动态性

动态性是指设计对象系统总是动态的，永远处于运动变化之中。设计师把系统发展和设计过程的各个阶段统一加以研究，强调要素间的相互作用及在时间、空间中的相互转化，应该既要把握设计变化的动力、原因和规律，又要研究设计发展的方向和趋势，以把握其过程与未来趋势。

3. 突变性

突变性是系统通过失稳从一种状态进入另一种状态的突变过程，是系统质变的一种基本形式，突变的方式多种多样。同时，系统发展还存在着分叉，从而有了质变的多样性，带来系统发展的丰富多彩。经过突变而发展变化是系统发展变化的一种基本形式。

4. 稳定性

稳定性是指在外界作用下，开放系统具有一定的自我稳定能力，能够在一定的范围内

自我调节，从而保持和恢复原来的有序状态和原有的结构和功能。在稳定中求发展，在发展中求稳定，是系统稳定性原理所追求的。

5. 目的性

目的性是指系统在内部各要素以及与外部环境的相互作用过程中，具有趋向于某种预先确定状态的特性。目的性质是事物间相互联系和相互作用的运动结果，它是以其他事物为参照，将两者的运动差异性缩小为零的一种运动状态。它不局限于人的活动，即使具有反馈调节行为的机器也适用。

6. 层次性

层次性是指由于组成系统的各要素的种种差异（包括结合方式上的差异），系统组织在地位与作用、结构与功能上表现出等级秩序性，形成了具有质的差异的系统等级。它表现出客观世界系统在发展中的连续性和间断性的统一，时间与空间的统一，是系统发展遵循某种优化途径的结果，不同的层次具有不同的功能。

7. 整体性

整体性是指各要素一旦组成了有机整体，这个整体就具有孤立的、各要素所不具有的性质和功能。整体的性质和功能不等于各要素性质和功能的简单相加，它具有非加和性。整体性原理是系统设计中观察、处理问题的重要原理。

8. 自组织性

自组织性是指开放系统在系统内外两方面因素的复杂非线性相互作用下，内部要素的某些偏离系统稳定状态的涨落可能得以放大，从而在系统中产生更大范围的、更强烈的变化，使系统从无序到有序，从低级有序到高级有序。

9. 相似性

相似性是指系统具有同构和同态的性质，体现在系统的结构和功能、存在方式和演化过程，具有共同性，是一种有差异的共性，是系统统一性的表现。如果没有系统的相似性，就没有具有普遍性的系统理论。相似性不仅仅是指系统存在方式的相似性，也指系统演化方式的相似性。

系统论的思想和方法能为设计创造提供必要的理性分析依据，并能在初步设计后从技术与各方面的联系中使设计具体化，进一步完善设计。在设计中要把理性的系统方法和直觉的、感性的设计思维融合起来。从设计的意义上讲，为创造更合理的生存与发展方式的行为，应以人为核心，通过人的各种行为形成其系统，并作用于物和环境。设计的手段包含了系统中人的因素、机器设备因素和相关联的处理方式。从设计的具体对象为出发点进行各种资源的组织、调配、布置，从组织形式上形成系统。近年来系统设计的研究逐步向复杂系统设计的方向深化和转移。

五、绿色设计

绿色设计（Green Design）也称为生态设计（Ecological Design）、环境设计（Environmental Design for）等。虽然叫法不同，内涵却是一致的，其基本思想是：在设计阶段就将环境因素和预防污染的措施纳入产品设计中，将环境性能作为产品的设计目标和出发点，力求使产品对环境的影响最小。对工业设计而言，绿色设计的核心是“3R”，即 Re-

duce、Recycle、Reuse，不仅要减少物质和能源的消耗，减少有害物质的排放，而且要使产品及零部件能够方便地分类回收并再生循环或重新利用。绿色产品设计包括：绿色材料选择设计、绿色制造过程设计、产品可回收性设计、产品的可拆卸性设计、绿色包装设计、绿色物流设计、绿色服务设计、绿色回收利用设计等。在绿色设计中，要从产品材料的选择、生产和加工流程的确定、产品包装材料的选定，直到运输等都要考虑资源的消耗和对环境的影响，以寻找和采用尽可能合理和优化的结构和方案，使得资源消耗和环境负影响降到最低。

绿色设计成为未来极为重要的设计技术手段，工业和信息化部发布了工业产品绿色设计企业典型案例，其中提到飞利浦公司一直持续开展生命周期评价（LCA）工作，通过环境损益表（EP&L）来衡量企业对整个社会的环境影响，并运用生命周期评价结果指导产品绿色设计，获得绿色解决方案。主要做法是，一是持续加大绿色设计产品与技术开发投入。2019 年，绿色设计投资 2.35 亿欧元，不断提高产品中可再生、可循环利用原材料的使用比例，严格限制有害物质使用。开发的剃须刀（图 5-15）、电动牙刷、空气净化器、母婴护理等新产品，能耗不断降低，且不含聚氯乙烯（PVC）和溴化阻燃剂（BFR）；开发的患者监护仪能耗较其前代产品降低 18%，产品和包装重量分别减少 11% 和 25%。根据飞利浦集团年报，2019 年，飞利浦绿色设计产品收入 131 亿欧元，占销售总额的 67.2%。二是加强绿色设计相关信息的宣传推介。在企业网站设置环境专栏，介绍绿色设计理念、产品与技术研发进展、工厂的绿色生产措施和排放数据等信息。定期发布年度报告，公开绿色产品的性能指标、对供应商的绿色要求、绿色创新与环境绩效影响等信息数据，鼓励公众参与和社会监督，积极引导绿色设计、绿色制造和绿色消费。

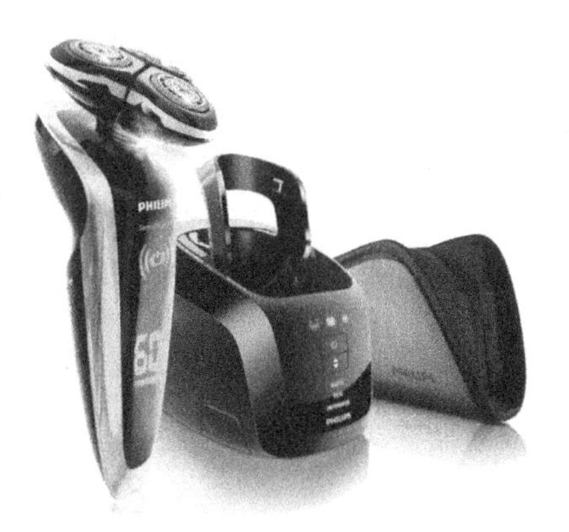

图 5-15　飞利浦电动剃须刀

绿色设计是一个体系与系统。也就是说，它不是一个单一的结构与孤立的艺术现象。具体特征如下：

1）生态设计必须采用生态材料，即其用材不能对人体和环境造成任何危害，做到无毒害、无污染、无放射性、无噪声，从而有利于环境保护和人体健康。

2）其生产材料应尽可能采用天然材料，大量使用废渣、垃圾和废液等废弃物。

3）采用低能耗制造工艺和无污染环境的生产技术。

4）在产品配制和生产过程中，不得使用甲醛、卤化物溶剂，或芳香族碳氢化合物；产品中不得含有汞及其化合物的颜料和添加剂。

5）产品的设计是以改善生态环境、提高生活质量为目标，即产品不仅不损害人体健康，而应有益于人体健康，产品具有多功能化，如抗菌、除臭、隔热、阻燃、调温、调湿、消磁、放射线、抗静电等。

6）产品可循环或回收利用无污染环境的废弃物。

7）在可能的情况下选用废弃的设计材料，如拆卸下来的木材、五金等，减轻垃圾填埋的压力。

8）避免使用能够产生破坏臭氧层的化学物质的机构设备和绝缘材料。

9）购买本地生产的设计材料，体现设计的乡土观念。避免使用会释放污染物的材料。

10）最大限度地使用可再生材料，最低限度地使用不可再生材料。

11）将产品的包装减到最低限度。

六、仿生设计

仿生设计是在仿生学和设计学的基础上发展起来的一门新兴边缘学科，主要涉及数学、生物学、电子学、物理学、控制论、信息论、人机学、心理学、材料学、机械学、动力学、工程学、经济学、色彩学、美学、传播学和伦理学等相关学科。

到了近代，生物学、电子学、动力学等学科的发展也促进了仿生设计学的发展。以飞机的产生为例，在经过无数次模仿鸟类的飞行失败后，人们通过不懈的努力，终于找到了鸟类能够飞行的原因：鸟的翅膀上弯下平，飞行时，上面的气流比下面的快，由此形成下面的压力比上面的大，于是翅膀就产生了垂直向上的升力，飞得越快，升力越大。

1852 年，法国人发明了气球飞船；1870 年，德国人奥托·利连塔尔制造了第一架滑翔机，他进行了 2000 多次滑翔飞行，并同鸟类进行了对比研究，提供了很有价值的资料。资料证明：气流流经机翼上部曲面所走路程，比气流流经机翼下平直表面距离较长，因而也较快，这样才能保证气流在机翼的后缘点汇合；上部气流由于走得较快，它就较为稀薄，从而产生强大的吸力，约占机翼升力的 2/3 大小；其余的升力来自翼下气流对机翼的压力。

莱特兄弟发明了真正意义上的飞机。在飞机的设计制作过程中，怎样使飞机拐弯和稳定的问题一直困扰着兄弟俩。为此，莱特兄弟又研究了鸟的飞行。例如，他们研究鹈鹕怎样使一只翅膀下落，靠转动这只下落的翅膀保持平衡；这只翅膀上增大的压力怎样使鹈鹕保持稳定和平衡。这两个人给他们的滑翔机装上翼梢副翼进行这些实验，由地面上的人用绳控制，使之能转动或弯翘。他们第二个成功的实验是用操纵飞机后部一个可转动的方向舵来控制飞机的方向，通过方向舵使飞机向左或向右转弯。

后来经过不断的发展，飞机逐渐改变了原来那些笨重而难看的外形，变得更加简单实用。机身和单曲面机翼都呈现出像海贝、鱼和受波浪冲洗的石头所具有的自然线条，因此飞机的效率增加了，比以前飞得更快，飞得更高。到了现代，科学高度发展，但环境遭到破坏、生态失衡、能源枯竭，人类意识到重新认识自然、探讨与自然更加和谐的生存方式的重要性，也认识到仿生设计学对人类未来发展的重要性。1960 年在美国俄亥俄州召开第一次仿生学讨论会，正式命名仿生学。此后，仿生技术取得了飞跃的发展，并获得了广泛的应用。仿生设计也随之获得突飞猛进的发展，一大批仿生设计作品（如智能机器人、雷达、声呐、人工脏器、自动控制器、自动导航器等）应运而生。

近代，科学家根据青蛙眼睛的特殊构造研制了电子蛙眼，用于监视飞机的起落和跟踪人造卫星；根据空气动力学原理仿照鸭子头形状而设计出高速列车；研发了模仿某些鱼类所喜欢的声音来诱捕鱼的电子诱鱼器；通过对萤火虫和海萤发光原理的研究，获得了化学

能转化为光能的新方法，从而研制出化学荧光灯等。

目前，仿生设计学在对生物体几何尺寸及其外形进行模仿的同时，还通过研究生物系统的结构、功能、能量转换、信息传递等各种优异特征，把它运用到技术系统中，改善已有的工程设备，并创造出新的工艺、自动化装置、特种技术元件等技术系统；同时仿生设计学为创造新的科学技术装备、建筑结构和新工艺提供原理、设计思想或规划蓝图，也为现代设计的发展提供了新的方向，并充当了人类社会与自然界沟通信息的“纽带”。

仿生设计学是仿生学与设计学互相交叉渗透而结合成的一门的边缘学科，其研究范围非常广泛，研究内容丰富多彩，特别是由于仿生学和设计学涉及自然科学和社会科学的许多学科，因此也就很难对仿生设计学的研究内容进行划分。基于对所模拟生物系统在设计中的不同应用而进行分类，仿生设计学的研究内容主要有：

1. 形态仿生设计学

形态仿生设计学研究的是生物体（包括动物、植物、微生物、人类）和自然界物质存在（如日、月、风、云、山、川、雷、电等）的外部形态及其象征寓意，以及如何通过相应的艺术处理手法将之应用于设计中。

2. 功能仿生设计学

功能仿生设计学主要研究生物体和自然界物质存在的功能原理，并用这些原理改进现有的技术系统，或建造新的技术系统，以促进产品的更新换代或新产品的开发。

3. 视觉仿生设计学

视觉仿生设计学研究生物体的视觉器官对图像的识别、对视觉信号的分析与处理，以及相应的视觉流程，它广泛应用于产品设计、视觉传达设计和环境设计中。

4. 结构仿生设计学

结构仿生设计学主要研究生物体和自然界物质的内部结构原理在设计中的应用问题，适用于产品设计和建筑设计。研究最多的是植物的茎、叶以及动物形体、肌肉、骨骼的结构。

从国内外仿生设计学的发展情况来看，形态仿生设计学和功能仿生设计学是目前研究的重点。

此外，在工业设计前沿技术中还包括了许多与新技术的结合，如利用人工智能、云技术为市场决策和用户特征的研究提供依据；结合神经生物学与消费心理学，研究用户决策过程；大数据与医疗服务设计、包容设计、多通道交互设计、复杂系统设计等结合，提出新的设计观念；大数据与社会学、人类学相结合，研究社会创新与地域振兴，文化传承与媒介创新等问题。

第四节　工业设计专业的就业与升学

一、工业设计专业的就业

1. 就业分析

工业设计专业毕业生就业主要在机械、汽车、装备、航空航天、家电、电子信息等行业领域，从事工业设计领域内的用户研究、产品开发、应用研究、运行管理、市场营销和组织管理等方面的工作。如：进行电子消费类等高新技术产品与系统的用户研究、产品研发、外观、结构与界面设计、开发、市场与研究工作。

工业设计专业涉及工业产品领域中的用户研究、产品开发、应用研究、运行管理、市场营销和组织管理等诸多方向，大型企业通常都有专门的工业设计部门，是社会需求很大的一个行业。

近年来，工业设计专业的就业率非常高，表 5-1 是麦可思数据公司对工业设计专业 2011—2019 届就业情况数据分析。

表 5-1　2011—2019 届工业设计专业就业情况分析（麦可思数据公司）

届数	毕业半年后就业率(%)	专业就业率排名	毕业半年后的月收入(元)	毕业时掌握的基本能力(%)	工作满意度(%)	工作与专业相关度(%)
2019 届	92.1	25	5279	56	81	70
2018 届	90.2	26	5043	55	82	64
2017 届	90.4	21	4645	56	81	69
2016 届	90.2	28	4307	55	83	64
2015 届	92.3	19	3839	55	80	61
2014 届	91.1	22	3540	53	80	63
2013 届	88.6	25	3346	50	78	59
2012 届	92.3	23	2704	52	85	63
2011 届	87.7	18	2700	51	84	58

从表 5-1 中可以看出，2014—2019 届工业设计专业的就业率基本都维持在 90%以上，且就业满意度高。工业设计专业的就业薪资水平逐年提高，且与相关专业比较具有一定的优势，学生的工作满意度也较高，在全国 500 多个专业中，专业就业排名也一直处在前 30 名之内。随着经济全球化趋势进一步发展，可以预测工业设计工作在未来的企业产品竞争中越来越重要。

2. 工业设计专业的人才需求状况

工业设计专业培养具备工业产品设计的基础知识与应用能力，具有工业产品开发与管理企业所需的知识结构及潜能，可以从事科研、教育、经贸及行政管理等部门的工作或继续深造，能在工业产品设计与开发领域内从事用户研究、产品开发、应用研究、运行管理、市场营销和组织管理等方面工作的高级工程技术人才。中国正从制造大国走向制造强国，过硬的产品是企业制胜的法宝，更是更多的国内企业走向全球化的重要核心。目前我国高级工业设计专业的人才缺口巨大，随着近年来我国大型工业逐渐复苏，电子消费类产品、家电产品、家庭用具等产品不断创新，社会对于精通现代工业设计与管理人才的需求正逐渐增大。在今后的一段时间内，工业设计人才仍会有较大的需求，具有开发能力的工业设计人员将成为各大企业争夺的对象，工业设计专业的人才近两年供需比也很高。为了迎合即将到来的市场环境，各高校应该更加注重培养实战型的专业人才。工业设计的范围非常广泛，现在公认的工业设计的范畴主要包括了产品设计、环境设计和视觉传达三大

类。目前，工业设计已成为国际制造业竞争的源泉和核心动力之一。尤其是在经济全球化日趋深入、国际市场竞争激烈的情况下，产品的国际竞争力将首先取决于产品的设计研发能力。

在中国制造向中国创造的升级过程中，工业设计也越来越受到重视。在“十二五”规划纲要中，进一步明确要求“促进工业设计从外观设计向高端综合设计服务转变”。2010年，工业和信息化部等12部门联合印发了《关于促进工业设计发展的若干指导意见》指出，要营造良好的市场环境，加快我国工业设计发展。在“十三五”规划纲要中，提到要“实施制造业创新中心建设工程，支持工业设计中心建设”，这是“工业设计”第三次写入国民经济发展的五年规划纲要，进一步表明工业设计在创新驱动发展中的关键作用。2019年，工业和信息化部等13部门印发了《制造业设计能力提升专项行动计划(2019—2022年)》，从制造业设计能力提升的总体要求、发展目标、重点领域多个方面，提出了未来4年的行动计划和措施。这是近年来政府多个部门再次针对工业设计做出的重要部署。“十四五”期间，国家继续大力推动工业设计发展，包括：推动工业设计深度赋能产业发展、注重设计生态的涵养、加强宣传推广指导工作等内容。

工业设计这门学科的实践性和综合性非常强，要想掌握好这门学科，不仅要求具有良好的基础知识技能，还必须具备很强的实践动手能力与创新意识，尤其创新是工业设计专业的根本，只有这样才符合我国当下对于新型人才的培养目标和要求。

3. 工业设计专业的就业情况分布

目前，工业设计专业的就业形势良好，可以说小到一枚曲别针、大到一栋楼房，都属于工业设计的范畴。就毕业生未来的发展方向来看，其从事的职业是很宽广的。其主要就业方向有产品外观与结构设计、界面设计、视觉传达设计、环境设计等。

(1) 产品外观与结构设计 工业设计以手绘和计算机作为基本的技术手段，将市场信息中的销售趋势、用户特征、产品功能差异、品牌差异等各种信息收集、分析与处理，提出符合企业开发目的的概念方案，在项目通过之后，与工程技术、生产、销售等不同部门的工作人员，共同开发完成产品原型，并跟进批量化生产的过程。工业设计是提高制造业产品竞争力必不可少的重要手段，是实现工业现代化的重要环节，具有关系到国家战略和提高国家综合国力的重要意义。

学生在校期间将系统学习工业设计原理，掌握设计表达能力、现代设计方法，重点掌握产品开发中的外观与结构设计，学习CAD/CAM/CMF等技术应用知识和技能。就目前现有人才来看，还无法满足工业设计专业的需求，并且这类人才的后续储备并不是很多。相近的艺术类专业产品设计，则缺乏机械类工业设计专业的相关工程技术知识，与工业设计专业的人才需求有较大的差别。高端的产品外观与结构设计人才是国内外诸多企业、公司争夺的对象，可预见该方向未来的就业形势良好。

(2) 界面设计 从事界面设计行业也是工业设计专业学习者一个不错的发展方向。越来越多的工业产品往电子化、信息化方向发展，传统的机械按钮式操作逐步转化成界面交互操作的方式。APP等非物质产品的出现，拓展了工业设计的就业方向，用户不再通过传统方式理解产品。界面设计相关知识的学习，以及工业设计对用户研究的基础，学习该专业的同学，未来可以朝界面设计方向发展。界面设计涉及用户对操作任务的识别、认知和理解的问题，通过一系列图形化的方式呈现任务的步骤。全球创新力企业排行榜中越来越多地出现以 APP 为产品载体的中国企业，这一类的创新公司在 APP 的建构中考虑的范畴不仅仅是一个简单的界面问题，甚至会延伸到商业生态的构建，高端的界面设计师，相较传统的产品外观与结构设计师，在职业前景和薪资水平上，具有更强的竞争力。

(3) 视觉传达设计 视觉传达设计的主要领域包括了广告设计、包装设计、企业品牌识别体系设计、图形设计、网页设计等。视觉传达的过程是以视觉符号或记号为媒介进行信息的传达与沟通。商业化社会中视觉传达设计服务是应用最多、需求最为广泛的工作，大中型企业、小微企业甚至个人都有对视觉传达设计服务的需求，从事视觉传达设计的行业，是一个不错的发展方向。

(4) 环境设计 环境设计就业是工业设计专业学生比较少选择的方向。近年来，随着城镇改造一体化，国内生活水平不断提升，居民生活硬装、软装的设计需求不断增加和升级，专门性人才在这一领域的需求不断增加。此外，随着经济的进一步繁荣，各类商业活动中的展示设计需求也不断增加，对工业设计人才的需求也日益增多。

二、工业设计专业的升学

1. 报考研究生类型和学科（专业）

对于工业设计专业的应届毕业生，可报考学术型硕士研究生和专业学位型硕士研究生，相关考研的学科有很多，主要报考的学科见表 5-2。

表 5-2 工业设计专业报考硕士研究生的主要学科

报考研究生类型	报考的一级学科名称及代码	报考的二级学科名称及代码
学术型	机械工程(学科代码:0802)	机械工程(学科代码:080200)(不设置二级学科)
		机械制造及其自动化(学科代码:080201) 机械电子工程(学科代码:080202) 机械设计及理论(学科代码:080203) 车辆工程(代码:080207)
	设计学(学科代码:1305)	—
专业学位型	机械(学科代码:0855)	—
	艺术(学科代码:1351)	—

(1) 报考学术型硕士研究生 报考机械工程一级学科，有的学校不设二级学科。或报考机械工程一级学科下设的四个二级学科，即机械制造及其自动化（学科代码：080201）、机械电子工程（学科代码：080202）、机械设计及理论（学科代码：080203）和车辆工程（学科代码：080207）。

报考设计学一级学科，学科代码：1305。设计学不设二级学科。

(2) 报考专业学位型硕士研究生 主要报考机械（学科代码：0855）和艺术（学科代码：1351）两个学科。

2. 录取分数线

录取分数线有两种：国家复试分数线和学校复试分数线。国家复试分数线是指全国硕

士研究生入学考试录取的最低分数，由国家统一划定。学校复试分数线是指根据各专业录取指标与达到国家复试分数线的人数成果确定的复试最低分数，通常高于国家分数线。教育部根据研究生初试成绩，每年确定了参加统一入学考试考生进入复试的初试成绩基本要求，简称国家复试分数线，原则上达到国家复试分数线的考生有资格参加复试，但实际上很多考研院校由于报考的学生众多，所以需要自主划分院线，只有过了院线才表示有参加该学院复试的资格，因此即使过了国家线也不一定有复试资格，必须满足院线才可以，具体情况要参考各院校发布的招生要求。

对学术型研究生和专业学位型研究生，其国家复试分数线是各不相同的，总的来说，近年来由于报考专业学位型研究生的人数众多，所以专业学位型研究生的分数线往往高于学术型研究生的分数线。此外仅仅凭借总分过线也不行，各个单科也有相应的分数线，若是总分过线，单科不过线也不能参加复试，具体情况可参阅相关要求。除了 34 所自主划线的院校以外，国家复试分数线按考生所报考地的不同也有所差别。总体上分为 A 区和 B 区，A 区主要是北京、上海、湖北、湖南和江苏等地区，B 区主要是广西、海南、贵州和西藏等地区，一般来说，B 区的分数线一般比 A 区少 5~10 分。

除了参加统考外，“推免生”近年来成为名校追逐的主要对象，以双一流、985 高校为代表，所录取的学生中，“推免生”比例大幅度上升。例如：清华大学、上海交通大学、华中科技大学、复旦大学等占总招生计划的 50% 以上。工业设计、机械工程专业是热门专业，这些专业的“推免生”自然也是非常高的，所以，近年来一些 985、211 高校的竞争异常激烈。

3. 入学考试专业课

机械设计及其自动化专业入学考试专业课是指初试中的专业基础课和复试中的专业课。

（1）初试中的专业基础课　各招生单位对初试中的专业基础课要求不一，一般为工业设计历史、工业设计原理、工业设计方法学、快题设计为主的综合设计等一门或者几门综合。具体见各校的研究生招生简章。

（2）复试中的专业课　复试科目主要是专业课或专业基础课，各招生单位规定的均不相同。具体见各校的研究生招生简章。由于设计具有较强的实践性和应用性，复试中的面试环节，更多地考察学生的综合素养、实践经验和水平，因此制作一份精美的设计作品集是让院校及相关导师快速了解自己的重要手段，设计作品一般考察学生的基础手绘表达、设计理论知识掌握、设计方法应用水平、计算机辅助工业设计掌握程度等情况。

4. 研究方向

研究方向是指从事的主要研究领域，对于工业设计这门学科来说，所涉及的领域十分广泛，如工业设计史、工业设计原理与方法、设计文化、产品创新、交互设计、人机工程等诸多方面。各个学校重点研究的项目也有所不同。

思　考　题

1. 简述世界范围内工业设计专业的发展历程。
2. 工业设计与工程设计的区别有哪些？

3. 工业设计与手工艺设计的区别有哪些？

4. 包豪斯对现代工业设计教育的意义是什么？

5. 现代设计方法有哪些？各自的特点是什么？

6. 什么是计算机辅助工业设计？

7. 工业设计多元化发展包括哪些具体形式和内容？

8. 谈一谈自己对工业设计行业的理解。

9. 上网检索几所学校的工业设计专业的培养方案，并与你所在的学校工业设计专业培养方案的培养目标、毕业要求进行对比，分析异同点。

10. 上网检索几所学校的工业设计专业的教学计划，并与你所在的学校工业设计专业教学计划的专业基础课、专业必修课、实践环节、学分要求进行对比，分析异同点。

11. 分析工业设计专业的人才需求情况。

12. 工业设计专业的主要就业方向有哪些？你对未来职业生涯有何规划？

13. 工业设计专业应届毕业生报考硕士研究生的主要学科有哪些？

第六章

过程装备与控制工程

过程装备与控制工程是机械类中的一个专业，属于机械工程一级学科，也属于动力工程及工程热物理一级学科，是一门新兴交叉学科。本章主要学习过程装备与控制工程专业内涵、过程装备行业的发展、过程装备的总体构造与基本原理、过程装备与控制工程学科的前沿技术、过程装备与控制工程专业的就业与升学等内容。

第一节　过程装备与控制工程专业内涵

一、过程装备与控制工程专业的范畴

1. “过程”及“过程技术”的定义

(1) 过程　物料在被转换前称为原料，在被转换后称为产品或中间体。因此，“过程”也可表述为：一种或多种原料经一系列加工、转换和处理而生产出最终产品或中间体的全过程。

(2) 过程技术　过程技术是研究物料转换规律及方法的一门工程科学，很多生产过程都可以概括为“转换过程”。机械制造技术的核心是物体尺寸、形状及相互关系的转换，热力学及能源技术的核心是能量形式的转换规律及方法。

(3) 物料转换　过程技术的研究对象是物料转换规律及方法，过程装备中的“过程”可理解为物料转换过程。具有工程意义的物料转换是指物料最终至少发生下列变化之一：

1）物料组分的改变，例如通过富集提炼矿物、酒精等，通过分离技术净化水、空气等，通过分散技术生产染料、乳剂等。

2）物料性能的改变，例如通过加热使物料熔化、蒸发等，通过粉碎生产面粉等。

3）物料种类的改变，例如利用化学反应得到新的有机或无机化合物，利用物理方法实现核变化等。

(4) 单元过程　从原料到产品的生产过程是由各个单元过程组成的。按照单元过程的本质及自然属性可将其分为三大类：

1）物理过程。在这类过程中，物料只发生物理变化（可以改变组分及性质）。按照工作原理的不同，又可将常用的物理过程技术细分为机械过程技术和热力过程技术。机械过程技术是通过机械作用（力学作用）来改变物料的组分及性质，机械过程技术在工程上俗称为冷过程技术，例如粉碎、重力及离心过滤等。热力过程技术是通过改变热力学参数（温度、压力等）来改变物料的组成或性质，例如干燥、蒸发、吸收等。

2）化学过程。通过化学反应来改变物料的性质及种类，例如合成、裂解、聚合等。

3）生物过程。通过生物作用（生物反应）来改变物料的性质及种类，例如发酵、生物净化等。

目前已知的单元过程有60余种（单元操作），这些单元过程通过不同的组合可以演变出成千上万种产品的生产工艺过程。应用过程技术所生产的产品种类繁多，生产工艺过程千差万别，啤酒、食糖、塑料、水泥、汽油、酱油、口红等都是应用过程技术的典型产品。随着科学技术的进步，先进的工艺过程不断出现，新兴的过程技术水平不断提高，更多新产品和材料被制造出来，以满足现代生活的需求。

2. 过程装备的定义及分类

（1）过程装备 由原料转化为产品的总过程称为生产过程，生产过程由若干单元过程组成。生产过程所对应的设施称为（生产）装备，对应各单元过程的设施称为单元装备。装备一般由设备、机器、管道及各种测控设施等组成，即：装备=设备+机器+辅助设施。过程装备就是完成物料转换所必需的成套装置，或者说是过程工业中所应用的联合装置。因此，过程装备可定义为：物料技术转换过程中所应用的设施总和。

（2）过程装备的分类 过程装备按照工作原理可以分为：

1）机械过程装备，例如粉碎机、搅拌器、离心机等。

2）热力过程装备，例如精馏塔、干燥器、加热炉等。

3）化学过程装备，例如合成塔、聚合釜、裂解炉等。

4）生物过程装备，例如发酵罐、生物降解池等。

过程装备按照是否运动可以分为：

1）过程机器，指装备中那些相对地面运动（往往有驱动源）的物料转化设施或物料输运设施，例如泵、压缩机、离心机等。

2）过程容器，指装备中相对地面静止的物料转换设施，例如塔设备、储罐、换热器等。

过程装备按照在工艺流程中所处的位置又可以分为：

1）预处理设备，指用于将原料加工处理成适于“主转换”要求形式的设施。

2）“主转换”设备，指用于完成关键物料转化过程并生产出初始形态产品的设施。

3）后处理设备，用于将初始形态的产品处理为消费者所要求的商品的设施。

3. 过程控制的定义

过程控制指的是石油、化工、电力、冶金、轻工、纺织、建材、原子能等工业部门生产过程的自动化。在过程装备上配备一些自动化装置，代替操作人员的部分直接劳动，使生产在不同程度上自动地进行，即用自动化装置来管理生产过程。控制参量主要包括温度、压力、流量、液位、成分、浓度等，一个过程控制系统可由测量元件、变送器、调节器、调节阀和被控过程等组成，其中测量元件、变送器、调节器、调节阀统称为过程检测控制仪表。过程、装备与控制之间的关系如图6-1所示。

4. 过程装备与控制工程专业

过程装备与控制工程是一个涉及多学科的跨学科专业，是一门综合性的应用工程科

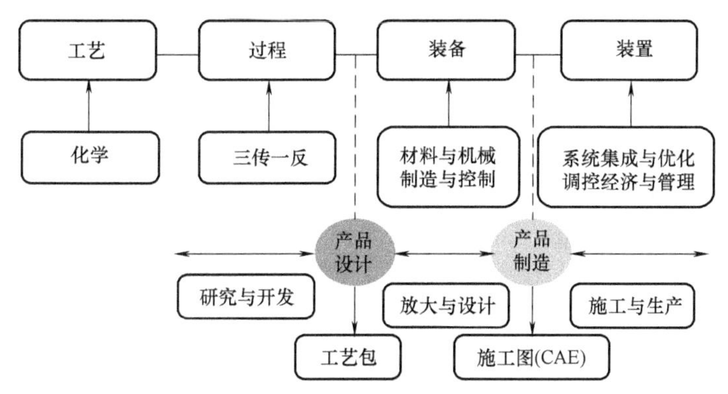

图 6-1　过程、装备与控制之间的关系

学。其研究对象主要包括物料转换规律，物料转换装备的工作原理、设计方法、制造工艺，集成控制及运行管理等。

过程装备与控制工程的特色是机、电、仪、艺一体化，系统各组成部分均相互关联、相互作用和相互制约。加工的物料有些是易燃易爆、有毒有害介质，有些工艺要求在高温、高压下进行操作，因此，系统的长周期稳定运行及安全可靠性要求高。目前，过程装备的大型化、集成化、智能化、自动化程度越来越高，高效率、高产值和高新技术在过程装备与控制工程领域的应用越来越普及。

过程装备与控制工程专业培养掌握控制科学与工程、机械工程、化工原理及化工工艺等基础理论和知识，掌握流程工业生产过程检测与控制的专业知识，掌握仪器仪表开发与计算机应用的专业知识，能够从事工业生产过程检测与控制系统设计、智能仪器仪表设计、计算机应用及其软件开发工作的高级工程技术人才。

二、过程装备与控制工程学科的发展

过程装备与控制工程（原名“化工设备与机械”，硕士、博士方向为“化工过程机械”）是动力工程及工程热物理一级学科下设的二级学科，本科专业代码：080206。

现代工程科学是自然科学和工程技术的桥梁。工程科学具有宽广的研究领域和学科分支，如机械工程科学、化学工程科学、材料工程科学、信息工程科学、控制工程科学、能源工程科学、电子/电气工程科学等。过程装备与控制工程是工程科学的一个分支，严格地讲，它并不能完全归属于上述任何一个研究领域或学科。它是机械、化学、电、能源、信息、材料工程乃至医学、系统学等学科的交叉学科，是在多个大学科发展的基础上交叉、融合而出现的新兴学科分支，也是生产需求牵引、工程科技发展的必然产物，如图 6-2 所示。显而易见，过程装备与控制工程学科具有强大的生命力和广阔的发展前景。

学科交叉、融合和用信息化改造传统的“化工设备与机械”学科产生了过程装备与控制工程学科。化工设备与机械专业是建国初期在我国少数几所高校率先设立后发展起来的，半个多世纪以来，毕业生一直供不应求，为我国社会主义建设输送了大批优秀工程科技人才。1998 年，教育部批准建立了“过程装备与控制工程”专业。这一专业在欧美等地区和国家的本科和研究生专业目录上是没有的，是符合我国国情、具有中国特色的一门

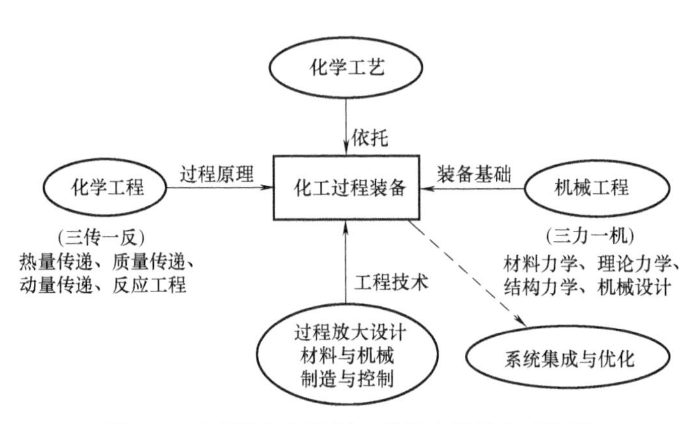

图 6-2 过程装备与控制工程的多学科交叉特征

新兴交叉学科。

过程装备与控制工程内涵丰富，特色鲜明。过程装备与控制工程的上述特点决定了其学科研究的领域十分宽广，一是要以机电工程为主干与工艺过程密切结合，创新单元工艺装备；二是与信息技术和知识工程密切结合，实现智能监控和机电一体化；三是不仅研究单一的设备和机器，而且更重要的是要研究与过程生产融为一体的机、电、仪连续复杂系统，在工程上就是要设计建造过程工业大型成套装备。因此，要密切关注其他学科的新的发展动向，博采众长、集成创新，把诸多学科最新研究成果之他山之石为我所用；同时要以现代系统论和耗散结构理论为指导，研究本学科过程装备与控制工程复杂系统独特的工程理论，不断创新和发展过程装备与控制工程学科是我们的重要研究方向。

过程工业是国民经济的支柱产业，是发展经济和提高我国国际竞争力不可缺少的基础，是提高人民生活水平的基础，也是保障国家安全、打赢现代战争的重要支撑。没有过程工业就没有强大的国防，过程工业是实现经济、社会发展与自然相协调，从而实现可持续发展的重要基础和手段。过程装备与控制工程在国民经济发展中的重要地位是显而易见的，过程装备的现代化也会促进机械工程、材料工程、热能动力工程、化学工程、电子/电气工程、信息工程等工程技术的发展。

三、过程装备与控制工程专业的发展

1. 早期过程装备与控制工程专业的发展

我国“过程装备与控制工程”专业的前身为“化学生产机器与设备”专业，成立于20世纪50年代初期，已有近70年的历史了。专业创立初期，以苏联为蓝图，为国家培养了一大批化工机械类教学、科学研究、设计制造与使用的优秀人才，“化工机械”规模已初步形成。

1951年，第一个“化学生产机器与设备”专业在大连工学院（现大连理工大学）首先成立。1952年，全国大学院系大调整，天津大学、浙江大学、华东化工学院、华南工学院、成都工学院、杭州化工学校（中专班）等，成立“化学生产机器与设备”专业，简称为“化机专业”。化工学院一般设有化工机械系，其中设置“化机专业”，1957年，

增设了“化学工程学专业”，1958 年，又增设了“化工机械制造”和“化工自动控制”两个专业。研究生招生恢复后，南京化工学院、华东化工学院和浙江大学的化工机械专业成为全国首批硕士点和博士点，定名为“化工过程机械”专业。

早期的化机专业基本以化工为基础再加机械。20 世纪 60 年代以后，随着化学工程专业的兴起，不少学校淡化了化工的基础。与此同时，西方压力容器技术的蓬勃发展又为化机专业展现了一个崭新宽广的前景。各校根据自身条件又形成了不同的特色，有些学校以研究压力容器为主，有些学校仍然以过程设备或化工机器为主。

英、美国家的化工系一般分成两个方向：工艺和设备。当时参照苏联的模式，化工与机械并重，既要学习机械系的机械，又要学习化工系的化工。1954 年，杜马什涅夫教授赴大连工学院讲学，全国各校选派了 12 位教师和 10 位研究生去进修，与杜马一起制定了我国第一份化工机械的教学计划。早期的思路是培养大量能够从事化工设备运转并具备一定设计能力的工程技术人员，包括设备的采购、安装、维护、零配件管理等方面的工作。化工机械专业根据社会的需求，经过几十年的发展，在教学计划、大纲和统编教材的不断改革中，演变为过程装备与控制工程专业。

20 世纪 80 年代初重建化机专业教学指导委员会时，化学工程专业已经成为规模很大的专业，这也推进了化机专业的课程变革，课程内容大大增加，压力容器、化工设备、化工机器及化机制造这四门课独立设课。此外还增加了断裂力学、有限元分析等课程，弱化了化工而加强了机械。彼时的行业需求又催生了自动控制及仪表专业，而当时的状况是，懂压缩机的人不懂编程，懂编程的人不懂压缩机，懂自动控制和仪表的人不懂化学反应。企业需要既懂工艺又懂设备和控制的复合型人才，于是这一要求就历史性地落在化工机械专业的身上。

2. 专业调整中的过程装备与控制工程专业

20 世纪 90 年代末期，我国经历了建国以来最大规模的专业调整。从 1000 多个专业，减少到 250 个。在这次调整中，原化工部化工机械教学指导委员会经过广泛的调查研讨，分析了国内外化工类和机械类高等教育的现状、存在的问题和未来的发展，向教育部提交了把原“化工设备与机械”本科专业改造建设为“过程装备与控制工程”本科专业的总体设想和专业发展规划建议书。1998 年 3 月，教育部正式批准，将化工设备与机械专业更名为过程装备与控制工程专业，并归入机械学科教学指导委员会。

此后，一批院校利用原有相近专业（如真空技术及设备、粮食机械、轻工机械、食品机械、造纸机械、制药机械等）的办学条件，也纷纷成立了过程装备与控制工程专业，使全国具有该专业的院校由 1998 年的 43 所发展至 2020 年的 132 所，大大加强了该专业的培养规模，扩大了该专业的专业内涵、覆盖领域和影响力。过程装备与控制工程专业为新中国的化工、石油化工和相关流程工业的发展壮大建立了不可磨灭的功绩。

四、过程装备与控制工程专业对人才素质的要求

根据工程教育认证标准中的毕业要求，过程装备与控制工程专业为达成培养目标，对本科生毕业时的能力有若干要求。以某高校过程装备与控制工程专业为例，要求学生毕业

时达成如下 12 条毕业要求：

1. 工程知识

能够将数学、自然科学、机械工程基础和相关专业知识用于解决过程装备及相关机械领域复杂工程问题。

2. 问题分析

能够应用数学、自然科学、工程科学的基本原理，通过文献研究、分析过程装备与相关机械领域的复杂工程问题，并能识别、表达这些复杂工程问题，以获得有效结论。

3. 设计/开发解决方案

能够设计针对过程装备与相关机械领域的复杂工程问题的解决方案，设计满足过程需要的过程装备及系统，并能够在设计环节中体现创新意识，考虑社会、健康、安全、法律、文化以及环境等因素。

4. 研究

能够基于科学原理并采用科学方法对过程装备与机械领域的复杂工程问题进行研究，包括设计实验、分析数据、阐述现象、揭示机理，并通过信息综合得到合理有效的结论。

5. 使用现代工具

能够针对过程装备与相关机械领域的复杂工程问题，开发、选择与使用恰当的技术、资源、现代工程工具和信息技术工具，包括对复杂工程问题的预测与模拟，并能够理解其局限性。

6. 工程与社会

能够基于过程原理、装备和控制工程相关背景知识进行合理分析，评价复杂工程问题的解决方案对社会、健康、安全、法律以及文化的影响，并理解应承担的责任。

7. 环境和可持续发展

能够理解和评价针对复杂过程装备工程问题相关的研究开发、设计制造、监督检测、过程控制、运行维护和技术管理工作对环境、社会可持续发展的影响。

8. 职业规范

具有人文社会科学素养、社会责任感，能够在工程实践中理解并遵守工程职业道德和规范、履行责任。

9. 个人和团队

能够在多学科背景下的团队中担任个体、团队成员以及负责人的角色。

10. 沟通

能够就过程装备与相关机械领域的复杂工程问题与业界同行及社会公众进行有效沟通和交流，包括撰写报告和设计文稿、陈述发言、清晰表达或回应指令。并具备一定的国际视野，能够在跨文化背景下进行沟通和交流。

11. 项目管理

理解并掌握工程管理与经济决策方法，并能在多学科环境中应用。

12. 终身学习

具有自主学习和终身学习的意识，有不断学习和适应发展的能力。

第二节 过程装备行业的发展

一、早期的过程装备技术

在我国历史上，不少科学技术的发展可在道家的炼丹术中找到渊源，如化学、火药及相关设备的进步与发展。古代的炼丹术士们通过炼金炼丹的研磨、蒸馏、升华、结晶、测定等技术操作，积累了金属的置换、物质的化合、分解、氧化、还原等化学反应方面的知识。

据《史记》记载，战国时就有方士炼丹。现存最早的中国炼丹术著作《周易参同契》，也是世界上最早的炼丹著作。该著作记述了中国最早的化学知识，例如汞容易和硫磺化合，生成硫化汞；黄金不易被氧化（“金入于猛火，色不夺精光”）等。中国炼丹技术在实验操作技术的发明和无机药物的应用方面，为近代化学做了一些开路工作。传说中的炼丹炉如图 6-3 所示。

图 6-3 传说中的炼丹炉

然而，化学真正与工程结合，还是近一百多年以来的事。工业革命的标志——瓦特蒸汽机的发明，是在前人很多发明和制造技术的基础上完成的，如图 6-4 所示。1629 年，意大利工程师布兰卡（Branca）发明用蒸汽推动风轮。1679 年，法国人帕蓬（Denis Papin）建造了第一台蒸汽锅炉，在英国大量推广。1689 年，英国人萨委瑞（Thomas Savery）用蒸汽机驱动水轮抽水。1700—1712 年，英国工程师纽科门（Thomas Newcomen）发明了活塞式蒸汽机，投入批量生产供应市场。1736 年，英国人 J. 哈尔斯（Jonathan Hulls）制成蒸汽船。1764 年，英国的仪器修理工瓦特为格拉斯哥大学修理纽科门蒸汽机模型时，注意到其低效率的问题，开始研究蒸汽机。1765 年，瓦特发明蒸汽冷凝器，使蒸汽出口温度降低，从而提高了热机效率，

图 6-4 瓦特和瓦特蒸汽机

1769年获专利。1788年，瓦特又发明了离心调速器，使蒸汽机更为完善，被称为历史上最伟大的发明之一，从最初接触蒸汽技术到瓦特蒸汽机研制成功，瓦特走过了20多年的艰难历程。

值得注意的是，瓦特并不知道热力学第一、第二定律，是凭技术经验懂得了蒸汽温度和压力越高，其能焓越大；出入口蒸汽温差越大，热机效率越高。50年后才出现卡诺循环。1824年，年仅28岁的萨迪·卡诺（Sadi Carnot）针对热机的效率发表了一篇名为《关于火的原动力的思考》的短论文。文中阐述的原理是热力学第二定律所判明的。卡诺首先正确估计了关于热能转换为功的限度。可惜的是，卡诺在36岁的时候就过早地去世了，他的许多论述是在他死后40年才发表的。卡诺与卡诺循环如图6-5所示。

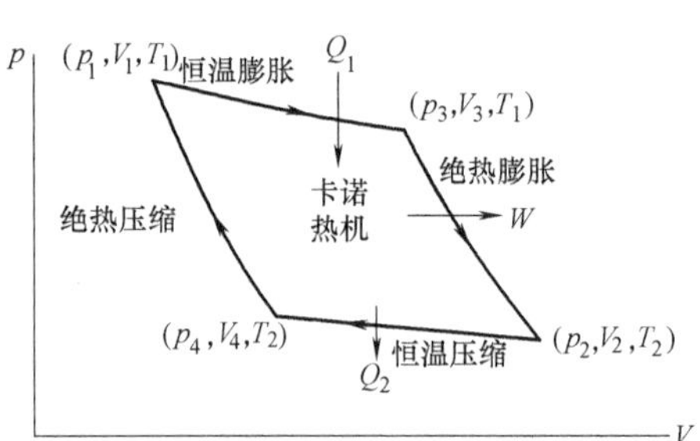

图6-5　卡诺与卡诺循环

过程装备技术的进步不仅开启了工业化的时代，同时对于农业生产的进步也发挥了巨大的作用。19世纪以前，农业上所需的氮肥主要来自有机物的副产品，如粪类、种子饼及绿肥，其最大问题是农作物产量不高。为此工业化生产化肥得到关注。如何将空气中丰富的氮固定下来并转化为可利用的形式，在20世纪初成为一项受到众多科学家注目和关切的重大课题。在总结许多科学家失败经验的基础上，德国卡尔斯鲁尔大学的科学家哈伯（Fritz Haber，1868—1934年）致力探索氮气和氢气的混合气体在高温高压及催化剂的作用下合成氨的最佳物理化学条件。以锲而不舍的精神，经过不断的实验和计算，哈伯终于在1909年取得了鼓舞人心的成果。这就是在600℃的高温、200个大气压、锇为催化剂的条件下，能得到产率约为8%的合成氨。为了提高转化率，哈伯还设计了原料气循环工艺。

走出实验室，进行工业化生产，仍要付出艰辛的劳动。哈伯将他设计的工艺流程申请了专利后，交由德国当时最大的化工企业——巴登苯胺纯碱制造公司进行产业化。公司组织了以化工机械专家博施（Carl Bosch，1874—1940年）为首的工程技术人员将哈伯的设计付诸实施。为了寻找高效稳定的催化剂，两年间，他们进行了多达6500次试验，测试了2500种不同的配方，最后选定了含铅镁促进剂的铁催化剂。开发适用的高压设备也是工艺的关键。当时能经受得住200个大气压的低碳钢，却存在氢腐蚀的问题。博施在反复研究后，最后决定在低碳钢的反应管子里加一层熟铁的衬里，熟铁虽没有强度，却不怕氢气的腐蚀，这样总算解决了难题。哈伯的合成氨的设想终于在1913年得以实现，一个日产30t的合成氨工厂建成并投产。这一合成氨的方法，也称为哈伯-博施方法。合成氨生产方法的创立不仅开辟了获取固定氮的途径，更重要的是这一生产工艺的实现对整个化学

工艺的发展和人类的生存产生了重大的影响。哈伯于1918年获得了诺贝尔化学奖。

过程装备技术不仅影响了工业、农业的发展乃至人类衣食住行的各个方面，对基础科学的研究也有重要的贡献。如瑞典的科学家斯维德伯格（Theodor Svedberg，1884—1971年）于1924年研制出世界上第一台涡轮超速离心机，并用于研究高分散胶体物质等，鉴于他在离散系统方面的杰出工作，1926年，诺贝尔评奖委员会授予其诺贝尔化学奖，不过当时斯维德伯格的诺贝尔奖的演讲题目却是“超速离心机”。现在离心机转头最高转速已达到10^5r/min，最大离心力达7×10^5g，被广泛应用于诸多领域。在生物学方面，可利用分子颗粒大小的不同将大小分子分离出来，较大的分子用较小的转速便可以分离出来，此后再用不同的转速便可以将不同大小的分子分离出来。除此之外，还可利用不同的转速来分离大小不同的细胞，以方便对每一个细胞进行更深一层的了解。

在我国，过程装备技术通过核原料、推进剂生产装置的实现支持了核技术和火箭技术的发展，更为根本的是，它影响着国民经济建设诸多工业领域的快速发展，包括化工、发电、冶金、制药等。1956年，我国第一台多层卷板式高压容器制造成功（图6-6），实现了化肥的自给自足，保障了我国农业生产的需要。可以认为如果没有过程装备技术的发展，也就没有我国现代过程工业和相关工业领域的蓬勃发展。

图6-6 我国第一台多层卷板式高压容器（中石化南京化工机械厂，1956年）

二、我国过程装备技术的发展历程

我国具有里程碑意义的过程装备技术进展可以概括如下：

1. 从建国初期到“九五”期间的重大进展

20世纪60年代，建成中小型化工、发电装置。

20世纪70年代，引进国外技术装备，建设大型化工装置，建设10余套聚乙烯醇装置，设计及设备供应均满足于国内。

1980—1985年，大型尿素装置国产化：研制成功尿素合成塔、高压洗涤器、二氧化碳压缩机等大型尿素装置关键设备，年产52万t尿素装置的设备国产化率达80%以上。

1986年，煤化工-电石、乙炔化工设备的国产化：4.5万t大型密闭炉、干法除尘、气烧窑三项新技术，经组织消化吸收，由国内设计、制造设备，均已建成投产。

1984—1993年，研制成功生产磷铵的关键设备，如氨化粒化器、重载斗提机、万吨级磷酸储罐橡胶防腐衬里、喷射混合器、文丘里反吹袋式除尘器等，24万t磷铵生产装置国产化率达85%。20万t硫酸装置共有设备278台，研制成功沸腾焙烧炉、余热锅炉、电除尘器等关键设备，国产化率达到85%。

1985—1990年，年产60万t碱装置成套装备的研制：研制成功轻灰煅烧炉、重灰煅烧炉、碳化塔、滤碱机、大型板式换热器、纯碱包装机、二氧化碳压缩机等关键装备，达到了引进国外先进设备的水平。

1979—1987年，我国第一套年产30万t合成氨大型国产化试点工程，已长期稳定生产。

1987—1992年，天然气原料年产20万t合成氨成套装备研制：合成气压缩机—汽轮机组、一段转化炉炉管、组合式氨冷器、一段废热锅炉、蒸汽过热器等高难度设备，运行情况良好，主要性能指标达到了国际20世纪80年代先进水平，吨氨能耗为700万大卡㊀以下，设备国产化率达83%。

1989—1993年，离子膜电解槽制造技术：创新开发出中国式的电解槽。1993年，第一套中国式年产1万t离子膜电解槽顺利投产，其指标与国际水平相当。

1993年，以煤为原料的合成氨成套装备研制：国内已可做到仅购国外专利自行完成设计并提供部分关键设备。

1993年，80万t/年加氢裂化装置：400t/年和560t/年加氢反应器、螺纹锁紧环式高压换热器、循环氢压缩机、新氢压缩机等关键设备均由我国研制，国产化率达90%。

1994年，14万t/年高密度聚乙烯装置国产化率达80%以上，其中内壁镜面抛光反应釜、大型离心机、大型回转干燥机等设备均由我国研制。

1993—1994年，30万t/年大型合成氨、52万t/年尿素装置中的离心压缩机组：自行设计制造了天然气压缩机组、氨冷冻压缩机组和二氧化碳压缩机组。

1994—1999年，年产45万t乙烯改造扩建成功，国产化率达70%；国内设计的6万t/年和8万t/年乙烯裂解炉CBL Ⅲ、CBL Ⅳ接近国际先进水平。裂解气压缩机、丙烯压缩机、聚丙烯装置环管反应器等关键设备实现国产化。

1995—1999年，大型煤化工成套设备研制。在兰州煤气工程（国产化率40%）、哈尔滨煤气工程（国产化率60%）的基础上，河南义马煤气工程城市煤气设备国产化率达80%以上，达到20世纪90年代初国际先进水平。

2000年，压水堆核电站装备技术，核电设备的国产化率已达到50%以上，恰希玛核电站设备中的85%均由我国制造。反应堆压力容器、反应堆内构件、蒸汽发生器等关键设备均获成功应用。

2. “十五”至“十一五”期间（2001—2010年）的重大进展

“十五”期间，石油和化工重大装备国产化虽然遇到了很大困难，但也有不少重大装

㊀ 1大卡=4.18kJ。

备研制成功，如大型 PTA 装置结晶器、钛管换热器、回转干燥器，20 万 t/年苯乙烯装置脱氢反应器，20 万 t/年聚丙烯装置环管反应器和大型迷宫压缩机、20 万 t/年聚酯装置酯化和预缩聚反应器、30 万 t/年合成氨装置大型气化炉、48 万 t 级空分装置工艺设计及其设备国产化等，使石油和化工重大装备国产化再上新台阶。

由中国石化工程建设公司（SEI）等研制的“20 万 t/年聚丙烯环管反应器”通过了鉴定。该设备运行稳定可靠，满足装置工艺要求，综合技术指标达到国际先进水平。

“十五”重大技术装备科技攻关项目——LF135 型聚氯乙烯聚合釜建成投产。经生产运行考核表明，该釜可以完全替代进口设备。它的研制成功，结束了我国大型 PVC 聚合釜依赖进口的历史。

杭州制氧机集团股份有限公司设计制造的国内最大的乙烯冷箱装置应用于齐鲁石化公司 72 万 t/年的乙烯改造扩建工程，标志着我国乙烯冷箱设计制造水平又跨上一个新台阶，我国在乙烯冷箱制造方面已具备参与国际竞争的能力。

“十一五”期间，我国石化重大技术装备国产化工作取得了前所未有的重大进展，炼油装置国产化率达到 95%以上，化工装备国产化率也达到 80%左右，一大批关键和核心装备摆脱了依赖进口的被动局面，为我国独立自主发展现代石化工业提供了技术装备支持。

这期间，我国在煤气化技术方面加大了研制攻关力度，先后自主开发成功四喷嘴水煤浆加压气化炉、多原料浆气化炉、航天粉煤加压气化炉、五环粉煤加压气化炉、清华非熔渣—熔渣两段加压气化炉、灰熔聚气化炉等，使我国煤气化技术装备达到世界领先水平。至此，我国发展现代煤化工产业，已基本具备了独立自主的技术装备支撑体系。

多喷嘴对置式水煤浆气化技术在“十一五”期间逐步成熟，实现了大规模应用的新跨越，因此我国自主水煤浆气化装置走向大型化。目前单炉日处理 2000t 煤的多喷嘴对置式水煤浆气化装置已实现成功运行，将为我国发展煤制烯烃、煤制天然气等新型煤化工产业提供强大技术支撑。

我国自主开发的大型低压合成甲醇技术工艺和装备日臻完善，逐步走向成熟。内蒙古赤峰 100 万 t/年煤化工项目建设完成，标志着国产化超大型甲醇合成技术装备的实力和对我国化学工业的信心。

2006 年，中国一重制造出重达 2000 多 t 的“巨无霸”加氢反应器，标志着中国加氢反应器的材料开发、设备设计、制造工艺技术已经位于世界前列，为中国发展高端煤化工产业注入了强大动力。

2009 年，我国具有自主知识产权的首台 2000t/天干煤粉加压气化炉在上海电气集团上海锅炉厂有限公司制造完成，这是华能天津 IGCC 示范电站项目的关键设备，标志着西安热工院开发的两段式干煤粉加压气化技术在大规模工业化的道路上又迈出了重要一步，为“绿色煤电”和新型煤化工产业的发展提供了可靠装备支持。

以沈阳鼓风机集团股份有限公司、杭州制氧机集团有限公司、中核苏阀科技实业股份有限公司等为代表的国内通用设备制造骨干企业，以国家重大基础装备国产化为使命，在“十一五”期间为国内冶金、石化、航空航天、煤化工等重点领域研制了大批机、泵、阀产品及大型成套空气分离设备，有力地推动了重大石化和煤化工装备国产化的全面提升。

油气装备从陆地走向深海。2007 年 11 月，国内首台 12000m 特深井石油钻机在我国宝鸡石油机械有限责任公司研制成功。这台具有自主知识产权的高端装备，是世界第一台陆地用 12000m 交流变频电驱动钻机，也是目前全球技术最先进的特深井陆地石油钻机。

2010 年 11 月，我国自主设计建造的当今世界最先进的第六代 3000m 深水半潜式钻井平台“海洋石油 981”工程实现主体完工，于 2011 年执行南海油气的勘探任务，结束了我国海洋油气勘探作业局限于近海的历史。该工程标志着我国已跻身世界海洋深水油气装备领先行列。

渤海船舶重工有限责任公司建造的 32 万 t 超级油轮、沪东中华造船集团有限公司建造的 14.7 万 m^3 的液化天然气船，也堪称“十一五”海洋油气装备国产化的杰作。目前，我国已初步形成 30 万 t 级大吨位海上浮式生产储油轮系列设计制造能力，具备起重船、铺管船和重型海上浮吊等的生产能力。

天津大乙烯是我国“十一五”期间首个新建成投产的百万吨乙烯工程。该项目的核心设备之一——我国首台国产化大型乙烯裂解气压缩机组填补了我国百万吨乙烯“三机”自主研制的空白，是“十一五”期间我国重大石化装备国产化的标志性成果之一。

2009 年 11 月，国内首套百万吨级 PTA 重大装备国产化成功，宣告我国“十一五”PTA 技术装备国产化的任务初步完成，成为我国石化重大装备国产化的标志性工程，对振兴民族工业、提升行业整体竞争力具有重大意义。

2010 年 10 月，120 万 t/年 PTA 氧化反应器在南京宝色股份公司诞生。该设备是目前全球最大的钛钢复合承压设备，也是制造工艺、焊接技术难度最大的钛钢复合承压设备。它的研制成功，彻底打破了国外对我国大型 PTA 装置关键设备的技术壁垒，填补了国内空白。

乙烯重大装备国产化目标如期实现。乙烯“三机”是大型乙烯工程的心脏，“十一五”期间，沈阳鼓风机集团有限公司承担了为天津、镇海和抚顺三大百万吨乙烯工程研制“三机”的重任。这三套机组研制的成功打破了国际垄断，填补了国内乙烯装置采用百万吨级大型压缩机组的空白。

3. “十二五”期间（2011—2015 年）的重大进展

沈阳鼓风机集团股份有限公司圆满完成 100 万 t/年乙烯的裂解气离心压缩机、丙烯制冷离心压缩机（蒸汽轮机驱动、轴功率为 3.3 万 kW）和乙烯制冷离心压缩机的研制任务。

陕西鼓风机集团有限公司和沈阳鼓风机集团股份有限公司分别研制出 60 万 t/年级和 100 万 t/年级 PTA 工艺空气压缩机组。

2014 年，沈阳透平机械股份有限公司为中化泉州石化 330 万 t/年渣油加氢装置成功研制的大型往复式新氢压缩机投入使用已累计平稳运行超 1 万 h，各项性能指标均达到或优于德莱赛兰 150 型压缩机，这说明我国在大型往复式压缩机的设计、制造、安装调试等方面又上了一个新台阶。

大连橡胶塑料机械股份有限公司为中国石化燕山石化公司 20 万 t/年聚丙烯成功研制的同向双螺杆挤压造粒机组，电动机功率为 7100kW，螺杆直径为 320mm。经 8000h 以上连续运行，各项性能指标均达到设计要求，结束了我国大型挤压造粒机组长期依赖进口

的局面。

杭州制氧机集团有限公司承担的百万吨级乙烯冷箱研制成功，打破了国外少数公司在该市场上的垄断局面，不仅对提高我国乙烯行业的装备水平有着重大意义，而且对天然气液化、大型化肥装置以及 CO 深冷分离等其他行业的冷箱设备的研制也具有指导意义。

合肥通用机械研究院自主开发了-50℃低温钢大型球罐设计制造技术，成功解决了低温材料、板材成形、焊接以及施工现场热处理等技术难题，打破了我国大型低温乙烯球罐依赖进口的局面，填补了国内空白。

茂名重力石化机械制造有限公司于 2007 年为中石油独山子石化公司 100 万 t/年乙烯装置成功研制了单台 15 万 t/年乙烯裂解炉，技术达到国际先进水平，并建立了从焊接、组装、热处理到试压的生产线。

期间相继开发出 1000 万 t/年炼油装置加氢裂化反应器、240 万 t/年连续重整反应器、螺纹锁紧环式高压换热器在 100 万 t/年乙烯装置中的 30 万 t/年环氧乙烷/乙二醇环氧乙烷反应器、45 万 t/年聚丙烯复合式环管反应器、30 万 t/年聚乙烯气相反应器、100 万 t/年 PTA 氧化反应器及 20 万 t/年苯乙烯脱氢反应器等各类关键反应器，填补了国内空白。

化工泵从 30 万 t/年乙烯、500 万 t/年炼油、30 万 t/年合成氨到 100 万 t/年乙烯、1000 万 t/年炼油及 45 万 t/年合成氨，国内泵制造企业一直坚持国产化道路。目前，千万吨炼油、百万吨乙烯、煤化工等石化装置中的工艺流程泵国产化率分别达到 90%、85% 和 80%。

4. “十三五”期间（2016—2020 年）的重大进展

“十三五”期间，我国已经从石化大国成为石化强国，石油化工装备也从制造大国向大型化、高端化、核心设备国产化迈进。石化装备从“中国制造”向“中国创造”转变。以下为“十三五”期间取得突破的石化装备。

由沈阳鼓风机集团自主研制、设计、制造的我国首台（套）120 万 t/年乙烯装置用离心压缩机组在中国海洋石油总公司惠州炼化二期项目现场一次试车成功，这标志着我国 120 万吨级乙烯三机全面实现国产化。

由惠生工程承包的模块化设计、建造和总装的浙江石化 4000 万 t/年炼油化工一体化项目的国内单线乙烯生产能力最大的石脑油裂解装置的核心设备投产成功。该乙烯装置采用 9 台乙烯裂解炉，单台乙烯产能为 20 万 t/年，开创了世界范围内最大单台模块化的制造先例，其高度约为 53m，总质量约 3689t。

依托浙石化 4000 万 t/年炼化一体化项目二期工程，杭州制氧机集团有限公司十万等级整装空分设备完工。这是当前全球等级最大的整装空分设备，设备的等级、先进性、稳定性要求比之前研制成功的八万等级的更高。

由中科（广东）炼化有限公司、中国石化工程建设有限公司、大连橡胶塑料机械股份有限公司组成联合攻关团队研制的中国首台 35 万 t/年聚丙烯挤压造粒机组在大连橡胶塑料机械股份有限公司通过出厂验收，该机组具有完全自主知识产权，是目前国内最大的国产化聚丙烯挤压造粒机组。

由中国一重集团大连核电石化有限公司承制的全球首台 3000t 超级浆态床浙江石化锻焊加氢反应器成功制造，再次刷新了世界锻焊加氢反应器的制造纪录，标志着我国超大吨位石化装备制造技术继续领跑国际，进一步彰显了中国一重“大国重器”的技术创新能力和超级工程的创造实力。

中国一重首次采用自主研制的体外锻造技术，一次成功锻造国内最大直径为 ϕ8.8m EO 反应器超大管板锻件。实现了国内首次体外锻造辅具及工艺的应用，一体整锻突破了水压机立柱开间对超大锻件制造的限制，解决了超大型锻造设备制造极限的“卡脖子”问题。

航天长征化学工程股份有限公司研制出 3500t 粉煤气化炉，这是当今世界上处理量最大的粉煤气化炉，日处理煤量 3500t，刷新了煤化工行业新的世界纪录。

兖矿集团拥有自主知识产权的多喷嘴对置式水煤浆加压气化技术，直径达 4000mm，单炉投煤规模 4000t/天。单炉日处理煤 4000t 级多喷嘴对置式水煤浆气化示范装置的投料成功。

兰石重装承制的国内最大直径的螺纹锁紧环换热器完工，该设备最大壳体直径为 1.8m，螺纹锁紧环装配尺寸达到 2.2m，单台质量约为 170t。全球最大缠绕管式换热器在宁夏宝丰能源焦炭气化制 60 万 t/年烯烃项目得到应用。

中石化宁波工程公司旗下宁波天翼机械制造有限公司承制的全球最大常压塔出口尼日利亚。该塔器筒体直径为 12m、长为 112.56m、设备单重为 2252t，是目前国内出口设备中直径最大、长度最长、单台设备最重的一台“巨无霸”炼化塔器。

中国海洋石油集团有限公司自主设计、自主建造的 22 万方 LNG（液化天然气）预应力混凝土储罐在江苏盐城成功升顶，这是国内最大单罐容积 LNG 储罐项目。

中国寰球工程有限公司总承包的江阴液化天然气集散中心 LNG 储配站项目储罐成功封顶，这台 8 万 m^3 双金属壁全包容 LNG 储气罐，是最大单罐罐容的双金属全包容储罐，创下国内乃至世界之最，实现了自主知识产权技术应用的新突破。

中船重工七一一所自主研发的国产首台特大机型 ϕ816mm 螺杆尾气压缩机在安徽昊源化工集团有限公司 26 万 t/年苯乙烯装置上投用成功。打破了我国苯乙烯装置尾气压缩机大部分从国外进口的局面，标志着我国在螺杆压缩机领域达到了世界先进水平。

由沈阳透平机械股份有限公司、中石化宁波工程有限公司、中天合创能源有限责任公司、杭州汽轮机股份有限公司等联合研制的 180 万 t/年甲醇合成气压缩机组是我国目前投运的最大的甲醇合成气压缩机组。

三、面向高新技术的过程装备与控制工程

我国要增强自主创新能力，努力建设创新型国家，其中装备制造业核心技术，能源开发、节能技术和清洁能源技术的突破，农业科技水平的提高，制药关键技术和医疗器械研制乃至国防科技的进步均和过程装备与控制工程技术密切相关。高技术过程工艺的工业化实现离不开过程装备的支持，面向高技术发展的需求开发先进的过程设备，也是过程装备制造业发展的需求。

1. 面向先进能源技术

(1) 洁净煤技术　煤炭是我国主要的能源资源，在一次能源中所占比例达 67%，为世界之最。在我国的煤炭消费中，70%以上是以燃烧方式消耗的，其中火力发电厂是主力

军，这造成我国酸雨和二氧化硫污染十分严重。因此洁净煤技术已成为我国优先发展的高技术领域，过程装备技术在煤炭加工、煤炭高效洁净燃烧、煤炭转化、污染排放控制与废弃物处理过程中均可发挥重要的作用。其中水煤浆技术装备、先进的燃烧器、循环流化床技术、整体煤气化联合循环发电技术与装备、煤炭气化装备、煤炭液化装备、燃料电池、烟气净化装备、煤层气的开发利用、煤矸石、粉煤灰和煤泥的综合利用装备以及先进工业锅炉和窑炉等均迫切需要研究与开发。

(2) 超超临界燃煤发电技术　提高电厂煤炭利用效率的途径，主要是提高发电设备的蒸汽参数。随着科技的进步，煤电的蒸汽参数已由低压、中压、高压、超高压、亚临界、超临界、高温超临界，发展到了超超临界和高温超超临界；发电净效率也由低压机组的20%，增加到了超超临界机组的48%；发电煤耗从500g/(kW·h) 下降到250g/(kW·h)。同时如果超超临界机组能比常规亚临界机组效率提高7%，二氧化碳的排放量就可以减少14%。为此，发电设备行业以高参数为目标大力发展超超临界发电机组。超超临界机组在高参数下运行，其主蒸汽压力为25~40MPa，甚至更高，主蒸汽和再热蒸汽温度最高可达700℃。为此发展超超临界的锅炉管线和汽轮机组及其安全可靠性技术极具挑战性。

(3) 生物质能源技术　先进的生物质发电系统包括流化床燃烧、生物质综合气化和生物质外燃气透平系统，流化床锅炉技术独有的流态化燃烧方式，使它具有一些传统锅炉所不具备的优点，可以燃用常规燃烧方式难以使用的生物质材料，发达国家近年来着力开发使生物质气化驱动燃机并结合循环流化床的联合循环技术。生物质高温气化技术的关键是高温空气的廉价生成，新型高温低氧空气完全燃烧技术的出现及陶瓷材料领域的科技进步促进了热回收技术的发展。生物质外燃式透平系统所用的高温换热器也是一项关键技术，由其产生干净的空气，减少了后续透平系统的腐蚀，但出口空气温度决定了系统效率。固体生物质的热解液化是开发利用生物质能的有效途径，其关键技术便是热解液化的反应器，具有应用前景的技术包括载流床、旋风床、真空移动床、旋转锥以及循环流化床等。

(4) 核电技术　核能作为一种先进的能源一直受到世界各国的重视，已经成为世界能源结构的重要组成部分。进入21世纪以后，我国提出“积极发展核电”的方针，先进的压水堆和高温气冷堆已列入国家科技发展规划的重大专项，第四代核能系统、先进核燃料循环以及聚变能等技术的开发也越来越受到关注；各种先进的堆型实际上均需要过程装备技术的支撑，如高温气冷堆，除了用于发电，其产生的高品质热能（1000℃气体）还可用于等离子冶金、等离子体喷射沉积等先进的冶金技术，也可直接用于煤气化和甲烷转化技术，但其装置的抗蠕变和疲劳、抗腐蚀的设计十分重要，除了反应堆，氦气换热器、氦气透平、蒸汽发生器等产品的设计制造均有很高的难度。

2. 纳米材料制备技术

粉体设备技术是过程装备技术的主要分支，而纳米粉体的制备技术则是其前沿技术。制备纳米粉的途径大致有两种：一是粉碎法，即通过机械作用将粗颗粒物质逐步粉碎而得；另一种是造粉法，即利用原子、离子或分子通过成核和长大两个阶段合成而得。若以物料状态来分，则可归纳为固相法、液相法和气相法三大类。随着科技的不断发展以及不同物理化学特性超微粉的需求，在上述方法的基础上衍生出许出新的制备技术。

固相法是一种传统的粉化工艺，用于粗颗粒微细化，其存在着能耗大、效率低、所得粉末不够细、杂质易于混入、粒子易于氧化或产生变形等不足，因此在当今高科技领域中较少采用此法。液相法是目前实验室和工业上广泛采用的制备超微粉的方法。与其他方法相比，液相法具有设备简单、原料容易获得、纯度高、均匀性好、化学组成控制准确等优点，主要用于氧化物系超微粉的制备。气相法是直接利用气体或者通过各种方式将物质变成气体，使之在气体状态下发生物理或化学反应，最后在冷却过程中凝聚长大形成超微粉的方法。气相法在超微粉的制备技术中占有重要的地位，此法可制取纯度高、颗粒分散性好、粒径分布窄、粒径小的超微粉。目前超重力沉降设备利用旋转可产生比地球重力加速度高得多的超重力环境，能在分子尺度上有效地控制化学反应与结晶过程，从而获得粒度小、分布均匀的高质量纳米粉体产品，与传统的搅拌槽反应沉淀法制备技术相比，具有设备小、生产率高、生产成本低、产品质量好等突出优点。显然纳米材料制备的新工艺需要许多新型的过程装备。

3. 微小型化学机械系统

由于微电子技术和微加工技术的迅速发展，微机电系统（MEMS）应运而生。MEMS在航空航天、精密仪器、材料、生物医疗等领域有着广泛的应用潜力，受到世界各国的高度重视，被誉为20世纪十大关键技术之首。而微小型化学机械系统（MCMS）以过程强化和微加工技术为基础，近年来也得到了快速发展。微小型化学机械系统可以分为两类：一类为以强化传热传质及反应过程为主的微小型设备，通过过程效率的提高，设备体积大大减小，未来有可能实现台式计算机一样大小的高效生产的化工厂；另一类是指以微型过程机械产品为主组成的微仪器，通过进一步的微型化，实现芯片上的实验室（Lab-on-a-chip）。

对于过程强化，目前已有了一些实例，可以大大缩小传统设备的体积，如静态混合反应器、超重力传质设备、紧凑式换热器、构件催化反应器等。日本提出的无配管化工装置的概念力图将反应器上的外接管道减少到最低限度，反应器将各种新型化工单元设备的功能集于一身，有效地缩小了体积。早在20世纪70年代，斯坦福大学便试图在芯片上建造色谱仪，20世纪90年代以来，人们又提出了微型全分析系统（μTAS）的概念，并已取得许多令人鼓舞的进展。微型过程装备技术可将传统的混合、反应、分离、检验等过程集成为一体，成为芯片上的实验室。

4. 太空探索与深海探索

太空和海洋都是人类致力拓展的空间，也是未来过程装备技术大有作为的领域。太空探索装备涉及大量过程装备技术，首先火箭的燃料罐便是承受液氧、液氢压力的容器，同时航天器本身也是一个可靠性要求很高的容器，在外太空运行时是承受外压的真空容器，返回式航天器一般要经历-200℃以下到1000℃以上的环境温度变化，返回大气层时，为保护机体免遭超高温的烧损，必须敷设一种特殊保护层。航天器内与生命系统、环境系统相关的液氧系统、液氮系统、热沉系统、氮系统等均需要先进过程装备与控制技术的支持。

海洋是一个无比巨大的能源库，天然气水合物总量相当于陆地燃料资源总量的2倍以上。海底储存着1350亿t石油，近140万亿m^3的天然气。实现万米深海处的探索一直是

科学家和工程师们的追求。然而，10000m 深海中，水压高达 1000 个大气压，能将几毫米厚的钢板容器像鸡蛋壳一样压碎，而且环境异常恶劣，一般的设备很难完成资源勘探和开采任务。为此研制出无人驾驶潜艇，它可以胜任挑战性高的工作。地面上的压力容器多承受内压，而深潜器承受外压，实现深潜器厚壁钛合金球形容器的焊接并保障其可靠性具有相当高的难度，耐高水压的动态密封结构和技术也是其中的关键技术，潜艇上任何一个密封的电气设备、连接线缆和插件都不能有丝毫渗漏，否则会导致整个部件甚至整个电控系统的损坏。而未来进一步开采深海资源，除了深海运载器，或许还需建造海底化工厂、发电厂等，过程装备技术将具有更加广阔的发展前景。

第三节　过程装备的总体构造与基本原理

过程装备主要由过程机器和过程容器构成。过程机器工作时各部件间有相对运动，俗称动设备，如泵、风机、离心机和压缩机；而过程容器工作时各部件不运动，俗称静设备，如换热器、反应器、塔器及储存容器。

一、过程机器的总体构造与基本原理

1. 过程机器的作用

1）用于化工与石油化工领域，提高系统压力，促使反应发生，例如：尿素合成需要 15MPa 以上的压力（15MPa→24MPa→32MPa），石油裂解加氢中氢气需 15~32MPa 的压力，高压聚乙烯要达到 250MPa。

2）用于动力工程领域，产生压缩空气，压缩空气可用于矿山、机械的驱动；风镐、飞机起落架、气动控制等也需要压缩空气进行驱动。

3）用于制冷工程和气体分离，冷箱、空调需要提高空气压力至 0.8~1.4MPa，空气分解成氧和氢，需要压缩空气。

4）气体输送，煤气输送（3~8MPa）。

5）用于冶金工业，每吨生铁冶炼需要 5~6t 空气。

2. 过程机器的分类

（1）按能量转换分类　过程机器按能量转换可以分为原动机和工作机。原动机将流体的能量转换为机械能，用来输送轴功率，如汽轮机、燃气轮机、水轮机等；工作机将机械能转变为流体的能量，用来改变流体的状态（提高流体的压力，使流体分离等）及输送流体，如泵、压缩机、分离机等。

（2）按流体介质分类　过程机器按流体介质可以分为压缩机、泵和分离机。压缩机将机械能转变为气体的能量，是用来给气体增压与输送气体的机械。按气体压力升高的程度，可分为压缩机、鼓风机和通风机；泵将机械能转变为液体的能量，是用来给液体增压与输送液体的机械；分离机是用机械能将混合介质分离的机械。

（3）按结构特点分类　过程机器按结构特点可以分为往复式结构和旋转结构。在往复式结构中，主要运动部件是在缸中进行往复运动的活塞，靠进行旋转运动的曲轴带动连杆和活塞。单级升压高，流量小（切割钢板），借活塞在气缸内的往复作用使缸内容积反

复变化，以吸入和排出流体。

旋转结构又包括回转式、叶轮式压缩机，泵及分离机，其特点是：主要运动部件是转轮、叶轮或转鼓，旋转件由电机直接带动，其特点是流量大、单级升压不太高。机壳内的转子或转动部件旋转时，转子与机壳之间的工作容积发生变化，借以吸入和排出流体。

叶轮式泵与风机的主要结构包括可旋转、带叶片的叶轮和固定的机壳。通过叶轮旋转对流体做功，从而使流体获得能量。根据流体的流动情况，泵与风机可分为离心式、轴流式、混流式和贯流式等。

3. 过程机器的工作原理

(1) 离心式泵与风机的工作原理 叶轮高速旋转时产生的离心力使流体获得能量，即流体通过叶轮后，静压能和动能都得到提高，从而能够被输送到高处或远处。叶轮装在一个螺旋形的外壳内，当叶轮旋转时，流体轴向流入，然后转 90°进入叶轮流道并径向流出。叶轮连续旋转，在叶轮入口处不断形成真空，从而使流体连续不断地被泵吸入和排出（图 6-7）。

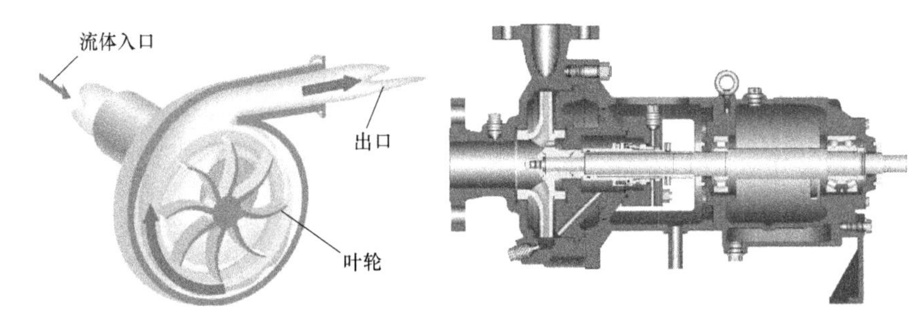

图 6-7 离心式泵与风机的工作原理

(2) 轴流式泵与风机的工作原理 旋转叶片的挤压推进力使流体获得能量，升高其静压能和动能，叶轮安装在圆筒形（风机为圆锥形）泵壳内。当叶轮旋转时，流体轴向流入，在叶片叶道内获得能量后，沿轴向流出。轴流式泵与风机适用于大流量、低压力的情况，在制冷系统中常用作循环水泵及送引风机（图 6-8）。

(3) 贯流式风机的工作原理 由于空气调节技术的发展，要求有一种小风量、低噪声、压头适当和在安装上便于与建筑物相配合的小型风机。贯流式风机就是适应这种要求的新型风机。

贯流式风机叶轮一般是多叶式前向叶型，但两个端面是封闭的（图 6-9）。叶轮的宽

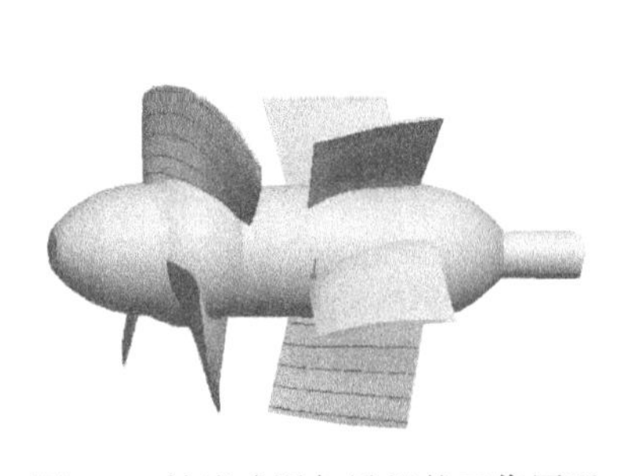

图 6-8 轴流式泵与风机的工作原理

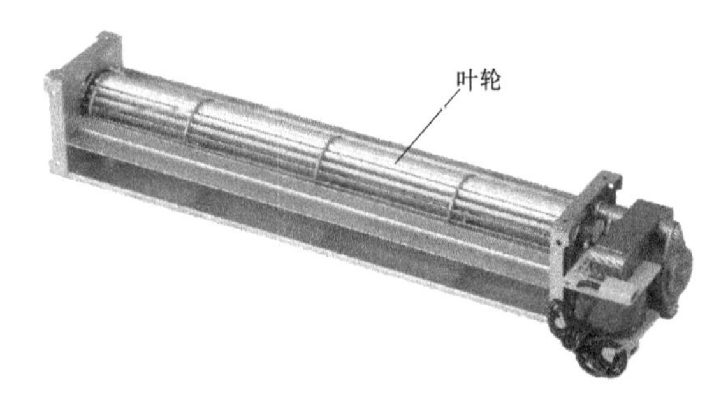

图 6-9 贯流式风机的结构

度没有限制，当宽度加大时，流量也增加。贯流式风机不像离心式风机是在机壳侧板上开口使气流轴向进入风机，而是将机壳部分地敞开使气流直接径向进入风机。气流横穿叶片两次。某些贯流式风机在叶轮内缘加设不动的导流叶片，以改善气流状态。性能上，贯流式风机的全压系数较大，性能曲线是驼峰型的，效率较低，一般为30%~50%。进风口与出风口都是矩形的，易与建筑物相配合。贯流式风机至今还存在许多问题有待解决，特别是各部分的几何形状对其性能有重大影响，不完善的结构甚至完全不能工作，但小型的贯流式风机的使用范围正在稳步扩大。

(4) 往复泵的工作原理 往复泵利用偏心轴的转动，通过连杆装置带动活塞运动，将轴的圆周转动转化为活塞的往复运动，活塞不断往复运动，泵的吸水与压水过程就连续不断地交替进行（图6-10）。

(5) 水环式真空泵的工作原理 水环式真空泵叶片的叶轮偏心地装在圆柱形泵壳内，泵内注入一定量的水。叶轮旋转时，将水甩至泵壳形成一个水环，环的内表面与叶轮轮毂相切。由于泵壳与叶轮不同心，右半轮毂与水环间的进气空间逐渐扩大，从而形成真空，使气体经进气管进入泵内进气空间。随后气体进入左半部，由于毂环之间的容积被逐渐压缩而增大了压强，气体经排气空间及排气管被排至泵外（图6-11）。

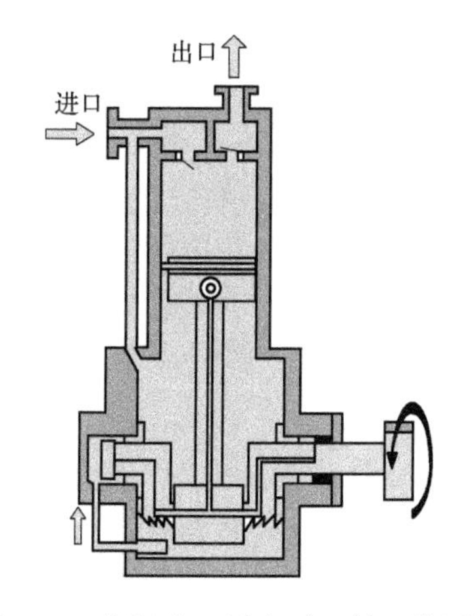

图6-10 往复式（活塞泵）的工作原理

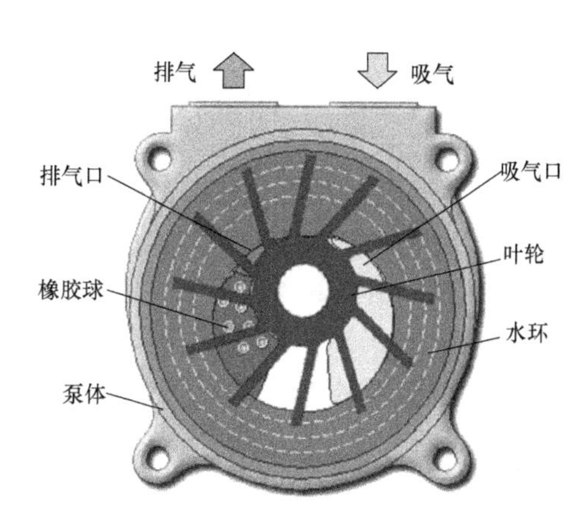

图6-11 水环式真空泵的工作原理

(6) 罗茨真空泵的工作原理 罗茨真空泵的工作原理与罗茨鼓风机相似（图6-12）。由于转子不断旋转，被抽气体从进气口吸入转子与泵壳之间的空间V内，再经排气口排出。由于吸气后空间V是全封闭状态，所以，在泵腔内气体没有压缩和膨胀。但当转子顶部转过排气口边缘，空间V与排气侧相通时，由于排气侧气体压强较高，则有一部分气体返冲到空间V中，气体压强突然增大。当转子继续转动时，气体排出泵外。

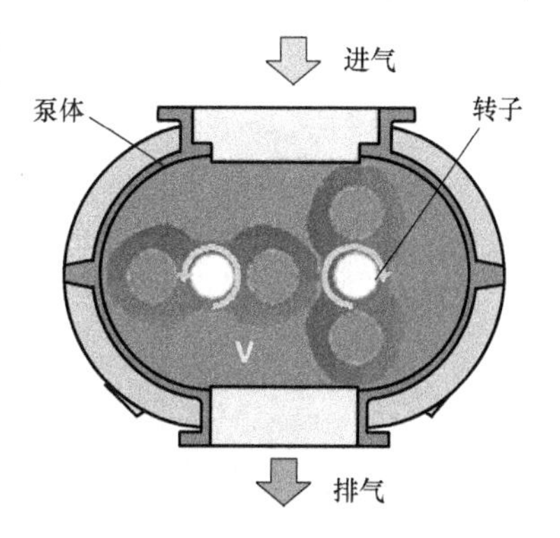

图6-12 罗茨真空泵的工作原理

一般来说，罗茨真空泵具有以下特点：在较宽的压强范围内有较大的抽速；起动快，能立即工作；对被抽气体中含有的灰尘和水蒸气不敏感；转子不必润滑，泵腔内无油；振动小，转子动平衡条件较好，没有排气阀；驱动功率小，机械摩擦损失小；结构紧凑，占地面积小；运转维护费用低。因此，罗茨真空泵在冶金、石油化工、造纸、食品和电子工业部门得到广泛的应用。

(7) 旋片式真空泵的工作原理 旋片式真空泵（简称旋片泵）是一种油封式机械真空泵。其工作压强范围为 101325～0.0133Pa，属于低真空泵。它可以单独使用，也可以作为其他高真空泵或超高真空泵的前级泵。旋片式真空泵主要由泵体、转子、旋片、端盖和弹簧等组成（图 6-13）。在旋片式真空泵的腔内偏心地安装一个转子，转子外圆与泵腔内表面相切（二者有很小的间隙），转子槽内装有带弹簧的两个旋片。旋转时，靠离心力和弹簧的张力使旋片顶端与泵腔的内壁保持接触，转子旋转带动旋片沿泵腔内壁滑动。

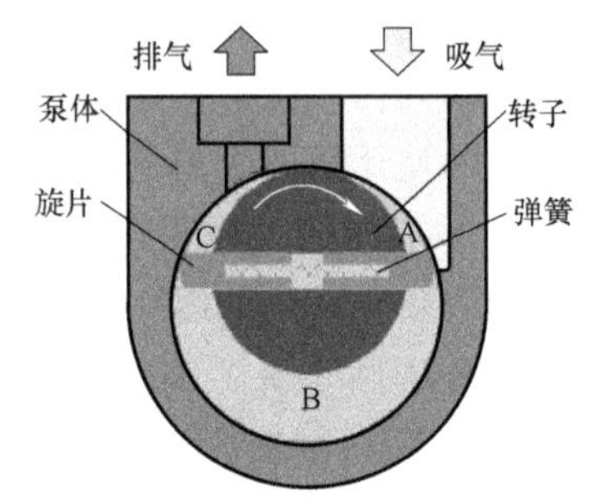

图 6-13 旋片式真空泵的工作原理

两个旋片把转子、泵腔和两个端盖所围成的月牙形空间分隔成 A、B、C 三部分。当转子按箭头方向旋转时，与吸气口相通的空间 A 的容积是逐渐增大的，正处于吸气过程。而与排气口相通的空间 C 的容积是逐渐缩小的，正处于排气过程。居中的空间 B 的容积也是逐渐减小的，正处于压缩过程。由于空间 A 的容积逐渐增大（即膨胀），气体压强降低，泵的入口处外部气体压强大于空间 A 内的压强，因此将气体吸入。当空间 A 与吸气口隔绝时，即转至空间 B 的位置，气体开始被压缩，容积逐渐缩小，最后与排气口相通。当被压缩气体超过排气压强时，排气阀被压缩气体推开，气体穿过油箱内的油层排至大气中。由于泵的连续运转，达到连续抽气的目的。如果排出的气体通过气道而转入另一级（低真空级），由低真空级抽走，再经低真空级压缩后排至大气中，即组成了双级泵。这时总的压缩比由两级来负担，因而提高了极限真空度。

(8) 齿轮泵的工作原理 齿轮泵具有一对互相啮合的齿轮（图 6-14），齿轮主动轮固定在主动轴上，轴的一端伸出壳外由原动机驱动，另一个齿轮从动轮装在另一个轴上，齿轮旋转时，液体沿吸油管进入吸入空间，沿上下壳壁被两个齿轮分别挤压到排出空间汇合（齿与齿啮合前），然后进入压油管排出。

(9) 螺杆泵的工作原理 螺杆泵（图 6-15）是一种利用螺杆相互啮合来吸入和排出液体的回转式泵。螺杆泵的转子由主动螺杆（可以有一根，也可有两根或三根）和从动

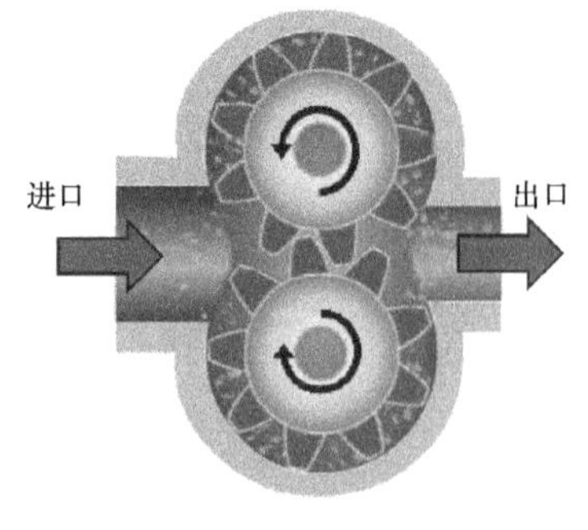

图 6-14 齿轮泵的工作原理

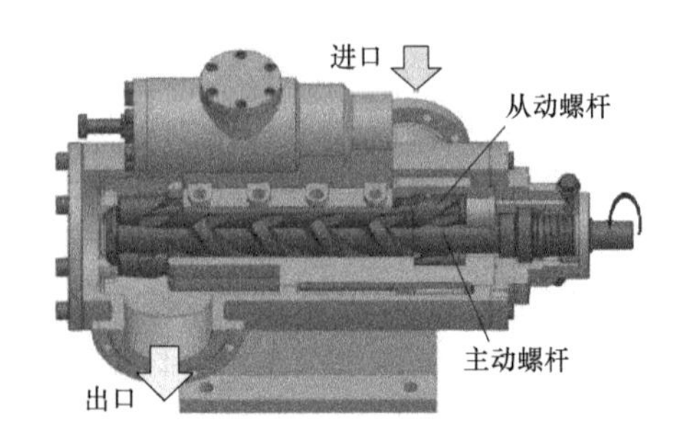

图 6-15 螺杆泵的工作原理

螺杆组成。主动螺杆与从动螺杆做相反方向转动，螺纹相互啮合，流体从吸入口进入，被螺旋轴向前推进增压至排出口。此泵适用于高压力、小流量的工况，在制冷系统中常用作输送轴承机油及调速器用油的油泵。

（10）喷射泵的工作原理　将高压的工作流体由压力管送入工作喷嘴，经喷嘴后静压能变成高速动能，将喷嘴外围的液体（或气体）带走。此时，喷嘴出口形成高速，使扩散室的喉部吸入室形成真空，从而使被抽吸流体不断进入与工作流体混合，然后通过扩散室将压力升高输送出去，如图6-16所示。由于工作流体连续喷射，吸入室继续保持真空，于是不断地抽吸和排出流体。工作流体可以是高压蒸汽，也可为高压水，前者称为蒸汽喷射泵，后者称为射水抽气器。

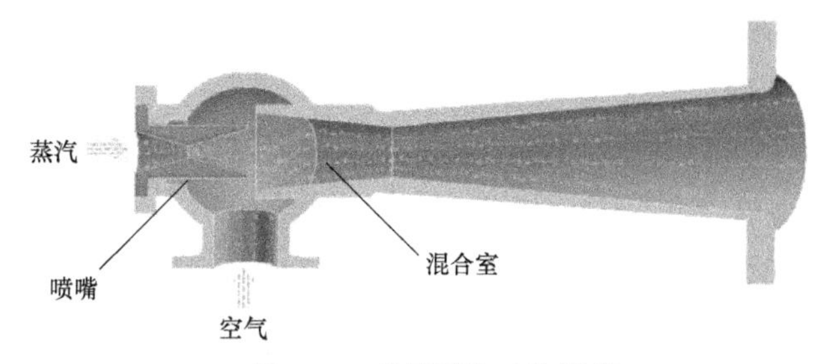

图 6-16　喷射泵的工作原理

二、过程容器的总体构造与基本原理

1. 过程容器的基本结构

过程容器有的用来存储物料，如各种储罐、计量罐；有的用来进行热量交换，如各种换热器、蒸发器、冷凝器、结晶器等；有的用来进行化学反应，如反应釜、聚合釜、发酵罐、合成塔等。这些设备虽然尺寸大小不一，形状结构不同，内部构件的型式更是多种多样，但是它们都有一个承压外壳，这个承压外壳就叫作压力容器。

（1）固定式压力容器的基本结构　压力容器一般由筒体（圆筒）、封头（端盖）、法兰、支座、接管、人孔（手孔）、视镜（必要时）和安全附件等组成，它们统称为压力容器通用零部件。其主要有薄壁圆筒形卧式储罐、超高压容器、塔式容器、球形储罐、管壳式换热器、卧式硫化罐和烘缸等，如图6-17所示。

（2）移动式压力容器的基本结构　移动式压力容器通常由罐体或者气瓶、管路、安全附件、装卸附件、行走装置或者框架等组成，如图6-18所示。

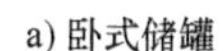

a) 卧式储罐

b) 超高压容器

图 6-17　固定式压力容器

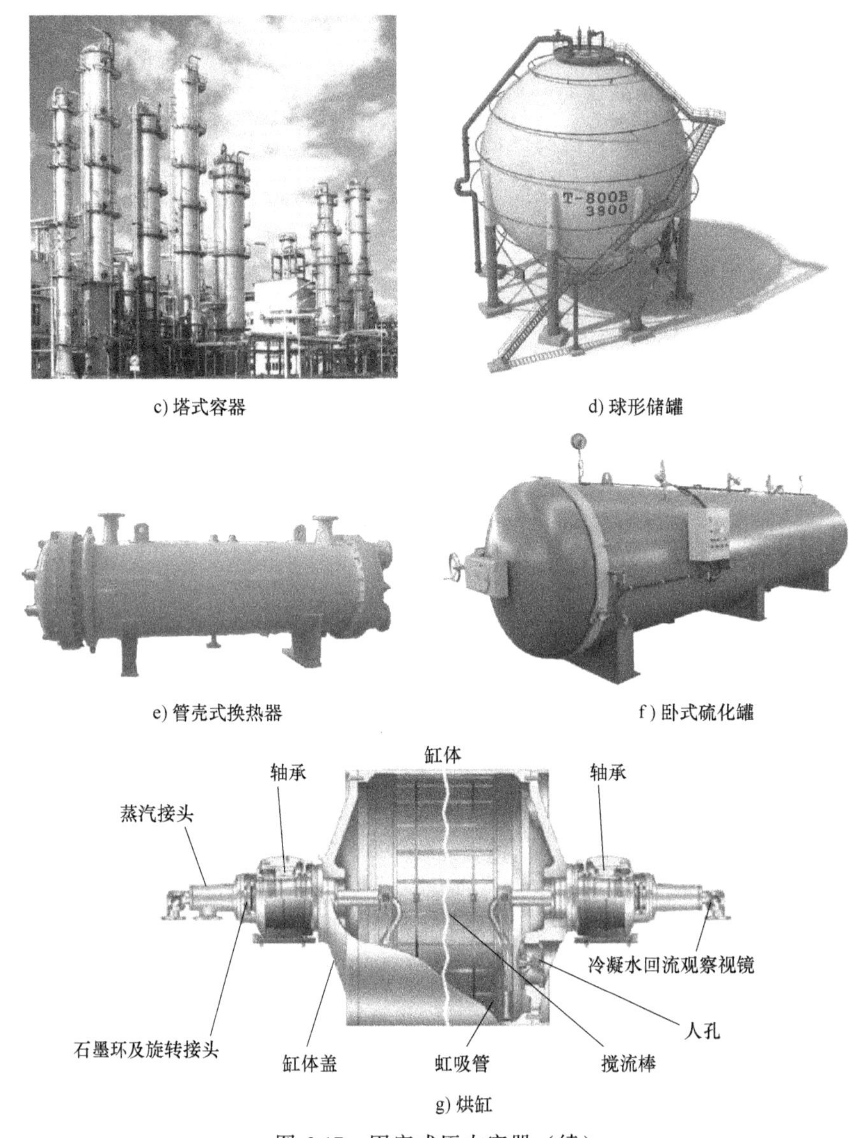

c) 塔式容器　d) 球形储罐

e) 管壳式换热器　f) 卧式硫化罐

g) 烘缸

图 6-17　固定式压力容器（续）

(3) 医用氧舱的基本结构　医用氧舱一般由舱体，配套压力容器，供、排气系统，供、排氧系统，电气系统，空调系统，消防系统，以及所属的仪器、仪表和控制台等部分组成。图 6-19 所示为氧舱舱体典型结构图。

(4) 压力容器受压元件　压力容器中按几何形状划分的基本承压单元，称为受压元件。一个封闭的承压结构往往包括多个受压元件。例如，一个圆筒形容器，可以分为圆筒体和封头两大主体受压元件，圆筒上的接管、人孔及人孔盖则又是另外的受压元件。

按《固定式压力容器安全技术监察规程》（TSG 21—2016），压力容器本体中的主要受压元件，包括筒节（含变径段）、球壳板、非圆形容器的壳板、封头、平盖、膨胀节、设备法兰、换热器的管板和换热管、M36 以上（含 M36）螺柱，以及公称直径大于或者等于 250mm 的接管和管法兰。

a) 汽车罐车

b) 铁路罐车

c) 长管拖车

d) 罐式集装箱车

图 6-18　移动式压力容器的常见结构图

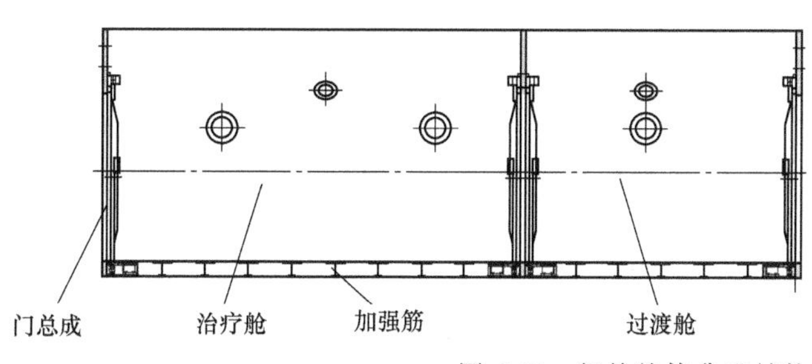

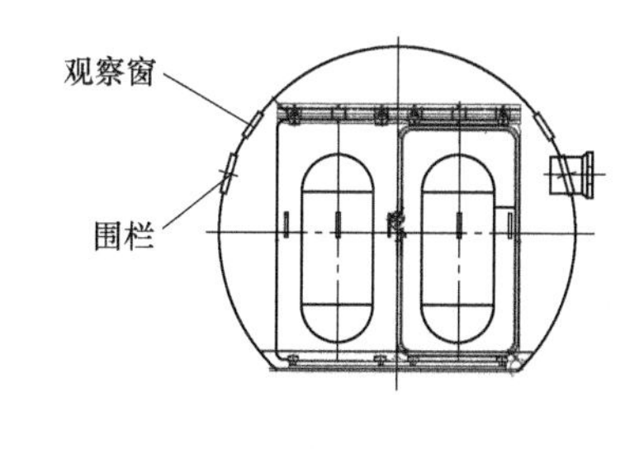

图 6-19　氧舱舱体典型结构图

1）球壳。球形容器的本体是一个球壳，一般为焊接结构。球形容器的直径一般都比较大，难以整体或半整体压制成形，所以它大多由许多块按一定的尺寸预先压制成形的球面板组焊而成。这些球面板的形状不完全相同，但板厚一般都相同。只有一些特大型、用以存储液化气体的球形储罐，球体下部的壳板要比上部稍微厚一些。

从壳体受力的情况来看，最理想的形状是球形。因为在内压力的作用下，球形壳体的应力是圆筒形壳体的 1/2，如果容器的直径、制造材料和工作压力相同，则球形容器所需要材料的壁厚也仅为圆筒形的 1/2。从壳体的表面积来看，球形壳体的表面积要比容积相同的圆筒形壳体小 10%～30%（视圆筒形壳体高度与直径之比而定）。球形容器表面积小，所使用的板材也少，再加上需要的壁厚较薄，因而制造同样容积的容器，球形容器要比圆筒形容器节省板材 30%～40%。但是球形容器制造比较困难，工时成本较高，而且如作为反应或传热、传质用容器，既不便于在内部安装工艺附件装置，也不便于内部相互作用的介质的流动，因此球形容器仅适用作存储容器。

球壳表面积小，除节省钢材外，当需要与周围环境隔热时，还可以节省隔热材料或减少热的散失。所以球形容器适宜作为液化气体储罐。目前，大型液化气体储罐多采用球形。此外，有些用蒸汽直接加热的容器，为了减少热损失，有时也采用球体，如造纸工业中用于蒸煮纸浆的蒸球等。

2）圆筒壳。圆筒形容器是使用最为普遍的一种压力容器。圆筒形容器比球形容器易于制造，便于在内部装设工艺附件，也有利于内部工作介质的流动，因此它广泛用作反应、换热和分离容器。圆筒形容器由一个圆筒体和两端的封头（端盖）组成。圆筒壳又分为薄壁圆筒壳和厚壁圆筒壳。

薄壁圆筒壳：中、低压容器的筒体为薄壁（其外径与内径之比不大于 1.2）圆筒壳。薄壁圆筒壳除了直径较小者可以采用无缝钢管外，一般都是焊接结构，即用钢板卷成圆筒后焊接而成。

厚壁圆筒壳：厚壁圆筒的结构可分为单层筒体、多层板筒体和多层绕带式筒体等三种形状。单层厚壁筒体主要有三种结构型式，即整体锻造式、锻焊式和厚板焊接式。对于单层厚壁筒体来说，由于壳壁是单层的，当筒体金属存在裂纹等缺陷，且缺陷附近的局部应力达到一定程度时，裂纹将沿着壳壁扩展，最后会破坏整个壳体；多层板筒体的壳壁由数层或数十层紧密结合的金属板构成。由于是多层结构，可以通过制造工艺，在各层板间产生预应力，使得壳壁上的应力沿壁厚分布比较均匀，壳体材料可以得到较充分的利用。如果容器内的介质具有腐蚀性，可采用耐腐蚀的合金钢作为内筒，而用碳钢或其他低合金钢作为层板，以节约贵重金属。

错绕式筒体的壳体由一个用钢板卷焊成的内筒和在其外面缠绕的多层钢带构成，如图 6-20 所示。它具有与多层板筒体相同的一些优点，而且可以直接缠绕成较长的整个筒体，不需要由多段筒节组焊，因而可以避免多层板筒体所具有的深而窄的环焊缝。但其制造工艺较复杂，生产率低，制造周期长，因而采用较少。

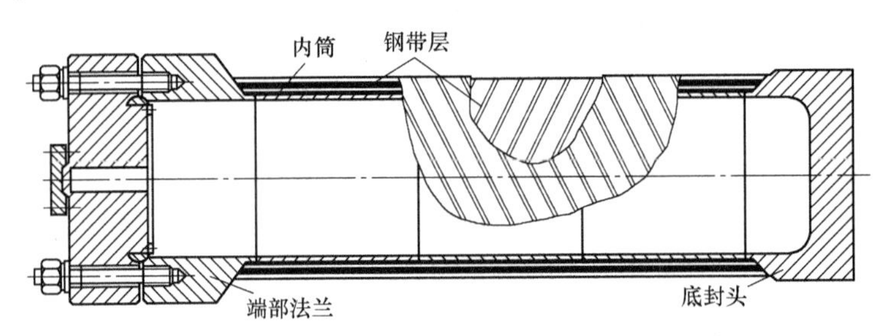

图 6-20　扁平钢带倾角错绕式筒体

3）封头。通常所说的封头，包含了封头和端盖两种连接形式。在中、低压压力容器中，与筒体焊接连接而不可拆的端部结构称为封头，与筒体法兰连接的可拆端部结构称为端盖。压力容器的封头或端盖，按其形状可以分为三类，即凸形封头、锥形封头和平板封头，如图 6-21 所示。凸形封头是压力容器中广泛采用的封头结构型式；平板封头在压力容器中除用作人孔的盖板以及小直径换热器管箱端盖以外，其他很少采用；锥形封头则只用于某些特殊用途的容器。我国封头标准为 GB/T 25198—2010《压力容器封头》。

4）法兰。法兰的基本结构型式，按组成法兰的圆筒、法兰环、锥颈三部分的整体性程度分为松式法兰、整体法兰和任意式法兰（图 6-22）。

① 松式法兰是指法兰不直接固定在壳体上，或者虽固定而不能保证与壳体作为一个整体承受螺栓载荷的结构，如活套法兰、螺纹法兰、搭接法兰等，这些法兰可以带颈或者

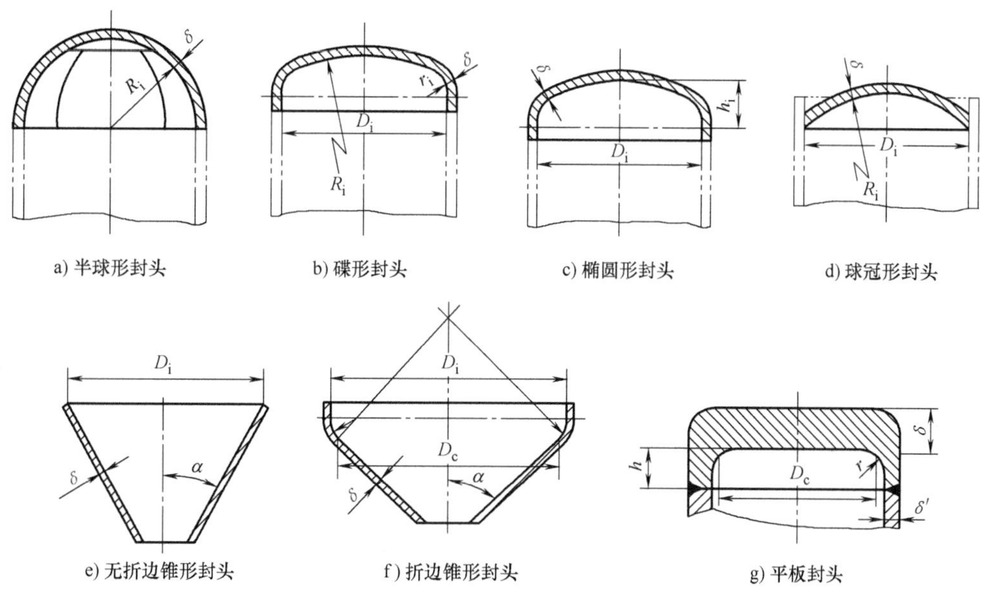

图 6-21　压力容器的常见封头形式

不带颈，如图 6-22a、b、c 所示。

活套法兰是典型的松式法兰，其法兰的力矩完全由法兰环本身来承担，对设备或管道不产生附加弯曲应力。因而适用于有色金属和不锈钢制设备或管道上，且法兰可采用碳素钢制作，以节约贵重金属。但法兰刚度小，厚度较厚，一般只适用于压力较低的场合。

② 整体法兰是一种将法兰与壳体锻成或铸成一体，或经全熔透的平焊法兰，如图 6-22d、e、f 所示。这种结构能保证壳体与法兰同时受力，使法兰厚度可适当减薄，但会在壳体上产生较大应力。其中的带颈法兰（图 6-22e）可以提高法兰与壳体的连接刚度，适用于压力和温度较高的重要场合。

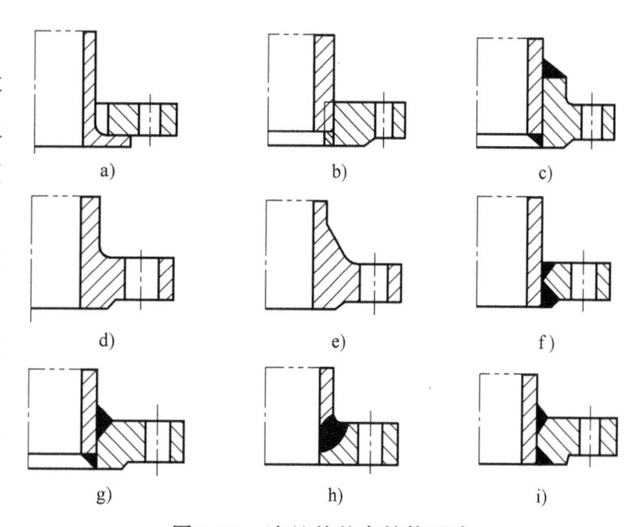

图 6-22　法兰的基本结构型式

③ 从结构来看，任意式法兰与壳体连成一体，但刚性介于整体法兰和松式法兰之间，如图 6-22g、h、i 所示。这类法兰结构简单，加工方便，故在中、低压容器或管道中得到广泛应用。

法兰按用途又分为压力容器法兰（与筒体配用）和管法兰（与钢管配用），其现行标准分别为 NB/T 47020～47027—2012 和 HG/T 20592～20635—2009。设计时可根据公称压力、公称直径等相关参数进行选用，但相同公称直径、公称压力的管法兰与容器法兰的连接尺寸不同，二者不能相互套用。具体选用要求见相关标准规定。

法兰密封面主要根据工艺条件、密封口径以及垫片等进行选择。密封面包括全平面

(FF)、突面(RF)、凹凸面(MFM)、榫槽面(TG)及环连接面(或称梯形槽)(RJ)等(图 6-23),其中以突面、凹凸面、榫槽面最为常用。

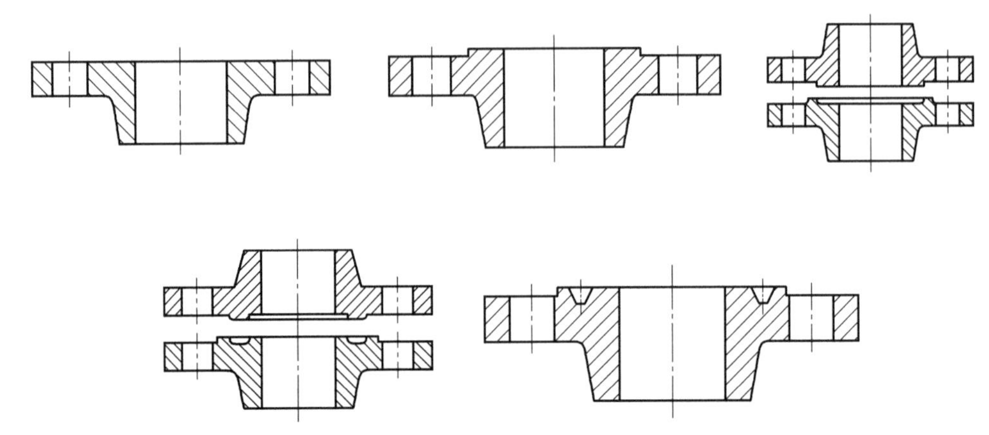

图 6-23 各密封面结构简图

突面法兰密封面具有结构简单、加工方便,且便于进行防腐衬里等的优点,由于这种密封面和垫片的接触面积较大,如预紧不当,垫片易被挤出密封面,也不宜压紧,密封性能较差,适用于压力不高的场合,一般使用在 PN≤2.5MPa 的压力下。

凹凸面法兰密封面相配的两个法兰结合面,一个是凹面,另一个是凸面。安装时易于对中,能有效地防止垫片被挤出密封面,密封效果优于平面密封。

榫槽面法兰密封面相配的两个法兰结合面是一个榫面和一个槽面,密封面更窄。由于受槽面阻挡,垫片不会被挤出压紧面,且少受介质冲刷和腐蚀。安装时易于对中,垫片受力均匀,密封可靠,适用于易燃、易爆和有毒介质。只是由于垫片很窄,更换时较为困难。

5)支座。压力容器支座用于支承设备和固定设备。支座一般分为卧式容器支座、立式容器支座和球形容器支座。立式容器支座包括腿式支座(NB/T 47065.2—2018)、耳式支座(NB/T 47065.3—2018)、支承式支座(NB/T 47065.4—2018)、钢性环支座(NB/T 47065.5—2018)及裙式支座;卧式容器支座包括鞍式支座(NB/T 47065.1—2018)、圈式支座及支腿支座。球形容器支座包括柱式、裙式、半埋式、高架式等。

压力容器支座主要根据容器直径、最大质量、风载或地震载荷等相关参数进行选用,具体选用要求见 NB/T 47065—2018 标准规定,其中裙式支座按 NB/T 47041—2014《塔式容器》标准释义与算例设计选用,鞍式支座按 NB/T 47042—2014《卧式容器》标准释义与算例设计选用,球形容器柱式支座按 GB 12337—2014《钢制球形储罐》设计选用。

2. 过程容器安全附件及仪表

安全附件是为了使压力容器安全运行而安装在设备上的一种安全装置。

固定式压力容器常用的安全附件包括:直接连接在压力容器上的安全阀、爆破片装置、易熔塞、紧急切断装置、安全联锁装置;常用的测量仪表包括:直接连接在压力容器上的压力表、液位计、测温仪表等。

移动式压力容器的安全附件包括:安全泄放装置、紧急切断装置、压力测量装置、液

位测量装置、温度测量装置、阻火器、导静电装置等。

（1）安全阀　按结构型式安全阀一般分为弹簧式安全阀、杠杆式安全阀和脉冲式安全阀，弹簧式安全阀应用最为普遍，如图 6-24 所示。按连接方式可分为法兰安全阀和螺纹安全阀。安全阀口径一般都不大，常用的都在 DN15～DN80mm 之间，超过 DN150mm 一般都称为大口径安全阀。

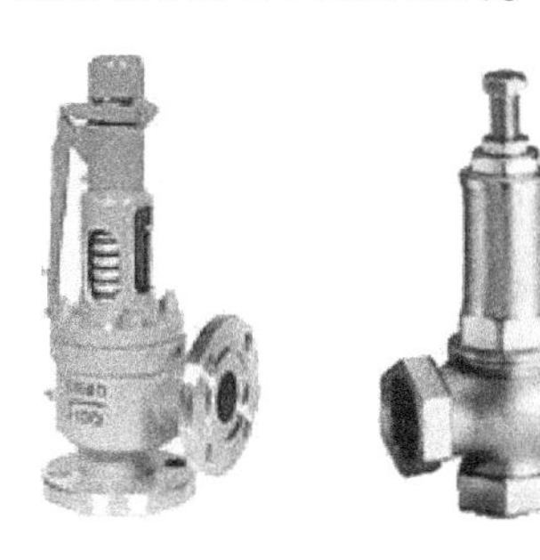

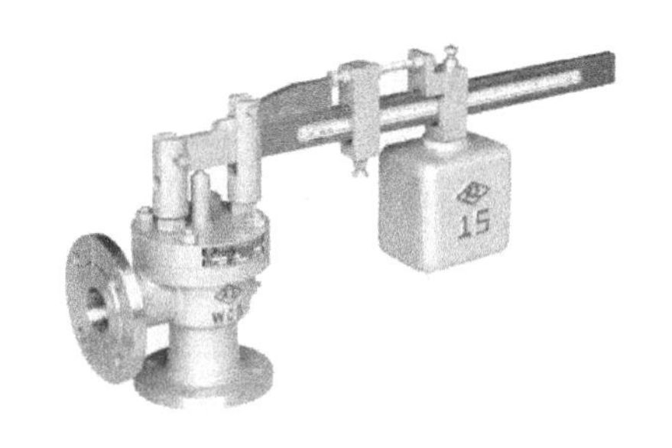

a) 弹簧式安全阀　　b) 杠杆式安全阀　　c) 脉冲式安全阀

图 6-24　常见的安全阀

（2）爆破片装置　爆破片装置由爆破片和相应的夹持器组成。爆破片一般分为剪切型、弯曲型、正拱普通拉伸型、正拱开缝型和反拱型等几种，如图 6-25 所示。

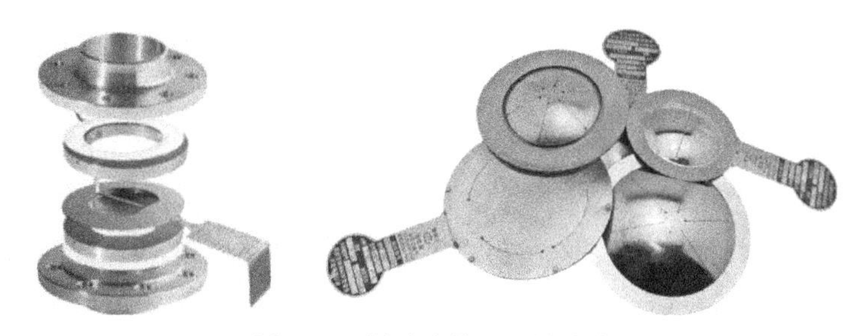

图 6-25　爆破片装置及爆破片

（3）紧急切断装置　紧急切断装置通常安装在液化气体汽车罐车和铁路罐车的气、液相出口管道上。罐车在装卸过程中，当管道及其附件发生破裂及误操作，或者罐车附近发生火灾事故时，可以立刻使用紧急切断装置切断气源，从而防止事故蔓延扩大。

（4）安全联锁装置　安全联锁装置是用于实现特殊安全目的的自动化控制装置。安全联锁装置通过机械或电气的机构使两个动作具有互相制约的关系，在生产过程中，为了保证正常工作，实现自动控制，以及为了防止事故，广泛采用了联锁装置。常用的安全联锁装置有电器操作安全联锁装置、液压操作安全联锁装置，以及联合操作安全联锁装置等。按引起安全联锁装置动作的动力来源不同，可分为直接作用式安全联锁装置、间接作用式安全联锁装置和组合式安全联锁装置三种。

在压力容器中，快开门式压力容器必须装设安全联锁装置。快开门式压力容器是指进出容器通道的端盖或者封头和主体间带有相互嵌套的快速密封锁紧的容器。用螺栓（例如活节螺栓）连接的不属于快开门式压力容器。常见快开门式压力容器有消毒锅、医用氧舱、蒸压釜和硫化罐等。这些压力容器是间歇作业，每次操作都要快速进、出物料（医用氧舱为进、出人），快开门启闭频繁。由于具有这些特性，如果操作不当，快开门式压力容器容易发生因卸压未尽打开门盖（端盖），或者快开门盖（端盖）未完全闭合而升压，而造成的端盖和内部物料飞出的事故。为了防止发生这类事故，快开门式压力容器必须装设安全联锁装置，如图6-26所示。

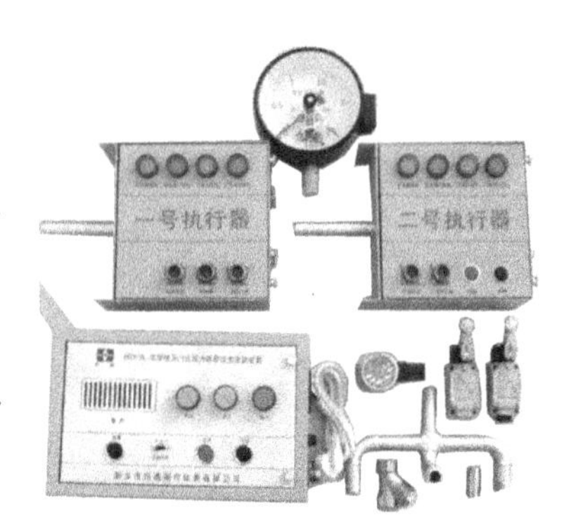

图6-26　快开门式压力容器安全联锁装置开关/执行器

选用的压力表，应当与压力容器内的介质相适应，如液氨介质应使用氨用压力表；设计压力小于1.6MPa的压力容器使用的压力表的精度等级不得低于2.5级，设计压力大于或者等于1.6MPa的压力容器使用的压力表的精度等级不得低于1.6级；压力表表盘刻度极限值应当为最大允许工作压力的1.5~3.0倍，表盘直径不得小于100mm。

压力表的校验和维护应当符合国家有关规定，压力表安装前应当进行校验，在刻度盘上应当划出指示工作压力的红线，注明下次校验日期。压力表校验后应当加铅封。

（5）液位计　压力容器用液位计应当符合下列要求：

1）根据压力容器的介质、最大允许工作压力和温度选用。

2）在安装使用前，设计压力小于10MPa的压力容器用液位计进行1.5倍液位计公称压力的液压试验，设计压力大于或者等于10MPa压力容器的液位计进行1.25倍液位计公称压力的液压试验。

3）存储0℃以下介质的压力容器，应当选用防冻液位计。

4）寒冷地区室外使用的液位计，选用夹套型或者保温型结构的液位计。

5）用于易爆、毒性程度为极度、高度危害介质的液化气体压力容器上时，应有防止泄漏的保护装置。

6）要求液面指示平稳时，不允许采用浮子（标）式液位计。

7）移动式压力容器不得设置玻璃板（管）式液面计。

压力容器运行操作人员，应加强液位计的检查与维护，保持完好和清晰。使用单位应对液位计实行定期检修制度，可根据运行实际情况，规定检修周期，但不应超过压力容器内外部检验周期。

测温仪表主要用来测量介质的温度。在需要控制壁温的压力容器上，应当装设测试壁温的测温仪表（或者温度计），测温仪表应当定期校验。

第四节　过程装备与控制工程学科的前沿技术

一、过程机器方面

目前，我国不仅往复式压缩机已形成了L、D、DE、H、M等数十个系列、数百种产品，满足了30~40万吨级化肥装置和百万吨级加氢装置的生产等需要，而且在技术难度较大的离心式和轴流式压缩机方面，如炼油催化裂化的主风机、富气压缩机和烟气轮机，

加氢的循环氢压缩机和新氢压缩机，乙烯三大压缩机组，化肥四大压缩机组等，都已能自行设计与制造，接近国际同类产品的先进水平，少部分品种已达到国际先进水平。目前我国的差距主要在于某些高技术、高参数、高品质的特殊品种，如百万吨级大型乙烯三机中的45770kW裂解气压缩机，排气压力达350MPa的超高压聚乙烯用往复压缩机等，国内尚无设计、制造经验。

随着现代大化工朝着大型集成化方向发展，过程机器随之主要向大型化、高精度与长寿命方向发展，更多地按生产工艺参数采用专用设计、个性化设计和制造，使之在最佳工况下运行。

1）大型高参数离心压缩机。不仅在叶轮设计中采用三元流动理论，而且在叶片扩压器静止元件设计中也采用，使之获得最高的机组效率；采用新型气体密封（如螺旋槽上游泵送干气密封，以代替传统的浮环式密封）、磁力悬浮轴承和无润滑联轴器等，以保证机组低能耗、长寿命安全运行；采用防噪设计以改善操作环境等。现代先进的大型离心压缩机的整机效率已高达82%；已研制成超二阶、三阶的高柔性转子；检测、报警及联锁停车系统的控制水平更高、更可靠，可保证机组三年长周期安全运行。

2）大功率高参数往复式压缩机。已普遍采用工作过程综合模拟技术，以提高设计精度和开发新产品的成功率；产品的机电一体化不断发展强化，以实现优化节能运行、优化联机运行、运行参数异常显示报警与保护；开发变工况条件下的高品质新型气阀，以期大大延长其操作寿命和节能。

3）零泄漏的磁力驱动泵的发展也很快，其参数已达25MPa、6000m^3/h、1400kW。

4）在生产装置大型化与高度集成化后，保证大型参数过程机器的长周期安全运行就显得更为突出，所以“过程机器故障诊断技术”飞速发展，出现了“全息谱方法综合测定每阶频率分量上的振动形态”“基于神经网络、人工智能、模糊概率分析等的机泵故障检测系统”等先进方法，将故障判断的准确性与精度提到了一个新高度。目前正不断向更高级的机电一体化方向发展，将状态监测诊断、人工智能、主动控制、新材料、信息技术等综合，提出了“故障自愈技术”。

二、过程容器方面

过程容器的发展将更密切地与化工工艺新技术的发展息息相关。最有代表性的是各类反应设备以及应用最广泛的换热设备、塔设备及工业炉等。

1. 反应设备

以现代石油化工生产为例，目前许多关键装置的反应设备［如300万t/年以上的大型炼油催化裂化气固流化床反应设备（500~700℃）、20万t/年聚丙烯气液环管反应器、200万t/年加氢气液固三相固定床反应器等的成套设计］制造与调控运行已完全可国产化。13万t/年丙烯腈气固流化床反应器（撤热型）成套设备已研制成功，正在向26万t/年的更大规模迈进。过去一直依赖进口的3万t/年丙烯酸反应器（直径5.4m，1.8万根换热管）已研制成功。但30万t/年以上的氨合成塔、大型氯化流化床反应器、环氧乙烷反应器、连续重整移动床反应器等的成套设计技术还未完全掌握。乙烯装置的核心设备——乙烯裂解炉已自主开发成功6万t/年CBL炉型，目前正在和鲁姆斯公司合作开发10万~20万

t/年的大型 SL 型炉。国内已可生产 20 万 t/年天然气转化炉成套设备，但 30 万 t/年以上的更大型炉还没有。大型气流床煤气化炉成套设备（4.5~6.5MPa，1500℃，炉径 3.2m，日处理煤 2000t），目前仍依赖于引进德士古或壳牌技术，是个很大的薄弱环节。

反应设备的发展很大程度上依赖于化工工艺的发展，催化剂与化工工艺改变，反应器必然随之而变；再加上反应器内部是多相流动、传递与反应诸过程的耦合，是很复杂的非线性问题，所以其开发往往大大滞后于工艺，要经过“冷模→热模→放大验证→工业试用考核”等众多环节，漫长而耗资，往往成为影响新工艺技术开发的“瓶颈”，成为我国掌握自主核心技术路上的“拦路虎”。解决这个难题的突破口是掌握反应器放大技术，达到从模型研究一步直接放大到工程设计的要求。其方法可能是：依靠现代计算机技术与现代微观实验技术，将化学反应的分子模拟、本征和宏观反应动力学、多相湍流的多尺度分析与关联、相界面传递与反应过程的微观分析等结合起来，以求建立“设备结构与尺寸—过程耦合机理—反应器综合性能”之间相互影响的定量关联。

2. 塔设备

塔器是所有化工生产中最为量大面广的过程设备之一，现已完全国产化，已成功开发一系列高性能塔盘，且技术水平已达国际先进程度。最具代表性的塔盘有高通量 DJ 塔盘、高效率高弹性的立体传质塔盘、微分浮阀塔盘、并流喷射式复合塔盘、Super-V 型浮阀塔盘等。现已开发形成适用于不同物系的多品种高性能填料塔（规整及散堆型）成套技术（包括新型填料及高性能气液分布技术等），已成功应用于直径达 8.4~10m 的大型减压塔，并处于国际先进水平。国内已形成了若干个高水平的塔器研发基地，具有雄厚的科技力量与研发条件，已发展了计算传质学及新的传质模型，形成了若干个颇具特色的将工艺要求与塔盘构型和性能相结合的全塔优化设计软件等，为石化生产的挖潜增效、节能提质等做出了重要贡献。现在开发千万吨级大型炼油厂用的直径达 16m 的特大型减压塔等已无困难。

3. 换热设备

另一类量大面广的设备是各类换热设备。除少数特殊高性能品种外，从传热、流动性能计算到结构设计与加工制造基本上都可国产化。在强化传热方面，更有不断的创新发展，如应用最广的管壳式换热器开发了许多传热性能优异的传热管元件，有螺旋槽管（传热系数提高 60%）、横纹管（传热系数提高 85%）、非圆形管（螺旋扁管可提高传热系数 40%）、多孔表面管（提高沸腾表面传热系数 4~10 倍），管外用纵槽结合管内用多孔表面（提高冷凝表面传热系数 4~5 倍），管内插入扰动促进物（如英国 CatGavin 公司的 Hitran 丝网扰动促进物可提高液体传热系数 25 倍，气体可提高 5 倍，防垢能力可提高 8~10 倍）。壳程用折流杆栅可提高传热系数 20%，压降低 50%，还可防流体诱振。壳程用螺旋形折流板可提高传热能力 30%~40%。新发展的板壳式换热器的传热系数一般是管壳式换热器的 2~3 倍，而且压降小，结垢倾向小，易清洗维修，特别适用于高温、高压工作条件，单台传热面积最大已达 $3000m^2$，单板最大尺寸达 1200mm×1600mm，已掌握许多制造传热板的先进技术（如水下爆炸成形及连续滚压成形等）。但与国外先进水平相比仍有一定差距，如国外单台最大传热面积已达到 $8000m^2$，温度达 550℃。

此外，我国在板式换热器方面的发展也较快，最大可生产面积为 $4000m^2$ 的板式换热

器，但国外最大已达 15000m^2。我国与国外的技术差距主要在于大尺寸波形板成形及板片间密封上。在引进国外大型真空钎焊机的基础上，已可生产最大单体外形为 6m×1.1m×1.154m、最高压力为 5.12MPa 的用于乙烯裂解冷箱的板翅式换热器。与国外的差距主要在于更高压力 9MPa 冷箱的设计与制造上，而各类空冷器则均已全部国产化。

4. 工业炉

以炼油、石化工业中最常用的管式炉为例，关键问题是不断提高炉管表面平均热强度和合理提高全炉热效率。除特殊的乙烯裂解炉和制氢转化炉等复杂高性能品种外，我国都已掌握了其设计与制造成套技术，而且还开发了全炉管内外的流动、反应与燃烧、传热的耦合数值模拟技术，推动了全炉优化设计与运行的进展。一般已普遍采用了国内自主开发的热管换热器及防露点腐蚀的 ND 钢来降低排烟温度，有效提高了全炉热效率。但在低 NO_x 的高性能燃烧器上却没有什么进展，主要还是依靠引进国外技术，因此这仍是个薄弱环节。

三、过程装备成套技术

过程装备的正常运行，仅靠专用设备的设计和通用设备的选型是不够的，也就是说，仅有生产过程的关键设备并不能使生产过程顺利进行并完成工业生产的任务，它需要由各种组成件构成的管道将它们联系起来，形成一个连续、完整的系统，即将所需的机器、设备按工艺流程要求组装成一套完整的装置，并配以必要的控制手段才能达到预期的目的。而且机器和设备都有不同的型号、规格，如何选择性能好又经济的机型、规格是一个十分重要而又很复杂的问题。另外，有些反应、传热、压缩过程有自己的特殊性，有可能没有现存、理想的机器和设备型号，需进行专门的设计。有了主体设备，机器和管道还要按一定的技术要求运输到现场，并安装定位，最后还要检验、试车。达到了预定的技术要求和技术指标后才能投入正常运行。那么完成所有这些工作所涉及的各项技术就是过程装备成套技术。

过程装备成套技术涉及的范围很广，主要包括工艺开发与工艺设计、经济分析与评价、工艺流程设计及设备布置设计、过程装备的设计与选型、管道设计、过程控制工程设计、绝热设计、防腐工程、过程装备安装、试车等。以上各环节相辅相成、环环相扣，因此过程装备成套技术在过程工业中有着举足轻重的作用。过程装备成套技术涉及的知识面很宽，但其中很多内容并不复杂，关键在于实践总结。总之，过程装备成套技术综合性、实践性较强，涉及知识面很宽。只有掌握过程工业生产装置建设有关的广泛、全面的基础知识后，才能使生产过程顺利进行并完成工业生产的任务。

四、高新技术在过程装备技术方面的应用

将各种高新技术引入过程装备的研发中已是过程装备技术发展的主导方向，主要包括以下五个方面。

1. 计算机和信息技术的应用

计算机和信息技术除了在前述“过程机器故障诊断技术”及“压力容器失效分析与

安全评定技术”等中的应用之外，还广泛用于过程设备内复杂过程的多尺度数值模拟与分析，以实现直接一步放大与结构优化设计；发展装备的三维动态模拟（应力应变场、温度场、流场等），以达到装备的虚拟设计与制造；将射线断层扫描实时成像与人工智能相结合，以实时显示装备内多相流时空变化的动态过程，进行装备缺陷检测识别与寿命预估等；发展多种装备优化集成与优化调控的数字化技术，以达到全系统效益最大化、污染最小化等多指标综合优化的目的。

现阶段，现代化计算机技术被广泛用于设备故障诊断以及设备安全判定等方面，优势越来越明显。通过计算机对过程设备各个流程进行动态模拟分析，可以帮助相关人员及时了解设备的运行工况以及潜在隐患，对于设备的结构优化设计也有重要意义。例如，基于对设备的三维动态建模，可以科学地进行装备的设计与生产，通过开发多形式设备优化集成和优化调控数字化技术，可以很好地实现对整个系统生产效益最大化、污染损害最小化等多项优势。

2. 新材料的应用

世界材料产业的产值以每年约30%的速度增长，化工新材料、微电子、光电子、新能源成了研究最活跃、发展最快、最为投资者所看好的新材料领域，材料创新已成为推动人类文明进步的重要动力之一，也促进了技术的发展和产业的升级。在过程装备领域，除了在压力容器领域发展高强高韧钢及高耐蚀性材料以及在过程机器的自愈技术中采用新型材料之外，还应着重发展各类高功能性材料。

如先进膜材料制成气体膜分离器，可从空气中富集氧，从混合气体中提纯氢，从烟气中捕集回收CO_2，以减排温室气体等，有着重大的应用前景。又如开发新型反渗透膜与多功效闪蒸技术组合应用，可使海水淡化，成本已降到5元/t淡水；开发生物膜过滤以净化污水，可达到回用标准，节水价值重大。某种高分子复合膜可从混合气体中分离、回收乙烯，回收率可高达90%以上。材料的表面改性也十分重要，如乙烯裂解炉管的表面改性可以有效防止结焦，大大提高乙烯装置的生产能力。

由新型高性能材料制成的气体膜分离设备，可以直接从空气环境中收集氧成分，并可以有效从混合的气体内获得氢元素等。新型研发的反渗透膜和多功效闪蒸技术的结合使用，可以有效对海水进行处理，且投入成本远低于传统形式海水淡化投入；基于生物膜过滤技术可以实现对污水的有效净化处理，从而使其回到标准水源品质，有效提高水资源的利用率。一些高分子复合肽在乙烯物质的回收方面具有很好的优势，甚至可以达到90%以上的回收效果。一些材料经过表面的改性也同样可以达到非常好的效果。比如乙烯裂解炉管的表面改性处理，可以很好地避免结焦，有效改善乙烯设备的生产率，推动乙烯行业的进一步发展。

过程装备的发展离不开高性能、高水准的金属材料，目前过程装备新金属材料的开发在于对传统材料的改进，其技术核心是在金属中添加所需的合金元素和改善发展新的制备工艺。

复合材料具有重量轻、比强度高、力学性能可设计性好等普通材料不具有的显著特点，其既保持了组成材料的特性，又具有复合后的新性能，并且有些性能往往大于组成材料的性能总和，是过程装备材料选择的主要趋势。当前复合材料的发展趋势为由宏观复合

向微观复合发展，由双元复杂混合向多元混杂和超混杂方向发展，由结构材料为主向与功能复合材料并重的局面发展。

纳米科学技术是20世纪80年代末诞生并正在崛起的新技术，鉴于纳米材料的诸多优势，与纳米相关的技术也逐渐运用于过程装备中，如粉体设备技术是化工机械技术的主要分支，而纳米粉体的制备技术是其前沿技术。目前中国首创的超重力反应沉淀法（简称超重力法）合成纳米粉体技术已经完成工业化试验。

3. 过程强化技术的应用

过程强化是指能显著减小工厂面积和设备体积、高效节能、清洁、可持续发展的过程新技术，它主要包括传热、传质强化以及物理强化等方面，其目的在于通过高效的传热、传质技术减小传统设备的庞大体积或者极大地提高设备的生产能力，显著地提升能量利用率，大量地减少废物排放。过程强化主要包括传热强化和传质强化。

（1）换热设备强化传热技术　过程设备中用于传热的主要设备是换热设备。随着工艺装置的大型化和高效率化，换热设备也趋于大型化，并向低温差设计和低压力损失设计的方向发展。为了节能降耗，提高工业生产经济效益，要求开发适用于不同工业生产过程要求的高效能换热设备。当前，换热设备的强化传热技术主要体现在管程设计、壳程设计两方面。

在管程设计方面，为了强化传热，当前的研究热点主要是优化换热管结构，如采用螺纹槽管、横纹槽管、缩放管、管内插入物等。在壳程设计方面，传统管壳式换热器壳程良好的传热是通过在壳程设置单弓形折流板而得到的。但这种壳程支承易使壳程流体产生流动死区，换热面积不能充分利用，从而导致壳程传热系数低，易结垢，流体阻力大等现象。目前，对换热设备壳程强化传热的主要研究包括：一是改变管子外形或在管处加翅片，如采用螺纹管、外翅片管等；二是改变壳程挡板或管束支承结构，使壳程流体形态发生变化，以减少或消除壳程流动与传热的滞流死区，使换热面积得到充分利用。

在微型化技术方面，采用微蚀刻技术，可制造出通道特征尺寸小于几百微米的微型模块，单通道液体流量为1μL~10mL/min，面积体积比高达1万~10万m^2/m^3，采用几十万个并行通道组成一台微换热器，在$1m^3/h$的体积流量下，可达200kW的高功率和$25kW/(m^2 \cdot K)$的高传热系数，相当于水为介质时的传统换热器的6~12倍，气相传热系数为传统的20倍。一台溴化锂微型制冷器的制冷强度高达$10 \sim 15kW/(m^2 \cdot K)$，其体积只有传统制冷器的1/60。一个汽车用压缩蒸汽微型重整反应器，体积只有4L，但可使异辛烷转化率达90%，供50kW燃料电池使用。

在强化传热技术方面，最近兴起了一种电场强化冷凝传热技术，进一步强化了对流、冷凝和沸腾传热，适用于强化冷凝传热和低传热性介质的冷凝。

（2）强化传质技术　过程设备中用于传质的主要设备是塔设备，塔设备的强化传质技术主要体现在填料和塔盘的设计。填料是填料塔的核心内件，它为气液两相接触进行传质和换热提供了接触表面。填料一般分为散装填料和规整填料。在乱堆的散装填料塔内，气液两相的流动路线往往是随机的，加之装填时难以做到各处均一，因此容易产生沟流等不良情况，这样规整填料就应运而生。目前可根据需要制成金属波纹填料、金属丝网填料、塑料及陶瓷波纹填料。

塔盘结构在一定程度上决定了它在操作时的流体力学状态及传质性能。为了充分利用板式塔和填料塔的各自优点，天津大学开发了一种新型塔板——填料复合塔，并已获得国家专利。近年来，各国学者除通过设计新型的填料和塔盘来提高塔设备的强化传质外，又着眼于开发新的强化传质技术。其中，超重力技术被公认为是强化传递和多相反应过程的一项突破性技术。超重力技术是一种物理强化技术，它是指利用装置旋转产生比地球重力加速度大得多的超重力环境。在超重力环境下，液体表面张力的作用相对变得微不足道，液体在巨大的剪切和撞击下被拉伸成极薄的膜、细小的丝和微小的液滴，产生出巨大的相间接触面，因此极大地提高了传递速度，强化了微观混合。

过程复合，即在一个新设备内同时完成几个传统单元设备的功能。已开发成功的有反应与蒸馏的复合，采用带有催化剂包的新型塔盘等。又如膜反应器，可使反应与产物分离同时进行，打破了原来反应器内热力学平衡的限制等。

外场效应的强化，如采用旋转式填料器，依靠超重力强化传质反应过程，可获得超细粉体等。如采用外加电场（数千瓦），可使喷雾的雾滴最小粒径达到 4~5μm，甚至纳米级。如磁场与超声波组合，可高效脱除水中的 BOD、COD 等。在超重力环境下，分子扩散和相间传质过程得到增强，整个反应过程加快，气体线速度大幅提高，生产率显著提高。

4. 先进制造技术的应用

（1）增材制造　普遍称为 3D 打印的增材制造已经成为新一轮工业革命的旗帜，是有望给产品制造方式带来重大变革的新兴技术之一。“冷喷涂”是一种刚刚崭露头角的工艺，喷嘴高速喷射金属颗粒，这些颗粒会相互结合、组成形状。通过精确控制喷嘴，可以像 3D 打印机打印一样制造出齿轮之类的三维金属物体，如图 6-27 所示。

图 6-27　3D 打印的增材制造

（2）传感、测量和过程控制　几乎所有先进制造技术都有一个共同点，即由处理巨量数据的计算机驱动。因此，那些捕捉并记录数据的元件（传感器）十分重要，如监测湿度的传感器、确定位置的 GPS 跟踪器、测量材料厚度的卡尺等。传感器使得智能、灵活、可靠、高效的制造技术成为可能。一座现代化的工厂里，传感器不仅有助于引导日益灵敏的机器，还提供管理整个工厂运营所需的信息。产品从诞生到送达都可以跟踪，甚至可以进行产品的全寿命追踪。

（3）材料设计、合成与加工　材料科学的研究已经深入到原子或分子层级，对纳米尺度材料的操控技术日益先进，使得涂层、复合材料和其他材料的开发周期大大缩短。美国能源部等政府机构发起成立了材料基因组计划，其目标是将确定新材料、把新材料推向市场所需要的时间缩短一半。

（4）数字制造技术　工程师和设计师使用计算机辅助建模工具已有很长时间，不仅用于设计产品，还以数字方式对产品进行检测、修正、改良，代替了更费钱、更费时的实体检验过程。云计算和低成本 3D 扫描仪正让先进的数字制造技术从高端实验室走进工厂。

（5）可持续制造　将每一丁点物质、每一焦耳能量最大化地用到生产中，尽可能地减少浪费。比如，“无灯”工厂，这种工厂在黑暗中持续运转，不需要加热或制冷，因为它们基本上都是由机器人或其他机器操作。随着规模更小、自动化更高的本地工厂的发展，再制造和资源回收变得更加重要，本地供应的材料也会更受重视。

（6）工业机器人技术　工业机器人可以每天24小时、每周7天连续运转，精度越来越高且可重复，时间上可以精确到几百分之一秒，空间上可以精确到人眼不可识别的程度。随着机器人应用的普及，其经济性也在提高。据麦肯锡全球研究院的报告，1990年以来，与人工相比，机器人相关成本已经下降高达50%。另外，随着电气和自动化技术的进步，机器人能够做的事情将越来越精巧，如表面检测与修复、自动焊接、自动清洗等。工业机器人的外形如图6-28所示。

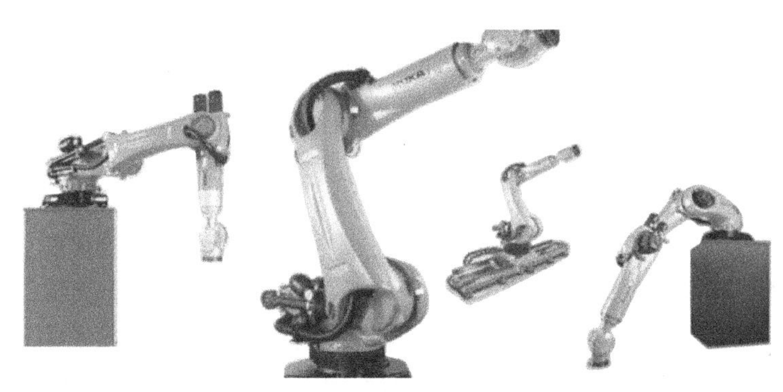

图6-28　工业机器人的外形

（7）先进成形与连接技术　当前大部分机器制造工艺不同程度地依靠传统技术，特别是针对金属的加工技术，如铸型、锻造、加工和焊接等。然而，该领域的创新时机已经成熟，可以用新的方法来连接更多种类的材料，同时提高能源和资源效率。如冷成型技术就有可能作为一项修复技术或先进焊接技术而发挥重大作用。

（8）再制造技术　再制造技术是先进制造技术的延伸和发展，它属于绿色先进制造技术。在充分发挥旧设备潜力的基础上，通过对服役产品进行科学评估、综合考虑、技术改造、整体翻新以及再设计，废旧产品在对环境的负面影响小、资源利用率高的情况下高质量地获得再生，它不仅能够恢复产品原有性能，还能赋予旧设备更多的高新技术含量，从而最大限度地延长产品的使用寿命。再制造的重要特征是再制造产品质量和性能达到或超过新产品，成本却远低于新产品，对环境的不良影响显著降低。

（9）柔性自动化生产技术　柔性自动化生产技术简称为柔性制造技术，也称为柔性集成制造技术，是现代先进制造技术的统称。柔性制造技术集自动化技术、信息技术和制作加工技术于一体，把以往企业中相互孤立的工程设计、制造、经营管理等过程，在计算机及其软件和数据库的支持下，构成一个覆盖整个企业的有机系统。它以工艺设计为先导，以数控技术为核心，是自动化地完成企业多品种、多批量的加工、制造、装配、检测等过程的先进生产技术（图6-29）。

5. 先进检测技术的应用

无损检测技术在过程装备的材料、制造过程以及装备检验方面起着重要的作用，为了

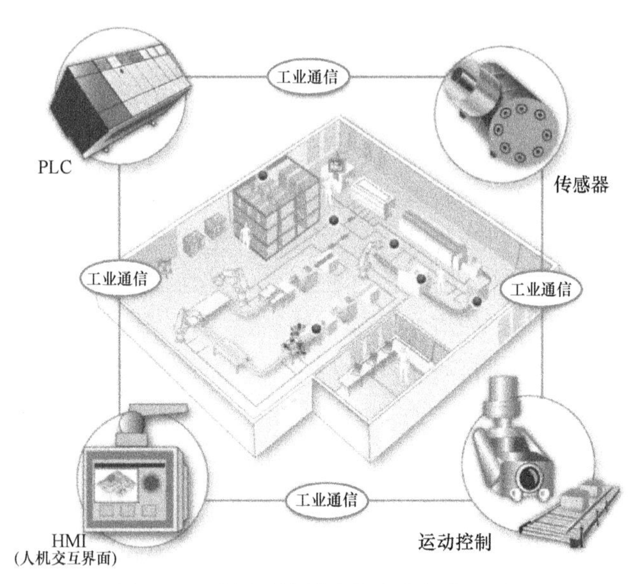

图 6-29　采用柔性制造技术的智能工厂

满足过程装备制造质量的新要求，无损检测新技术也得到了相应的发展。在射线检测方面，高能 X 射线能量大、灵敏度高、探测厚度大、速度快；在超声波检测方面，数字式超声波探伤仪可直接读出缺陷位置及大小，微机控制的自动超声波检测系统可以绘制并显示缺陷的形状和位置，测定缺陷尺寸；在表面检测方面，采用光镜、光纤图像仪、电视摄像镜进行检测观察，并可输出图形、信号，通过计算分析，检测更方便准确。

第五节　过程装备与控制工程专业的就业与升学

一、过程装备与控制工程专业的就业

过程装备与控制工程专业毕业生具备机械工程、化学工程、控制工程和管理工程等方面的基本知识和技能，可从事化工、炼油、医药、轻工、环保等过程设备与过程计算机自动控制的设计、研究、开发、制造、技术管理和教学等工作，对于与机电类有关的工作具有较强的适应能力。

1. 过程装备与控制工程专业的就业率

综合麦可思公司的调查数据以及若干高校的调研结果，过程装备与控制工程专业毕业生的当年就业率保持在 95%左右，部分高校本专业的就业率在 98%以上，可以说，过程装备与控制工程专业一直是各类就业排行榜上的绿牌专业。

2. 过程装备与控制工程专业的人才需求

过程装备与控制工程专业已经渗入航空、航天、原子能、材料冶金、化工、制药、石油、轻工、环保、食品等领域中。只要是与化工设备机械有关的单位，毕业生都可以去就业。

与化工设备有关的公司或者企业可分为三类：一类是化工设备制造企业，比如压力容

器制造、空分设备制造；第二类是化工厂，该专业的毕业生主要承担设备管理工作；第三类就是化建公司（专门负责建立化工厂），毕业生主要负责所建化工厂的整体规划布局以及化工设备的安装工作。就目前来看，大多数毕业生的去向都在上述三类企业之内。

过程装备与控制工程专业毕业生的职位主要包括设备工程师、机械工程师、机械设计工程师、销售工程师、压力容器设计工程师、监理工程师和设计工程师等，职位类型及职位占比数见表 6-1。

表 6-1 过程装备与控制工程专业毕业生就业的职位类型及职位占比数

一级职位类型	二级职位类型	三级职位类型	职位数占比(%)	招聘人数占比(%)
生产/制造	机械设计/制造	机械研发工程师	31.29	31.22
生产/制造	采购/物料/设备管理	生产设备管理	20.80	19.41
生产/制造	机械设计/制造	工程/设备工程师	15.83	13.42
房地产/建筑/物业	土木/土建规划设计	结构工程师	13.32	16.93
生产/制造	机械设计/制造	机械设计师	11.45	12.81
生产/制造	采购/物料/设备管理	设备主管	7.28	6.19

3. 过程装备与控制工程专业就业行业分布

过程装备与控制工程专业毕业后主要在机械、石油和新能源等行业工作，包括：机械/设备/重工、石油/化工/矿产/地质、新能源、环保、制药/生物工程、建筑/建材/工程、仪器仪表/工业自动化等。过程装备与控制工程专业毕业生的需求行业及其单位数占比见表 6-2。

表 6-2 过程装备与控制工程专业毕业生的需求行业及其单位数占比

需求行业	单位数占比(%)	需求行业	单位数占比(%)
机械/设备/重工	8.51	交通/运输/物流	2.96
互联网/电子商务	7.02	建筑/建材/工程	2.83
电子技术/半导体/集成电路	5.42	房地产开发	2.69
仪器仪表/工业自动化	3.59	计算机软件	2.47
汽车及零配件	3.48	环保	2.24
原材料和加工	3.40		

总的说来，过程装备与控制工程专业的毕业生就业面宽，可选择的对口行业多，从事的岗位以工程师及管理人员为主。

二、过程装备与控制工程专业的升学

1. 报考研究生类型和专业

对于过程装备与控制工程专业的应届毕业生，可报考学术型硕士研究生、专业学位型硕士研究生两种。自 2021 年起，国家开始按照新的专业目录招生，过程装备与控制工程专业的学生如果有继续求学深造的愿望可以报考硕士研究生，相关考研的学科有很多，主要报考的学科见表 6-3。

表 6-3　过程装备与控制工程专业报考硕士研究生的主要学科

报考研究生类型	报考的一级学科名称及代码	报考的二级学科名称及代码
学术型	机械工程(学科代码:0802)	机械工程(学科代码:080200)(不设置二级学科)
		机械制造及其自动化(学科代码:080201) 机械电子工程(学科代码:080202) 机械设计及理论(学科代码:080203) 车辆工程(学科代码:080207)
	动力工程及工程热物理(学科代码:0807)	动力工程及工程热物理(学科代码:0800700)(不设置二级学科)
		工程热物理(学科代码:080701) 热能工程(学科代码:0800702) 动力机械及工程(学科代码:0800703) 流体机械及工程(学科代码:0800704) 制冷及低温工程(学科代码:0800705) 化工过程机械(学科代码:0800706)
专业学位型	机械(学科代码:0855)	—
	能源动力(学科代码:0858)	—

(1) 报考学术型硕士研究生　报考机械工程一级学科，有的学校不设二级学科。或报考机械工程一级学科下设的四个二级学科，即机械制造及其自动化（学科代码：080201）、机械电子工程（学科代码：080202）、机械设计及理论（学科代码：080203）和车辆工程（学科代码：080207）。

报考动力工程及工程热物理一级学科，有的学校不设二级学科。或报考动力工程及工程热物理一级学科下设的六个二级学科，即工程热物理（学科代码：080701）、热能工程（学科代码：0800702）、动力机械及工程（学科代码：0800703）、流体机械及工程（学科代码：0800704）、制冷及低温工程（学科代码：0800705）、化工过程机械（学科代码：0800706）。

(2) 报考专业学位型硕士研究生　主要报考机械（学科代码：0855）和能源动力（学科代码：0858）两个学科。

2. 录取分数线

录取分数线有两种：国家复试分数线和学校复试分数线。

(1) 国家复试分数线　教育部根据研究生初试成绩，每年确定了参加统一入学考试考生进入复试的初试成绩基本要求（简称国家复试分数线），原则上，达到国家复试分数线的考生有资格参加复试。

对学术型研究生和专业学位型研究生，其国家复试分数线是各不相同的，可参阅相关报道。

国家复试分数线按考生所报考地不同，其分数也有高低不同。

(2) 学校复试分数线　学校复试分数线是指各学校根据考生达到国家复试分数线的人数与本校各专业的招生名额，来确定的复试分数线。由此可以看出，每个学校各专业的复试分数线是不同的。

如果达到国家复试分数线的人数少于某专业的招生名额，则学校复试分数线与国家复

试分数线相同，不能低于国家复试分数线；反之，则高于国家复试分数线。

3. 能招收动力工程及工程热物理硕士研究生的“双一流”学校

在双一流大学中，能招收动力工程及工程热物理专业硕士研究生的一流大学有19所，一流学科大学有20所，具体见表6-4。

表6-4 能招收动力工程及工程热物理硕士研究生的“双一流”高校

双一流类别	学校名称
能招收动力工程及工程热物理研究生的一流大学	北京航空航天大学、清华大学、北京理工大学、天津大学、东北大学、吉林大学、哈尔滨工业大学、同济大学、上海交通大学、东南大学、浙江大学、中国科学技术大学、山东大学、华中科技大学、中南大学、华南理工大学、重庆大学、西安交通大学、新疆大学
能招收动力工程及工程热物理研究生的一流学科大学	北京工业大学、北京科技大学、北京化工大学、华北电力大学、中国石油大学(北京)、中国科学院大学、河北工业大学、太原理工大学、哈尔滨工程大学、华东理工大学、南京航空航天大学、中国矿业大学、南京林业大学、南京师范大学、南昌大学、中国石油大学(华东)、武汉理工大学、西南交通大学、西南石油大学、长安大学

4. 过程装备与控制工程专业硕士研究生的入学考试专业课

过程装备与控制工程专业入学考试专业课是指初试中的专业基础课和复试中的专业课。

(1) 初试中的专业基础课

1）机械工程。对于报考机械工程一级学科或下设的二级学科的硕士研究生，初试中的专业基础课主要有机械原理、机械设计、材料力学、理论力学、机械工程控制基础、机械制造基础、工程热力学和生产管理学等。

2）动力工程及工程热物理。对于报考动力工程及工程热物理一级学科或下设的二级学科的硕士研究生，初试中的专业基础课主要有材料力学、传热学和工程热力学等。各招生单位对初试中的专业基础课要求不一，具体见各校的研究生招生简章。

(2) 复试中的专业课

1）机械工程。对于报考机械工程一级学科或下设的二级学科的硕士研究生，复试中的专业课主要有控制工程基础、汽车理论、机械制造技术基础、计算机辅助设计、热工测试技术、电工电子技术、自动控制原理、机械工程材料、机电一体化、PLC、单片机原理等。

2）过程装备与控制工程。对于报考过程装备与控制工程一级学科或下设的二级学科的硕士研究生，复试中的专业课主要有动力工程及工程热物理专业综合等。

各招生单位对复试中的专业课要求也不一，具体见各校的研究生招生简章。

思 考 题

1. 什么是过程？什么是过程装备？什么是过程控制？它们的关系是什么？
2. 过程装备与控制工程专业有何特色？简述其发展历程。
3. 简要叙述我国过程装备行业的发展历程。
4. 过程装备有哪些分类方法？
5. 过程机器和过程容器主要包括哪些设备？
6. 简述离心泵的工作原理。

7. 一台压力容器主要包括哪些部件？

8. 过程容器的安全附件及仪表有哪些？

9. 应用于过程装备的高新技术主要有哪些？

10. 上网检索几所学校的过程装备与控制工程专业的培养方案，并与你所在的学校过程装备与控制工程专业培养方案的培养目标、毕业要求进行对比，分析异同点。

11. 上网检索几所学校的过程装备与控制工程专业的教学计划，并与你所在的学校过程装备与控制工程专业教学计划的专业基础课、专业必修课、实践环节、学分要求进行对比，分析异同点。

12. 分析过程装备与控制工程专业的人才需求情况。

13. 过程装备与控制工程专业人才的需求有哪些特点？

14. 你对过程装备与控制工程行业的哪些工作岗位感兴趣？

15. 过程装备与控制工程专业的主要就业方向有哪些？你对未来职业生涯有何规划？

16. 过程装备与控制工程专业应届毕业生报考硕士研究生的主要学科有哪些？

第七章

车辆工程

车辆工程既是机械工程一级学科下的一个二级学科名称，也是机械类专业中的一个专业名称。本章主要介绍车辆工程学科与专业、车辆工程行业的发展、车辆总体构造与基本原理、车辆工程学科的前沿技术、车辆工程专业的就业与升学等内容。

第一节 车辆工程学科与专业

一、车辆与车辆工程专业的范畴

1. 何谓车辆

车辆是“车”与车的单位“辆”的总称。所谓车，是指陆地上用轮子转动的交通工具；所谓辆，来源于古代对车的计量方法。那时的车一般是两个车轮，故车一乘即称一两，后来才写作辆。由此可见，车辆的本义是指本身没有动力的车，用马来牵引叫马车，用人来拉或推叫人力车。随着科学技术的发展，又有了用蒸汽机来牵引的汽车、火车等。这时车辆的概念已经悄悄发生变化，成为所有车的统称。

通常，人们把在道路上行驶的“车辆”分为机动车和非机动车。“机动车”是指以动力装置驱动或者牵引，上道路行驶的供人员乘用或者用于运送物品以及进行工程专项作业的轮式车辆。“非机动车”是指以人力或者畜力驱动，上道路行驶的交通工具，以及虽有动力装置驱动，但设计最高时速、空车质量、外形尺寸符合有关国家标准的残疾人机动轮椅车、电动自行车等交通工具。

车辆工程学科（专业）所研究的车辆是指机动车，主要是道路上行驶的汽车、摩托车、轨道上行驶的火车（机车），还包括非道路上行驶的工程机械、军事车辆和拖拉机等，如图 7-1 所示。

2. 何谓车辆工程

车辆工程是研究汽车、拖拉机、机车车辆、军用车辆、摩托车及其他工程车辆等陆上移动机械的理论、设计及制造技术的工程技术领域。

车辆工程不仅涉及机械、材料、能源、化工等学科，还涉及电子工程、计算机、测试计量技术、控制技术、环境等学科。它们相互渗透、相互联系，并进一步涉及医学、生物学、心理学等领域，形成一门涵盖多种高新技术的综合性学科和工程领域。

通俗地讲，车辆工程就是关于各种车辆的研究、设计、制造、试验、使用、管理等的科学技术。当今车辆工业，尤其是汽车工业，几乎聚焦了所有的先进技术，如新材料、控制理论、加工工艺等，是一个应用面广、发展速度快的行业，需要大量的研究开发人员和

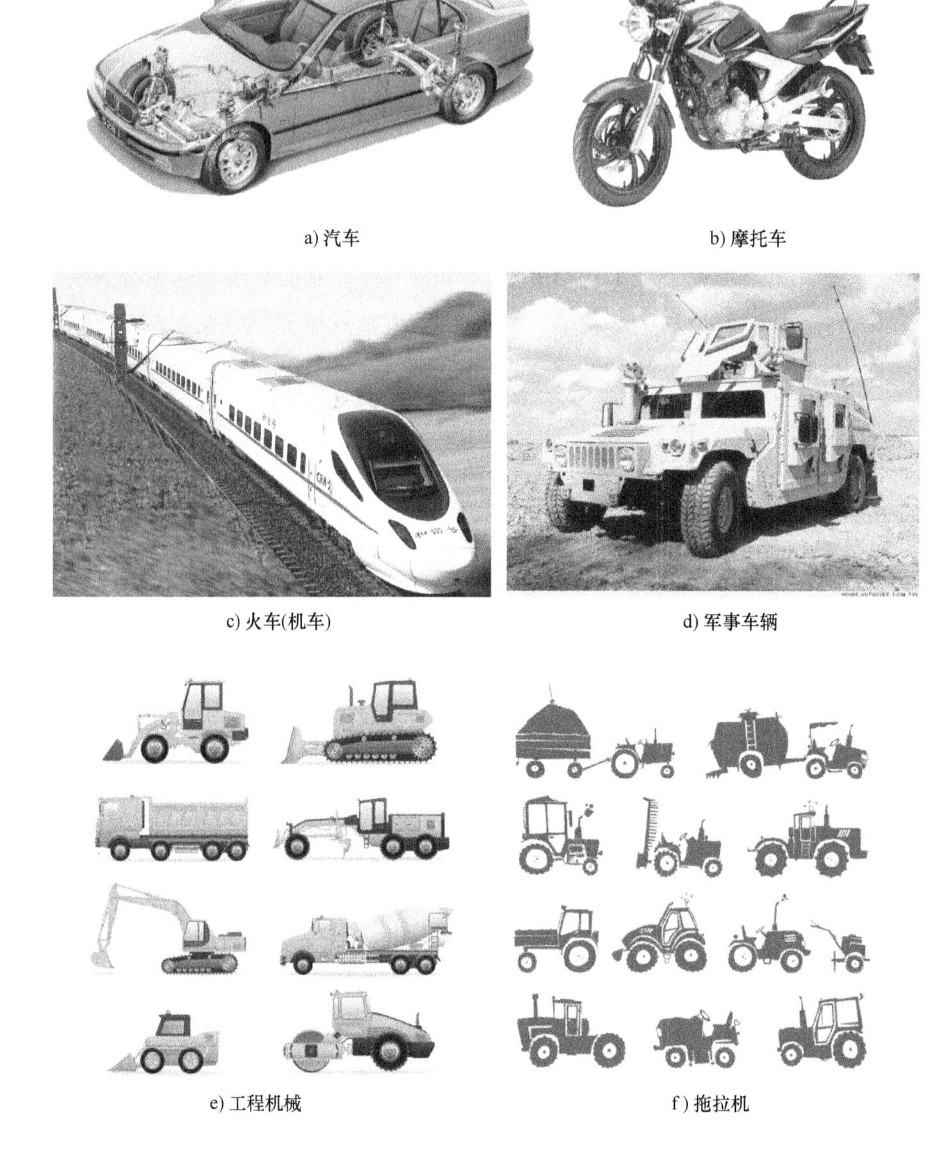

a) 汽车　b) 摩托车　c) 火车(机车)　d) 军事车辆　e) 工程机械　f) 拖拉机

图 7-1　车辆的类别

工程技术人员。

3. 何谓车辆工程专业

车辆工程专业是培养掌握机械、电子和计算机等全面工程技术基础理论和必要专业知识与技能，了解并重视与汽车技术发展有关的人文社会知识，能在企业、科研院（所）等部门，从事与车辆工程有关的产品设计开发、生产制造、试验检测、应用研究、技术服务、经营销售和管理等方面的工作，具有较强实践能力和创新精神的高级专门人才。相应地，要求学生系统学习和掌握机械设计与制造的基础理论，学习微电子技术、计算机应用技术和信息处理技术的基本知识，受到现代机械工程的基本训练，具有进行机械和车辆产

品设计、制造及设备控制、生产组织管理的基本能力。

二、车辆工程学科的发展

“车辆工程”归属于机械工程一级学科下属的二级学科，起源于以前的“汽车拖拉机专业”。新中国成立之初，由于汽车拖拉机工业刚刚起步，当时只有几所高校（清华大学、上海交通大学、原华中工学院、原山东工学院）设置汽车拖拉机专业。1955 年，上海交通大学、原华中工学院、原山东工学院等三所院校的汽车拖拉机专业合并，迁至长春成立“长春汽车拖拉机学院”。该学院又将汽车与拖拉机分开为两个专业，“汽车专业”仅涉及汽车上的四大总成（发动机、底盘、车身、电气设备）之一的底盘。吉林大学（原吉林工业大学）是我国车辆工程学科的摇篮，培养了大量的汽车专业人才。该校车辆工程学科于 1978 年、1981 年先后获得首批硕士、博士学位授予权，1987 年被批准为国家重点学科，1989 年获准设立博士后流动站，1998 年获准建设汽车动态模拟国家重点实验室，1997 年成为国家“211 工程”首批重点建设学科，1998 年成为首批获准设立“长江学者”特聘教授岗位的学科之一，2001 年再次被批准为国家重点学科。在吉林大学（原吉林工业大学）车辆工程学科快速发展的同时，国内其他的工业高校也纷纷大力发展车辆工程学科，目前在国内车辆工程学科（专业）具有重要影响力的主要有清华大学、同济大学、湖南大学、北京理工大学、江苏大学、重庆大学等高校，并形成了各具特色的车辆工程学科发展方向。例如，清华大学侧重于汽车的“节能、安全”方面，同济大学侧重于新能源汽车的研究，湖南大学侧重于汽车车身的相关研究。

到目前为止，我国开设车辆工程学科的高校超过百所，其中吉林大学、清华大学、湖南大学、北京理工大学、同济大学、重庆大学、燕山大学和西南交通大学等 10 余所学校的机械工程是国家重点一级学科，则车辆工程学科也是二级学科国家重点学科。拥有车辆工程学科博士学位授予权的学校有 45 所，拥有车辆工程学科硕士学位授予权的高校有 100 余所。各高校为社会输送了大批专业技术人才，同时也推动了汽车技术的快速发展。

三、车辆工程专业的发展

1. 早期的“车辆工程”专业

早在 20 世纪 30 年代，我国清华大学机械工程学系设立了飞机及汽车组，开设了内燃机课程。清华大学是我国最早设置汽车专业的大学。

1952 年，我国开始仿照苏联模式，对全国高等学校的院系进行全盘调整，将中国一举纳入苏联模式教育体系。这场教育体制改革，涉及全国 3/4 的高校，形成了 20 世纪后半叶中国高等教育系统的基本格局。调整于 1953 年结束，经过调整后，全国高校数量由 1952 年以前的 211 所减少到 1953 年后的 183 所。

在此次院系调整中，首次在清华大学等一些大学中开始设置了汽车专业、汽车拖拉机专业，学制五年。

在此以后，又先后开设了汽车专业、汽车运用工程专业、拖拉机专业等。

至 20 世纪 80 年代末，国内有 18 所高校设置了“汽车与拖拉机”专业，7 所高校设置了“汽车运用工程”专业。表 7-1 列出了不同历史时期教育部门对汽车专业的定位情况。

表 7-1 不同历史时期教育部门对汽车专业的定位情况

历史时期	专 业	专 业 要 求
20 世纪 50 年代	汽车拖拉机	分为四个专门化;汽车、拖拉机、汽车拖拉机发动机和汽车运输。毕业后能担任汽车、拖拉机或发动机的设计、制造、装配、运用和保修工作,及试验工作
20 世纪 60 年代	汽车拖拉机	毕业后能在汽车或拖拉机制造厂、运输企业中保修场站等部门担任汽车、拖拉机或发动机的设计、制造、装配、运用和保修工作,及试验工作
20 世纪 80 年代	汽车	本专业分设汽车专门化方向及车身专门化方向。毕业后,能在汽车工业部门及其科学研究机构担任汽车设计及汽车方面的研究工作,并能在学校担任教学工作
	汽车运用及修理	本专业所培养的人才要求能设计汽车及发动机的各个总成和零件,能设计汽车机件的制造、修理及技术保养工艺过程;能设计保养修理、试验以及卸装用的各种机械仪器和工具;能进行汽车和发动机的各项研究试验工作
	汽车与拖拉机	培养从事汽车与拖拉机设计、试验、研究、制造的高级工程技术人才。本专业主要学习机械设计的基础理论与方法及汽车、拖拉机性能的分析方法,解决汽车与拖拉机的整机与零、部件的设计问题
	汽车运用工程	培养能应用现代科学技术手段进行汽车运用试验、研究和从事汽车运输、使用系统设计与管理的高级工程技术人才。本专业学生主要学习公路运输车辆及其装备、电子技术、汽车运输规划和管理方面的基础理论与科学方法

可以注意到，在汽车专业的发展前期，“汽运”只是“汽拖”专业的一个专门化方向，这与当时的师资力量和社会需求是相适应的。但随着工农业生产的发展，开始大量使用汽车和拖拉机，如何保证其技术性能的完整，成为当时国民经济建设中一个亟待解决的问题。1956 年，吉林工业大学在苏联专家的援助下开设了“汽运”专业。此后，“汽拖”和“汽运”专业针对不同的研究对象，逐步发展为相对独立的学科。

一般而言，“汽拖”专业侧重于设计、制造，“汽运”专业侧重于维修、运用。在课程设置上，两个专业的主干课程都包括力学、机械等基础课，及“汽车构造”“汽车理论”“发动机原理”等专业课。在毕业生的安排方向上，“汽拖”的学生也有去运用部门的，“汽运”的学生也有去生产企业的。这两个专业都为我国的汽车产业培养了大量人才。

2. 新的“车辆工程”专业

新中国成立以来，我国大学本科专业进行了多次设置和调整，在不同的经济体制和高等教育发展的不同阶段，大学专业设置和调整具有不同的特点。

20 世纪 90 年代以来，为了解决本科专业划分过细的状况，我国分别在 1993 年、1998 年、2012 年又进行了三次大规模的专业调整工作。

在 1993 年的本科专业目录中，机械类下设了 17 个专业。保留了汽车与拖拉机、机车车辆工程专业。另外，在交通运输类设有载运工具运用工程专业，主要培养汽车运用人才。

在1998年的专业调整中，各院校均不再设有以“车”冠名的专业，取消了与汽车、拖拉机、机车等相关专业。汽车与拖拉机专业、机车车辆工程专业被并入了机械设计制造及其自动化大专业，载运工具运用工程专业被并入了交通运输专业。

在1998年的本科专业目录中，机械类仅设四个专业，分别是：机械设计制造及其自动化、材料成型及控制工程、工业设计、过程装备与控制工程。

自1993年以后，我国汽车工业得到了突飞猛进的发展，进入了加速增长期。我国汽车产量从年产100万辆（1992年）到200万辆（2000年）用了8年时间，但从2001年的246万辆到2006年的728万辆，平均每年增加近100万辆，汽车产业已成为了我国工业的主要支柱产业，与此同时，拖拉机、机车行业也得到了迅速发展。

为此，经有关学校申报，1998年，教育部又批准同意设置车辆工程（学科代码：080306W）、汽车服务工程（学科代码：080308W）等281个目录外专业，用后缀“W”以示区别。各相关高校纷纷加大了对汽车相关的人力和物力投入，积极申办“车辆工程”专业。

2012年，教育部对普通高等学校本科专业目录再一次进行修订，其目的是优化专业结构布局，适应经济建设和社会发展对人才的需求，充分利用教育资源。在2012版的普通高等学校本科专业目录中，1998—2011年设置的目录外专业，一部分纳入基本专业，另一部分转为特设专业。车辆工程专业首次从目录外专业转正为目录内的专业，专业代码由080306W，改为080207，摘除了W帽子。

至2019年，全国设置有“车辆工程”专业的高校已达276所。这些高校有的是原来就开设有“汽拖”和（或）“汽运”专业的，也有的是在机械或交通专业的基础上全新开办的。

四、车辆工程专业对人才素质的要求

根据工程教育认证标准中的毕业要求，车辆工程专业为达成培养目标，对人才素质有12条要求。

1. 工程知识

能够将数学、自然科学、工程基础和专业知识用于解决车辆工程领域的复杂工程问题。

2. 问题分析

能够应用数学、自然科学和工程科学的基本原理，并通过文献检索研究，对车辆工程领域的复杂工程问题进行识别、定义和表达，进而分析复杂工程问题的关键环节和参数，并能通过归纳整理、分析鉴别等方法获得有效结论。

3. 设计/开发解决方案

在考虑安全、健康、法律法规、经济、环境、文化和社会等制约因素的前提下，能够针对车辆工程领域的复杂工程问题，利用车辆工程专业知识提出多个解决方案，设计满足特定需求的系统、单元或工艺流程，能够在设计环节中体现创新意识。

4. 研究

能够基于科学原理并采用科学方法对车辆工程领域的复杂工程问题进行研究，包括设计实验、分析与解释数据，并通过信息综合得到合理有效的结论。

5. 使用现代工具

能够针对车辆工程领域的复杂工程问题，开发、选择与使用恰当的技术、资源、现代工程工具和信息技术工具，进行分析、计算、预测、模拟，并理解其局限性。

6. 工程与社会

能够基于车辆工程相关背景知识，合理分析、评价车辆工程实践和复杂工程问题的解决方案对社会进步、人类健康、公共安全、法律法规和文化的影响，并理解应该承担的责任。

7. 环境和可持续发展

在车辆工程领域复杂工程问题实践中，能够理解和评价工程实践对人类、环境和能源可持续发展的影响。

8. 职业规范

具有人文社会科学素养和社会责任感，能够在工程实践中理解并遵守工程职业道德和规范，履行责任。

9. 个人和团队

具有团队合作和在多学科背景环境中发挥作用的能力，理解个体、团队成员以及负责人的角色。

10. 沟通

能够就车辆工程领域的复杂工程问题与业界同行及社会公众进行有效沟通和交流，包括撰写报告和设计文稿、陈述发言、清晰表达或回应指令，并具有一定的国际化视野，能够在跨文化背景下进行沟通和交流。

11. 项目管理

理解并掌握车辆产品的开发设计与生产过程中管理基本原理和经济决策方法，并能够在多学科环境中应用。

12. 终身学习

对自主学习和终身学习有正确认识，具有不断学习和适应发展的能力。

第二节　车辆工程行业的发展

自古以来，马与车就是黄金搭档。不论是战争年代的“车辚辚、马萧萧”，还是和平年代的“宝马雕车香满路”；从东方的孔夫子周游列国，到欧洲的拿破仑横扫千军，昂首长嘶的骏马牵引着滚滚前行的车辆，碾过了人类数千年的文明史。第一位牵走马匹而将发动机装在马车上的先驱者，绝对不会想到，不到100年的时间就使得奔跑了数千年的马车无奈地从道路上逐渐消失了，取而代之的就是“汽车”。

汽车并不是某一个人发明的。一项重大发明的问世，往往要经历相当长的过程。从发现原理到制作发明原型，要经过几年、几十年，甚至上百年。期间，有许多科学家、发明家互不往来地致力于同一件发明的创造活动，还有更多的发明家沿着前人开创的道路进一步完善自己的研究成果。

一、汽车的发展

1. 车的起源

人们在实践中发现，将圆木置于木橇或重物下拖着走，可以轻松地将重物由一个地方移到另一个地方，这便是早期的木轮运输。再以后，人们发现用直径大的木轮运输速度更快，于是木轮的直径越来越大，逐渐演变为带轴的轮子，这便形成了最早的车轮雏形。

车轮就是由滚子改进而成的，把滚子的中央部分稍微削一削，以减轻重量，中间部分形成了轴，边缘部分成为轮子，就完成了车的发明，这就是从滚子开始的车的发展说（图 7-2）。

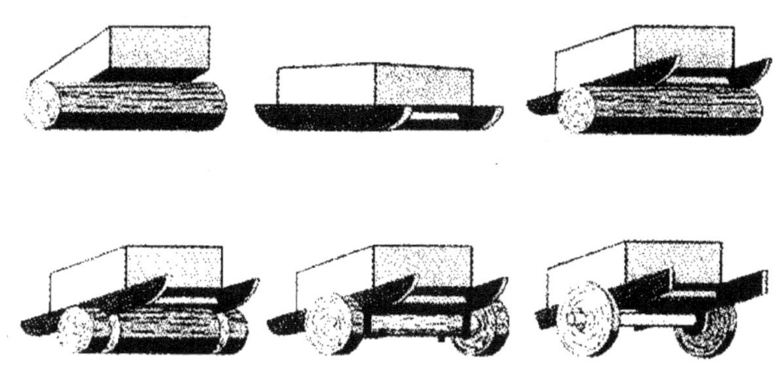

图 7-2 由滚子发展的人力车

相传中国人大约在 4600 年前的黄帝时代已经创造了车。到了 4000 年前，当时的薛部落以造车闻名于世，《左传》中记载，薛部落的奚仲担任夏朝的“车正”官职。此外，《墨子》《荀子》和《吕氏春秋》也都记述了奚仲造车。奚仲发明的车由两个车轮架起车轴，车轴固定在带辕的车架上，车架附有车箱，用来盛放货物（图 7-3）。所以奚仲是中国轮式木车的创造者，也是世界上第一辆轮式木车的发明者。

图 7-3 奚仲发明的原始木轮板车

中国历代车辆发展过程中，有重要技术价值的还要数指南车和记里鼓车。在三国时期，有一位技术高明的技师名叫马钧，他发明了指南车。指南车是一种双轮独辕车，车上立一个木人伸臂南指，只要开始行驶，不论往什么方向转弯，木人的手臂始终指向南方（图 7-4）。

记里鼓车是世界上最早的能够记录里程的车辆，大约在东汉时被制造出来（图 7-5）。其原理是利用车轮在地面上的滚动，带动齿轮转动，再变换为凸轮杠杆作用使木人抬手击鼓，每行走一里击鼓一次，现代车辆的里程表即由此发展而来。从三国开始，历代史书就有记里鼓车的记载，但比较简略。直到宋代，《宋史·舆服志》才详细地记载了它的内部

图 7-4　马钧发明的指南车

图 7-5　公元 3 世纪发明的记里鼓车（可记录行驶里程）

齿轮构造。

指南车和记里鼓车都是利用齿轮传动的原理来进行工作的，它们的出现，体现了中国古代车辆制造工程技术的卓越成就。

2. 马车

最初的车辆，都是由人力来推拉车辆，故称为人力车。后来，人们开始用牛、马等牲畜来拉车，称为畜力车。

大约在公元前 4000 年，剽悍的蒙古人开始驯养野马，并在后来的侵略战争中，不断将马匹骑到了邻国。从此，被驯服的马匹开始出现在世界各地。开始也只是将马匹作为骑乘的战争武器，后来又发展成个人的交通工具。最后不知是哪位先人，又将马匹和车辆组合在一起，给马匹的脖子套上马套，让马匹代替人力来拉动车辆前进，从而发明了马车。

在西周时期（公元前 771 年），马车在中国已经很盛行了。春秋战国时期（公元前 770—公元前 221 年），各诸侯国之间由于战争频繁，马车便加入了战争的行列，对于当时来说，马拉战车的数量是代表一个国家强弱的重要标志。陕西临潼秦始皇帝陵出土的战车式样，代表了 2000 年前中国的车辆制造水平。

在国外，16 世纪的欧洲已经进入了“文艺复兴”的“前夜”，欧洲的马车制造业风起云涌，马车制造技术水平有了相当程度的提高。中世纪的欧洲，大量地发展了双轴四轮马车，这种马车安置有转向盘。在车身方面，出现了活动车门和封闭式结构，并且在车身和车轴之间实现了弹簧连接，使乘坐者的舒适性有所改善。

3. 蒸汽汽车

18 世纪是蒸汽时代。就像现在是信息时代一样，那时西方世界的热闹话题便是蒸汽机的发明和使用。最早是英格兰人发现了利用煤炭的能量可以替代马匹驱动车辆前进。用煤炭将水烧开冒出水蒸气，水蒸气具有向上蒸发的力量，如果将这种向上升的力量收集起来，就可以推动物体运动，然后再将直线运动转化为旋转运动，就可以驱动车辆前进，这就是蒸汽发动机的原理。

1712年，英国人托马斯·纽科门（Thomas Newcomen）发明了蒸汽机，被称为纽科门蒸汽机。这种纽科门蒸汽机又称为“火机”，它发动起来浑身冒火，主要在矿山上使用，是抽水用的，所以又叫作“矿工之友”。

1765年，英国发明家瓦特（James Watt）在总结前人的基础上，研制成功具有独创性的动力机械——蒸汽机，并于1769年取得了专利，这为实用汽车的出现创造了必要的物质条件，从而拉开了第一次工业革命的序幕。

1769年，法国陆军技师、炮兵大尉尼古拉斯·古诺（Nichoals Joseph Cugnot）成功地制造出世界上第一辆完全依靠自身动力行驶的三轮蒸汽机汽车，如图7-6所示。“汽车”由此而得名（也有人认为汽车的得名是因大都使用汽油），这是汽车发展史上的第一个里程碑。

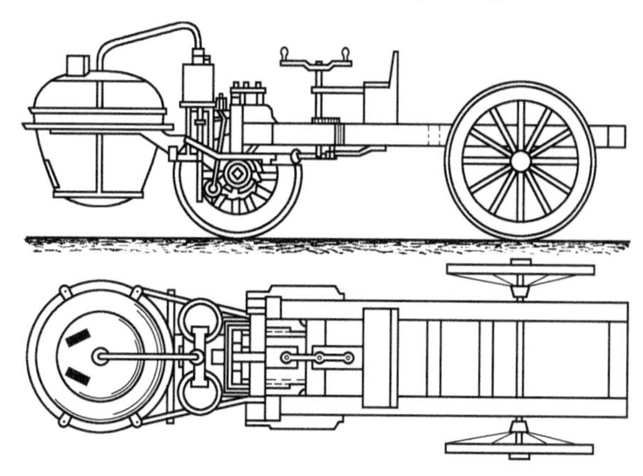

图7-6　古诺发明的第一辆三轮蒸汽机汽车

18世纪末，在欧美各国出现了一个研究和制造蒸汽汽车的热潮，各种用途的蒸汽汽车相继问世。汽车的车身和其他机构也在迅速改进，至19世纪中期，蒸汽汽车进入了实用化时期，可算是蒸汽汽车的黄金年代。

到了20世纪，随着内燃机汽车、电动汽车的大量涌现和汽车性能的不断提高，蒸汽汽车开始渐渐退出历史舞台。

4. 内燃机汽车

（1）内燃机的发明　在蒸汽机不断改进和发展的历程中，人们也越来越深刻地认识到蒸汽机的“天然”不足：蒸汽机必须有锅炉，体积庞大，笨重，机动性很差；热能要通过蒸汽介质再转化成机械功，效率很低，这些缺点都与燃料必须在气缸外部燃烧——“外燃”有关。所以，早就有人开始研究把“外燃”改为“内燃”，把锅炉和气缸合而为一，省掉蒸汽介质，让燃气燃烧膨胀的高压气体直接推动活塞做功，这就是内燃机。

德国工程师尼古拉斯·奥托（Nikolaus Otto）在1866年研制成了一种新型的煤气内燃机。它仍以煤气为燃料，采用火焰点火，转速为156.7r/min，压缩比为2.66，热效率达到13%，是第一台能代替蒸汽机的实用内燃机。它与蒸汽机不同的是：燃料在发动机的气缸内燃烧，所产生的高压气体推动活塞运动，进而使与活塞相连的曲轴转动，于是发动机就能旋转起来，内燃机也就由此而得名。

（2）第一辆三轮汽车的发明　1885年，德国工程师卡尔·本茨把一台自制的两冲程单缸0.9马力汽油机，安置在一辆三轮马车前、后轮之间的底盘上（图7-7）。

图7-7　1885年卡尔·本茨发明的第一辆三轮汽车“奔驰一号”

卡尔·本茨发明的三轮汽车具备了现代汽车的主要特点，如火花点火、水冷循环、钢管车架、铜丝辐条车轮、钢板弹簧悬架、后轮驱动、前轮转向和制动把手，并且首次采用了伞形差速齿轮，车速可达18km/h。1886年1月29日，德国曼海姆专利局批准了卡尔·本茨申请的专利，这一日期被国际汽车界定为汽车的诞生日。

(3) 第一辆四轮汽车的发明 1886年8月，德国工程师戈特利布·戴姆勒为庆祝妻子埃玛的43岁生日，花795马克订购了一辆四轮马车，他在埃斯林加机械制造厂将马车加以改装，将他的立式汽油机安装于马车上，增添了传动、转向等必备机构，成功地制造出世界上最早的乘坐用四轮汽油机汽车，即“戴姆勒1号”(图7-8)。

图7-8 1886年戈特利布·戴姆勒发明的第一辆四轮汽油机汽车“戴姆勒1号”

“戴姆勒1号”车是装有单缸，缸径为122mm，排量为0.47L，水冷，功率为845W (1.15马力)，转速为655r/min的汽油机；汽车车速可达17.5km/h，可变四个速度 (17.5km/h、11.0km/h、7.0km/h、4.5km/h)；发动机后置，装有摩擦式离合器，后轮驱动，采用转向杆转向；车架涂着深蓝色漆，座位上套着黑色皮套；车前挂着一盏灯笼用以夜晚照明。

(4) 汽车的迅速发展 汽车自1886年诞生后，其发展的步伐一刻也没有停止，开始了逐步完善、成熟的过程。从卡尔·本茨的第一辆三轮汽车以18km/h的速度，到速度为0到加速到100km/h只需要3s的超级跑车，130多年来，汽车发展的速度是如此惊人。无论是性能还是结构，汽车已发生了质的变化。新工艺、新材料、新技术得到了广泛应用，尤其是电子控制技术，使当今的汽车集各种先进技术于一体，新颖别致的汽车时时翻新。

二、国外汽车工业的发展

经过几十年的演变与全球范围内的并购风潮，世界汽车工业已相对稳定，主要有通用、福特、戴姆勒-克莱斯勒、丰田、大众、雷诺、本田、宝马、标致-雪铁龙等汽车集团。

1. 欧洲汽车工业发展概况

与汽车的发明几乎同步，欧洲出现了用于商品销售的汽车产品。世界上完成第一辆内燃机动力汽车销售的人是卡尔·本茨。1887年，他将他发明的第一辆汽车卖给了法国人埃米尔·罗杰斯。同年，世界上第一家汽车制造公司——奔驰汽车公司由本茨创立。随后，德国、法国、意大利相继成立了戴姆勒、标致、雷诺、菲亚特等汽车公司。但欧洲人并没有将汽车定位为实用的交通工具，而是绅士贵族们的娱乐工具。因此在汽车发明后的十几年内，这些汽车公司一直是以小生产方式进行生产的。而以大规模生产为标志的汽车工业的形成是20世纪初的事。

2. 美国汽车工业发展概况

从20世纪初到现在，美国汽车工业发展已有近120年的历史，在与同行的激烈竞争中不断创新发展，迎合消费者对汽车造型和性能的需求，长期主宰了世界汽车工业。美国成为名副其实的汽车大国，即汽车工业大国、汽车消费大国和汽车文化大国。

2012年，美国本土汽车销量为1033万辆，2013年为1119万辆，2014年为1166万辆，2015年为1210万辆，2016年为1220万辆，2017年为1118万辆，2018年为1131万辆。2019年美国汽车市场销量（本土、海外）1710万辆，连续第五年突破了1700万辆大关。

美国人口总量3.27亿（截至2018年），汽车保有量2.64亿辆。按人口计算，美国汽车的保有量达65%。

3. 日本汽车工业发展概况

日本汽车制造业始于吉田真太郎，1904年，他成立日本第一家汽车厂——东京汽车制造厂（现五十铃汽车公司），3年后制造出第一台日本国产汽油轿车“太古里1号”。至今，日本汽车工业已经走过110余年历程。

20世纪50年代，日本汽车工业形成了完整体系。1961年日本汽车产量超过意大利，跃居世界第5位。1965年超过法国居世界第4位。1966年超过英国居世界第3位。1968年超过西德居世界第2位。1980年日本汽车年产量首次突破1000万辆大关，达1104万辆，占世界汽车年总产量的30%，一举击败美国成为“世界第一”。1990年日本以年产量1348万辆又创出历史新高。

由此可以看出，日本在110余年中从一个汽车工业刚刚起步的国家，就发展成为一个强大的汽车帝国。

三、中国汽车工业的发展

自国产第一辆“解放”CA10型载货汽车（图7-9），于1956年7月13日在长春第一汽车制造厂下线以来，中国汽车工业经历了从无到有、从小到大，创建、成长、全面、高速发展四个历史阶段。

图7-9 1956年第一辆“解放”CA10型载货汽车下线

1. 历年汽车生产量

1993年，我国汽车制造业销售收入位居通信设备、计算机及其他电子设备制造业，电力行业，黑色冶金行业和化工行业之后，首次成为我国工业第五大支柱产业。2000年汽车产量突破200万辆，2002年汽车产量突破300万辆，2004年汽车产量突破500万辆，2009年汽车产量突破1000万辆，2010年汽车产量突破1500万辆，2013年汽车产量突破2000万辆，2020年中国汽车产销分别完成2522.5万辆和2531.1万辆，连续12年蝉联世界第一。

值得注意的是，我国品牌乘用车的市场份额稳定在38%~42%；我国新能源汽车产销量分别达 136.6 万辆和 136.7 万辆，同比分别增长 7.5%和 10.9%。1955—2020 年我国汽车生产量统计见表 7-2。

表 7-2　1955—2020 年我国汽车生产量统计　　（单位：辆）

年份	生产量	年份	生产量	年份	生产量	年份	生产量	年份	生产量
2020	25225000	2006	7279726	1992	1061721	1978	149062	1964	28062
2019	25721000	2005	5707700	1991	708820	1977	125400	1963	20579
2018	27809000	2004	5070765	1990	509242	1976	135200	1962	9740
2017	29015400	2003	4443491	1989	586936	1975	139800	1961	3589
2016	28119000	2002	3253655	1988	646951	1974	104771	1960	22574
2015	24503300	2001	2341528	1987	472538	1973	116193	1959	19601
2014	23722900	2000	2068186	1986	372753	1972	108227	1958	16000
2013	22116800	1999	1831596	1985	443377	1971	111022	1957	7904
2012	19271800	1998	1627829	1984	316367	1970	87166	1956	1654
2011	18418900	1997	1582628	1983	239886	1969	53100	1955	61
2010	18264667	1996	1474905	1982	196304	1968	25100	—	—
2009	13790994	1995	1452697	1981	175645	1967	20381	—	—
2008	9345101	1994	1353368	1980	222288	1966	55861	—	—
2007	8882456	1993	1296778	1979	185700	1965	40542	—	—

2. 中国汽车的保有量

汽车保有量是指一个地区拥有车辆的数量，一般是指在当地登记的车辆。但汽车保有量不同于机动车保有量，机动车保有量包括摩托车、农用车保有量等在内。

20 世纪 80 年代我国开始出现私人汽车，到 2003 年私人汽车社会保有量达到 1219 万辆，私人汽车突破千万辆用了近 20 年，而突破 2000 万辆仅仅用了 3 年时间。

据公安部统计，截至 2020 年，我国机动车保有量达到 3.72 亿辆，汽车保有量达到 2.81 亿辆。全国新能源汽车保有量为 492 万辆，2018—2020 年新能源汽车增量连续两年超过 100 万辆。全国机动车驾驶人达 4.56 亿人，其中汽车驾驶人达 4.18 亿人。

全国汽车保有量超过 100 万辆的城市有 70 个，超过 200 万辆的城市有 31 个。北京、重庆、成都、苏州、上海、郑州、深圳、西安、武汉、东莞、天津、石家庄、青岛 13 个城市汽车保有量均超过 300 万辆。北京、成都、重庆的汽车保有量均超过 500 万辆。

汽车占机动车的比率持续提高，从 2006 年的 34.38%提高到 2020 年的 75.54%，已成为机动车的构成主体。

2006—2020 年我国机动车与汽车的保有量见表 7-3。

至 2020 年年底，中国的汽车保有量达到了 2.81 亿辆，与美国并列全球第一。但人均保有量还很低，主要国家的千人口汽车保有量如图 7-10 所示。

表 7-3 2006—2020 年我国机动车与汽车的保有量

年份	机动车保有量	汽车保有量	汽车占机动车的比率(%)
2020	3.72 亿辆	2.81 亿辆	75.54
2019	3.48 亿辆	2.62 亿辆	75.29
2018	3.27 亿辆	2.40 亿辆	73.39
2017	3.10 亿辆	2.17 亿辆	70.00
2016	2.90 亿辆	1.94 亿辆	66.90
2015	2.79 亿辆	1.72 亿辆	61.65
2014	2.64 亿辆	1.54 亿辆	58.33
2013	2.50 亿辆	1.37 亿辆	54.80
2012	2.33 亿辆	1.21 亿辆	51.93
2011	2.25 亿辆	1.06 亿辆	47.11
2010	2.07 亿辆	9086 万辆	43.89
2009	1.86 亿辆	7619 万辆	40.96
2008	1.70 亿辆	6467 万辆	38.04
2007	1.60 亿辆	5697 万辆	35.61
2006	1.45 亿辆	4985 万辆	34.38

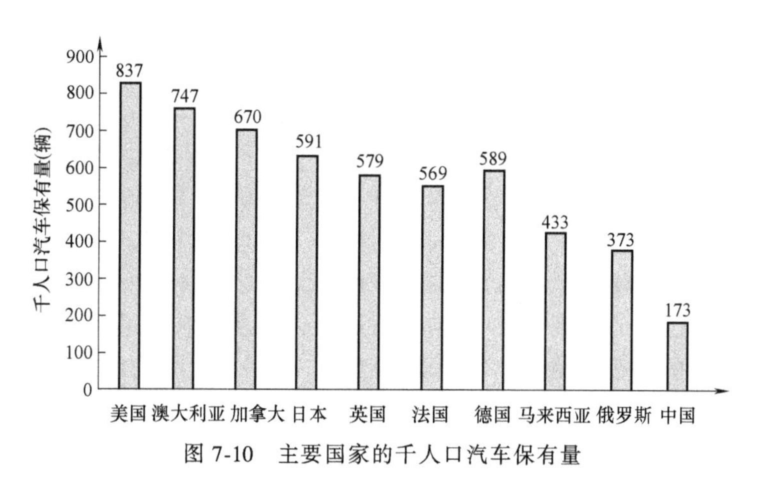

图 7-10 主要国家的千人口汽车保有量

由图 7-10 可以看出，中国千人口汽车保有量仅 173 辆，与发达国家和部分发展中国家的差距很大，仍然偏低。中国汽车市场仍有很大的增长空间。

3. 中国主要的汽车制造厂

目前，中国整车生产企业有 100 多家，前 10 位的整车生产企业分别是：上海汽车工业（集团）总公司、东风汽车股份有限公司、中国第一汽车集团有限公司、北京汽车集团有限公司、广州汽车工业集团有限公司、重庆长安汽车股份有限公司、中国重型汽车集团有限公司、华晨汽车集团控股有限公司、奇瑞汽车股份有限公司、安徽江淮汽车集团股份有限公司，这 10 家企业汽车年销售量占汽车年销售总量近 90%，另外 90 多家汽车企业仅占 10%左右的份额。而前 5 位汽车集团公司又占汽车销售总量的 75%，是我国目前的主要汽车制造厂。

四、其他车辆行业的发展

车辆工程行业除了汽车工业之外，还涉及工程机械行业、拖拉机行业和摩托车行业等。

1. 工程机械的发展

工程机械行业是国民经济发展的重要支柱产业之一，我国已成为世界工程机械第一产销大国，我国制造的工程机械走向了世界各地，综合实力迅速增强，国际竞争力和产业地位大大提升。我国工程机械发展历程如图 7-11 所示。

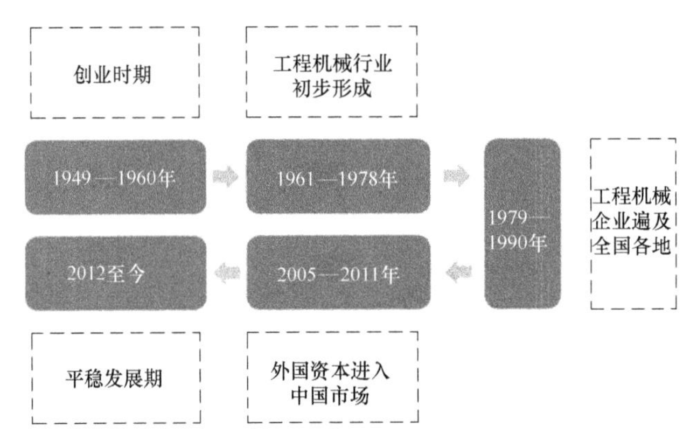

图 7-11 我国工程机械发展历程

(1) 工程机械的年销售量 我国工程机械，2014 年销售量为 21.0 万台，2015 年销售量为 13.1 万台，2016 年销售量为 13.7 万台，2017 年销售量为 14.7 万台，2018 年销售量为 15.6 万台，2019 年销售量为 16.9 万台。2020 年全国工程机械的保有量已达 900 万余台。我国工程机械行业已形成能够生产 18 大类、4500 多种规格型号的产品，占据了我国 70%以上的市场份额，基本能满足国内市场的需求。由于我国宏观经济持续健康发展，国内的工程机械产业发展非常迅速，过去 5 年平均增长速度是世界平均水平的 142 倍。

(2) 工程机械行业的规模 2020 年，我国工程机械全行业完成销售收入 7751 亿元，同比 2019 年增长了 16.0%。2009—2020 年我国工程机械全行业的销售收入与增率见表 7-4。

表 7-4 2009—2020 年我国工程机械全行业的销售收入与增率

年份	2020	2019	2018	2017	2016	2015	2014	2013	2012	2011	2010	2009
销售收入(不含进出口)(亿元)	7751	6681	5964	5399	4795	4570	5175	5663	5626	5465	4367	3157
同比(%)	16.0	12.0	10.4	12.6	4.93	-11.7	-8.62	0.66	2.96	21.8	38.2	13.8

(3) 工程机械行业的主要企业 我国工程机械行业经过近 70 年的发展，已经成为门类齐全、具有相当规模的机械行业的支柱产业。在 2020 年全球工程机械制造商 50 强中，我国企业有 11 家，分别是徐州工程机械集团有限公司（徐工集团）、三一重工股份有限公司（三一重工）、中联重科股份有限公司（中联重科）、广西柳工机械股份有限公司

（柳工集团）、中国铁建重工集团股份有限公司（铁建重工）、中国龙工控股有限公司（龙工）、山河智能装备集团（山河智能）、山推工程机械股份有限公司（山推股份）、雷沃重工股份有限公司（雷沃重工）、厦门厦工机械股份有限公司（厦工机械）、内蒙古北方重型汽车股份有限公司（北方股份）。

2. 拖拉机行业的发展

我国拖拉机行业是新中国成立以后发展起来的新兴行业。新中国成立前，不要说拖拉机生产，就连维修配件也不能制造。1949 年，我国仅拥有拖拉机 117 台，全部从国外进口。

自国产第一台东方红-54 履带拖拉机（图 7-12），于 1958 年 7 月 20 日在中国一拖集团有限公司下线以来，经过 60 余年的艰苦奋斗，尤其是改革开放 30 多年来的快速发展，拖拉机行业从无到有，从小到大，现已形成能够成批生产大中小型拖拉机的生产能力，基本可满足农、林、牧、副、渔各业生产以及工业产品匹配的需要，发展成为国民经济中不可缺少的具有相当规模的拖拉机制造行业体系。

图 7-12 国产第一台东方红-54 履带拖拉机下线

目前，我国的小型拖拉机生产企业有 240 余家，生产能力约 500 万台。我国的大中型拖拉机生产企业有 30 余家，目前生产能力约 80 万台。2010—2020 年我国拖拉机年产量如图 7-13 所示。

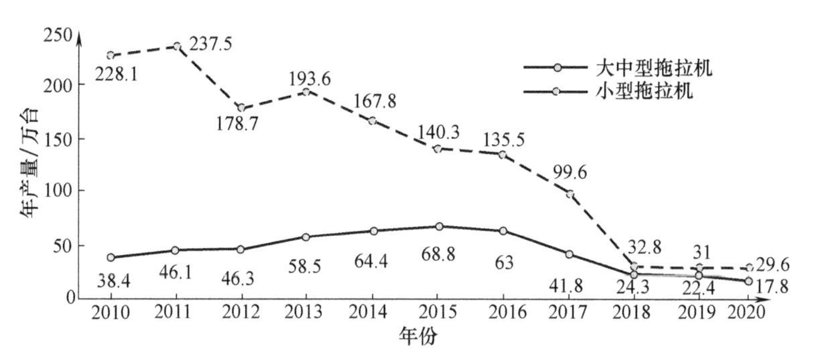

图 7-13 2010—2020 年我国拖拉机年产量

从图 7-13 中可以看出，小型拖拉机（功率≤25 马力）产量出现多次起落，总体呈现出“阶梯式”下滑的态势，而且下滑程度逐年严重，2020 年产量为 17.8 万台，可见小型拖拉机的分量可能越来越低。

大型（功率大于 100 马力）和中型（功率 20～100 马力）拖拉机的年产量从 2015 年开始连续下降。但大中型拖拉机的年产量与小型拖拉机的年产量越来越接近，2020 年超过小型拖拉机的年产量，说明大中型拖拉机有较好的发展前景。

近年来，我国拖拉机企业出现了与外国拖拉机企业收购、合资的趋势，例如：雷沃重工股份有限公司并购了意大利马特马克公司、欧洲高登尼公司；中国一拖集团有限公司收购了法国 McCormick 公司；潍柴控股集团有限公司收购了法国博杜安发动机公司、意大利法拉帝公司、德国欧德思公司、奥地利威迪斯公司；中联重科股份有限公司收购了美国特雷克斯公司；上海纽荷兰农业机械有限公司与意大利菲亚特纽荷兰有限公司合资组建。通过收购、合资外国拖拉机企业，拖拉机的性能和质量有明显提高，逐步与国际先进水平接轨。

3. 摩托车行业的发展

从 1951 年 7 月 8 日第一辆“井冈山”牌摩托车算起，我国摩托车行业到目前已经经历了近 70 年的风风雨雨，但它真正发展壮大的时期只有改革开放以来的 30 余年，主要依靠企业自我积累、滚动发展，较快地由小到大、由弱渐强，形成了当今较大的产量和生产规模，以及较完善的生产配套体系，我国已成为世界摩托车生产大国。

1993 年，我国摩托车年产量为 335 万辆，首次超过日本当年产量（302 万辆），跃居世界第一，并且一直保持至今。1997 年，我国摩托车产量首次突破 1000 万辆（1003 万辆），约占当年世界摩托车总产量（2300 万辆）的 43%，2006 年，我国摩托车产销量双双突破 2000 万辆，2008 年，我国摩托车年产销量达历史最高，生产完成 2769 万辆。

受汽车高速发展、排放标准的影响，2009—2020 年摩托车年产量逐渐下降。

截至 2020 年，全国摩托车保有量达 7000 余万辆。2003—2020 年我国摩托车的年产量和年销量见表 7-5。

表 7-5 2003—2019 年我国摩托车的年产量和年销量 （单位：万台）

年份	年产量	年销量	年份	年产量	年销量	年份	年产量	年销量
2020 年	1702	1706	2014 年	2127	2129	2008 年	2769	2750
2019 年	1737	1713	2013 年	2289	2304	2007 年	2545	2547
2018 年	1558	1557	2012 年	2363	2366	2006 年	2144	2127
2017 年	1715	1713	2011 年	2703	2693	2005 年	1777	1775
2016 年	1682	1680	2010 年	2669	2659	2004 年	1664	1666
2015 年	1883	1882	2009 年	2543	2547	2003 年	1472	1481

2020 年，我国摩托车生产企业中，摩托车产量排名前十的分别是大长江、宗申、隆鑫、力帆、银翔、五羊-本田、洛阳北方、新大洲本田、绿源、新日。其中大长江以 188.73 万辆的年产量排名第一，远超过第二位的隆鑫。

我国是世界上摩托车生产第一大国，也是出口第一大国。2017 年出口摩托车达 751.09 万辆，2018 年出口 730.92 万辆，2019 年出口 712.48 万辆，2020 年出口 709.06 万辆，我国生产的摩托车大约 40%在国外销售。

第三节 车辆总体构造与基本原理

车辆工程学科或专业的研究对象是车辆，车辆可分为汽车、火车（铁路机车）、工程

机械、军事车辆、摩托车和拖拉机等多种类型。

各个高校的车辆工程学科或专业的研究侧重点各不相同。有的侧重火车（铁路机车），如西南交通大学；有的侧重工程机械，如太原理工大学；有的侧重军事车辆，如北京理工大学、中国人民解放军陆军工程大学等；有的侧重拖拉机和农用车辆，如中国农业大学；但大部分学校侧重汽车，如清华大学、吉林大学、同济大学、湖南大学、长安大学、武汉理工大学等。

一、汽车的总体构造与基本原理

1. 汽车的定义

根据国家标准 GB/T 3730.1—2001《汽车和挂车的术语和定义》，汽车的定义是：由动力装置驱动，具有四个和四个以上车轮的非轨道无架线车辆。

根据上述的汽车定义，汽车产品应具有以下特征：

1）车辆自身带有动力装置并依靠动力装置驱动运行。

2）具有四个或四个以上车轮，但车轮不得依靠轨道运行。

3）动力能源应随车携带，不得在运行途中依靠地面轨道或架空线取得。

4）车辆的主要用途是载送人员或货物，或者牵引载送人员和货物的车辆，或其他特殊用途。

由此可以看出，我国对于汽车的定义还存在一些缺陷，如没有包括三轮汽车、无轨电车、自行式作业机械。其定义还需进一步完善。

2. 汽车的分类

汽车的种类繁多，其分类方法也很多，主要分类方法有：按国家标准分类、按动力装置类型分类、按公安机关管理分类、按发动机布置分类、按驱动方式分类、按发动机位置和驱动方式分类、按行驶道路条件分类、按行驶机构的特征分类等。其中，按国家标准分类应用较广。

国家标准《汽车和挂车类型的术语和定义》（GB/T 3730.1—2001）将汽车分为乘用车和商用车两大类。

（1）乘用车 乘用车是指在其设计和技术特性上主要用于载运乘客及其随身行李和/或临时物品的汽车，包括驾驶员座位在内最多不超过 9 个座位。它也可以牵引一辆挂车。乘用车共分为普通乘用车、活顶乘用车、高级乘用车、小型乘用车、敞篷车、仓背乘用车、旅行车、多用途乘用车、短头乘用车、越野乘用车、专用乘用车 11 种，乘用车的外形如图 7-14 所示。

（2）商用车 商用车是指在设计和技术特性上用于运送人员和货物的汽车，并且可以牵引挂车，可分为客车、货车和半挂牵引车 3 类。

1）客车。客车是指在设计和技术特性上用于载运乘客及其随身行李的商用车辆，包括驾驶员座位在内座位数超过 9 座。客车有单层的或双层的，也可牵引一挂车。客车分为小型客车、城市客车、长途客车、旅游客车、铰接客车、无轨电车、越野客车、专用客车 8 类，如图 7-15 所示。

2）半挂牵引车。半挂牵引车是指装备有特殊装置用于牵引半挂车的商用车辆，如

a) 普通乘用车　b) 活顶乘用车　c) 高级乘用车　d) 小型乘用车

e) 敞篷车　f) 仓背乘用车　g) 旅行车　h) 多用途乘用车

i) 短头乘用车　j) 越野乘用车　k) 专用乘用车

图 7-14　乘用车的外形

a) 小型客车　b) 城市客车　c) 长途客车　d) 旅游客车

e) 铰接客车　f) 无轨电车　g) 越野客车　h) 专用客车

图 7-15　客车

图 7-16 所示。

3）货车。货车是指一种主要为载运货物而设计和装备的商用车辆，无论其能否牵引一挂车。货车分为普通货车、多用途货车、全挂牵引车、越野货车、专用作业车、专用货车、低速货车和三轮汽车 8 类，如图 7-17 所示。

图 7-16　半挂牵引车

3. 汽车的总体构造

汽车通常由发动机、底盘、车身和电气设备四个部分组成（图 7-18）。

（1）发动机　发动机是一种由许多机构和系统组成的复杂机器。无论是汽油机，还是柴油机；无论是四冲程发动机，还是两冲程发动机；无论是单缸发动机，还是多缸发动机，要完成能量转换，实现工作循环，保证长时间连续正常工作，都必须具备以下一些机构和系统。汽油机由两大机构和五大系统组成，即曲柄连杆机构、配气机构、燃料供给系统、润滑系统、冷却系统、点火系统（仅汽油机）和起动系统（图 7-19）；柴油机由两大

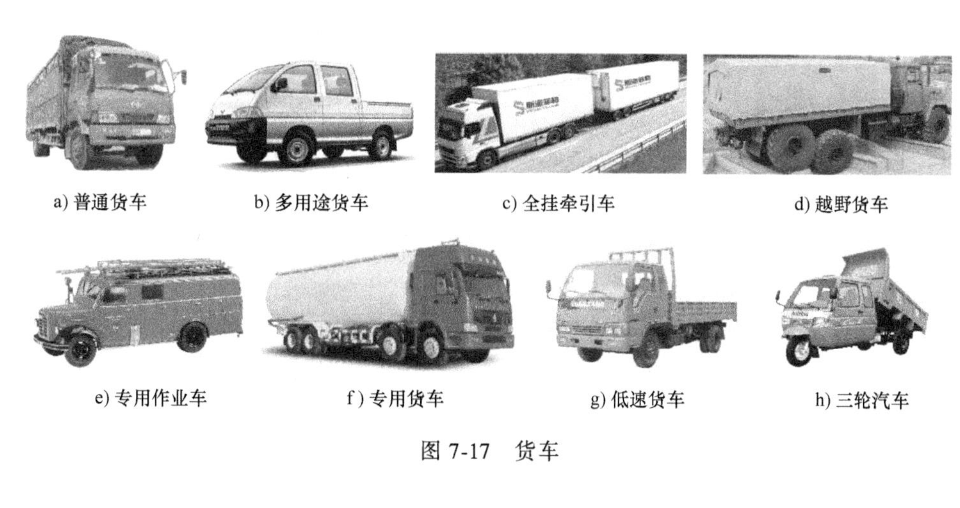

a) 普通货车　b) 多用途货车　c) 全挂牵引车　d) 越野货车

e) 专用作业车　f) 专用货车　g) 低速货车　h) 三轮汽车

图 7-17　货车

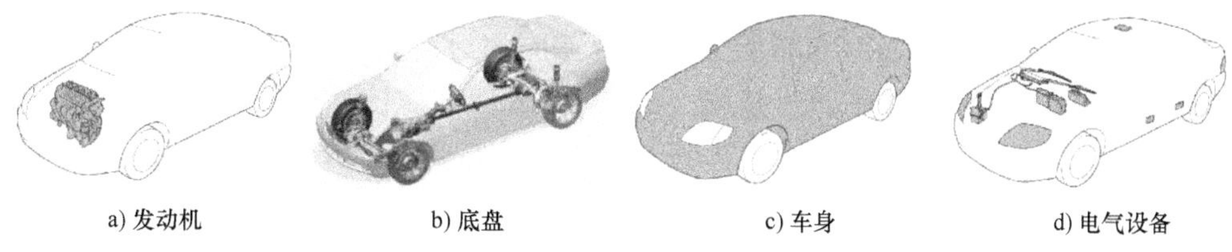

a) 发动机　b) 底盘　c) 车身　d) 电气设备

图 7-18　汽车的组成

机构和四大系统组成，即由曲柄连杆机构、配气机构、燃料供给系统、润滑系统、冷却系统和起动系统组成，柴油机是压燃的，不需要点火系统。

曲柄连杆机构的功用是将燃料燃烧时产生的热能转变为活塞往复运动的机械能，再通过连杆将活塞的往复运动变为曲轴的旋转运动而对外输出动力。

图 7-19　汽油发动机的外形（带中冷）

配气机构的功用是按照发动机各缸工作过程的需要，定时地开启和关闭进、排气门，使新鲜可燃混合气（汽油机）或空气（柴油机）得以及时进入气缸，废气得以及时排出气缸。

汽油机燃料供给系统的功用是将汽油经过雾化和蒸发（汽化）并和空气按一定比例均匀混合成可燃混合气，再根据发动机各种不同工况的要求，向发动机气缸内供给不同质（即不同浓度）和不同量的可燃混合气，以便在临近压缩终了时点火燃烧而放出热量膨胀做功，最后将气缸内的废气排至大气中。

柴油机燃料供给系统的功用是根据柴油机的工作要求，定时、定量、定压地将雾化质量良好的柴油机按一定的喷油规律喷入气缸内，并使其与空气迅速而良好地混合和燃烧。

燃料供给系统是柴油机最重要的辅助系统，它的工作情况对柴油机的功率和经济性能都有重要影响。

点火系统的功能是，点燃式发动机为了正常工作，按照各缸点火次序，定时地供给火花塞以足够高能量的高压电（大约 15000~30000V），使火花塞产生足够强的火花，点燃可燃混合气。

冷却系统的功用就是保持发动机在最适宜的温度范围内（80~90℃）工作。

润滑系统的功用就是不断地使机油循环，从而润滑发动机的各个部位，使发动机的各个零件都能发挥出最佳的性能，减少零件磨损和功率损耗。

起动系统是用外力转动静止的曲轴，直至曲轴达到能保证混合气形成、压缩和燃烧并顺利运行的转速（称起动转速，通常在 50r/min 以上)，使发动机自行运转的过程。

（2）底盘 底盘是汽车的基础。一般汽车底盘由传动系统、行驶系统、转向系统和制动系统组成，以适应汽车行驶时行驶速度与所需的牵引力随道路及交通条件的变化、承受外界对汽车的各种作用力（包括重力）以及相应的地面反力、改变汽车行驶方向和保持直线行驶、需要时使行驶的汽车减速，在需要停车时，能使汽车在驾驶人离车情况下在原地（包括在斜坡上）停住不动。汽车底盘的技术状态直接影响汽车的使用。

1）传动系统。由于发动机与驱动车轮安装在不同的位置上，其间相隔很长距离，故必须装置一个传动系统。其功用是：传递动力、增大转矩、变换速度、保证两驱动车轮能做等速和不等速滚动、切断动力。

传动系统主要由离合器，变速器，万向传动装置及安装在驱动桥中的主减速器、差速器和半轴组成（图 7-20）。

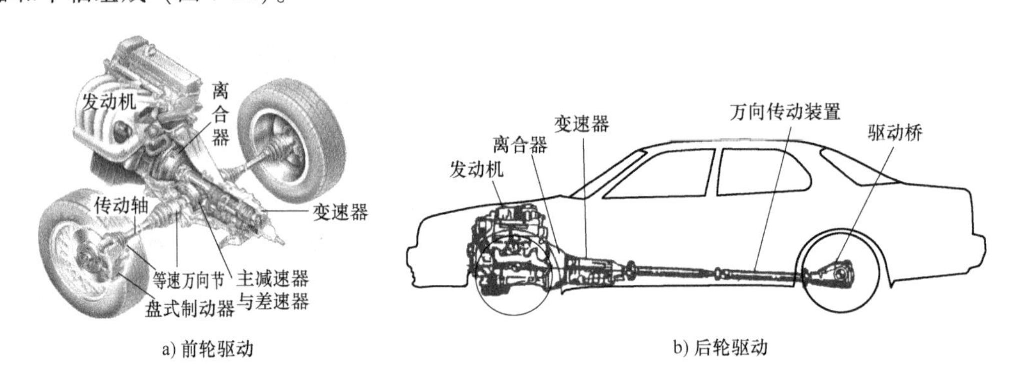

a) 前轮驱动　　b) 后轮驱动

图 7-20　传动系统的组成

离合器的功用是使发动机与传动系统平稳接合或彻底分离，便于起步和换档，并防止传动系统超过承载能力。

变速器的功用是改变汽车的行驶速度和转矩，利用倒档实现倒车，利用空档暂时切断动力传递。

万向传动装置的功用是万向传动装置连接两根轴线不重合，而且相对位置经常发生变化的轴，并能可靠地传递动力。

主减速器的功用是将变速器传来的转矩进一步增大，并降低转速，以保证汽车在良好的路面上有足够的驱动力和适当的车速。此外，对于纵置发动机，还具有改变转矩旋转方

向的功用。

差速器的功用是左右驱动轮的转速不相等，避免转向时轮胎打滑。

2）行驶系统。汽车行驶的功用是把来自于传动系统的转矩转化为地面对车辆的牵引力；承受外界对汽车的各种作用和力矩；减少振动，缓解冲击，保证汽车正常、平顺地行驶。

行驶系统一般由车架、车桥、车轮和悬架组成（图 7-21）。车架是全车的装配基体，它将汽车的各相关总成连接成一整体。车轮分别支承着从动桥和驱动桥。为减少车辆在不平路面上行驶时车身所受到的冲击和振动，车桥又通过弹性前悬架和后悬架与车架连接。在某些没有整体车桥的行驶系统中，两侧车轮的心轴也可分别通过各自的弹性悬架与车桥连接，即独立悬架。

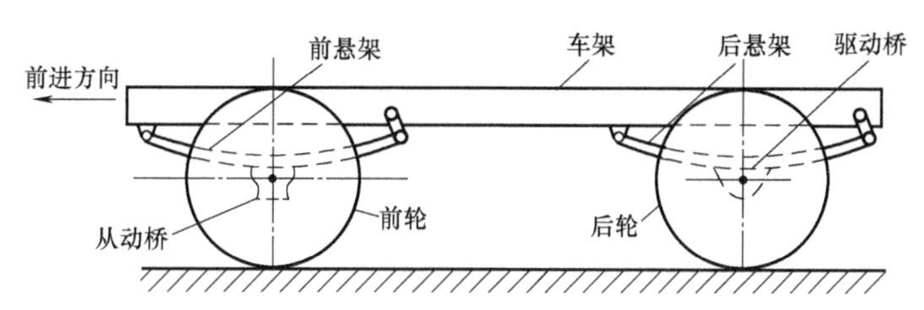

图 7-21 行驶系统的组成

3）转向系统。转向系统的功用是改变和保持汽车行驶方向。转向系统由转向操纵机构、转向器和转向传动机构三大部分组成，其一般布置情况如图 7-22 所示。

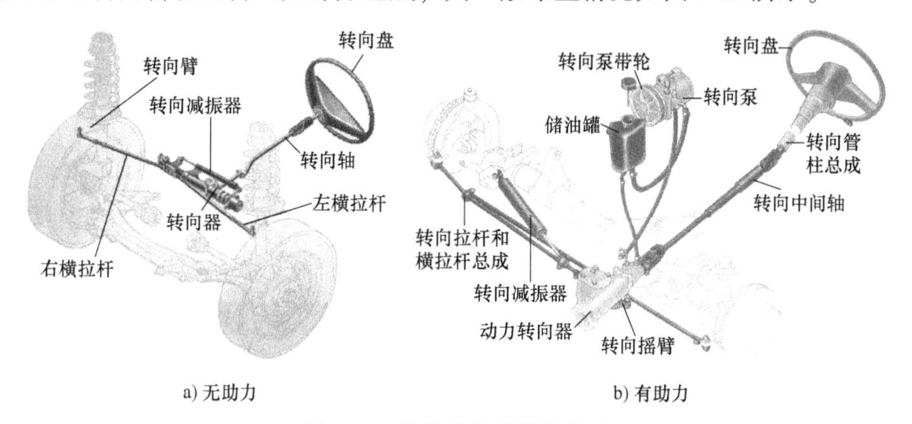

图 7-22 机械转向系统的组成

4）制动系统。汽车制动系统的功用是：根据需要使汽车减速或在最短的距离内停车，以保证行车的安全。使驾驶人敢于发挥出汽车的高速行驶能力，从而提高汽车运输的生产率；又能使汽车可靠地停放在坡道上。

汽车通常采用液压制动系统，其主要由制动主缸、制动轮缸、真空助力器、前轮制动器和后轮制动器等组成（图 7-23）。

(3) 车身 汽车车身既是驾驶人的工作场所，也是容纳乘客和货物的场所。车身应给驾驶人提供便利的工作环境，给乘员提供舒适的乘坐条件，保护他们免受汽车行驶时产生的振动、噪声、废气的干扰以及外界恶劣气候的影响，并且应保证完好无损地运载货物

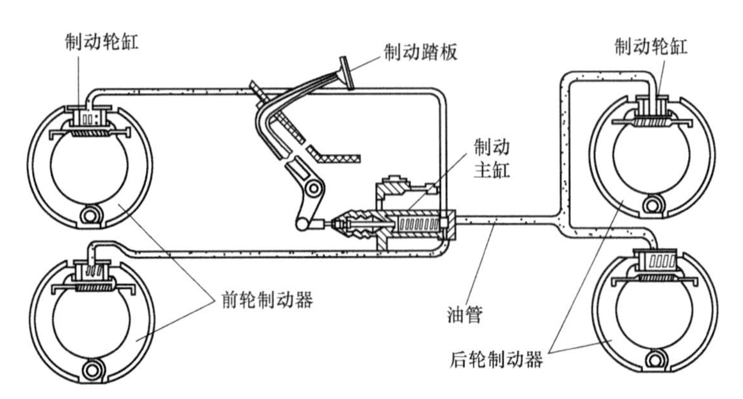

图 7-23　液压制动系统的组成

且装卸方便。汽车车身上的一些结构措施和装备还应有助于安全行车和减轻车祸等严重事故的后果。车身应保证汽车具有合理的外部形状，在汽车行驶时能有效地引导周围的气流，减小空气阻力和减少燃料消耗。此外，车身还应有助于提高汽车的行驶稳定性和改善发动机的冷却条件。保证车内通风是对车身的主要要求之一。

此外汽车车身还是一件精致的综合艺术品，应以其明晰的雕塑形体、优雅的装饰件和内部覆饰材料以及悦目的色彩使人获得美的感受，点缀人们的生活环境。

车身通常分为承载式车身和非承载式车身两大类（图 7-24）。

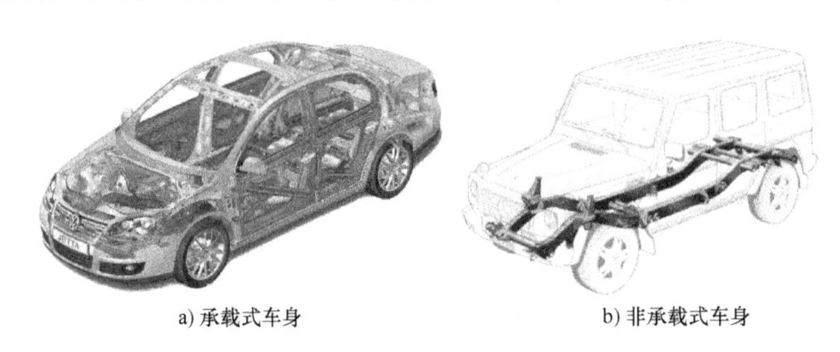

a) 承载式车身　　b) 非承载式车身

图 7-24　按承载形式分类的车身

（4）电气设备　现代汽车上所装的电气设备种类繁多、功能各异，其主要分为电源和用电设备两大部分。电源部分包括蓄电池和发电机。用电设备主要有点火系统、起动系统、照明系统、信号系统、仪表系统、显示系统、空调系统、辅助电气设备及电子控制系统等。

起动系统由蓄电池供电，将电能转变为机械能带动发动机转动。完成起动任务后，立即停止工作。

点火系统是汽油机不可缺少的组成部分，其功能是按发动机的工作顺序产生高压电并通过火花塞跳火，保证适时、准确地点燃气缸内的可燃混合气。点火系统分为蓄电池点火系统和电子点火系统两大类。

照明及信号系统包括前照灯、各种照明灯、信号灯以及电喇叭、蜂鸣器等，以保证各种运行条件下的行车安全。

仪表及显示系统包括燃油表、机油压力表、冷却液温度表、电流表、车速里程表及各

种显示装置等，用以指示发动机与汽车拖拉机的工作情况。

辅助电气设备包括电动刮水器、电动玻璃升降器、空调、供暖、音响视听、防盗、电动座椅、电动天窗、GPS 设备等，以提高汽车行驶的安全性、经济性和舒适性。

电子控制系统包括发动机控制系统、制动控制系统、自动变速控制系统、悬架控制系统和转向控制系统等。

4. 汽车的行驶原理

汽车行驶是依靠发动机的动力，经过传动系统降低转速和增大转矩后，传递到驱动轮上，再通过驱动轮与地面间的相互作用而实现的。要确定汽车沿行驶方向的运动状况，必须掌握沿汽车行驶方向作用于汽车的各种外力，即驱动力与行驶阻力。

驱动力是由发动机的转矩经传动系统传到驱动轮上得到的。发动机输出的转矩，经传动系统传到驱动轮上。此时作用于驱动轮上的转矩 T_t 产生对地面的圆周力 F_0，地面对驱动轮的反作用力 F_t（方向与 F_0 相反）即是驱动汽车的外力（图 7-25），此外力称为汽车的驱动力 F_t。

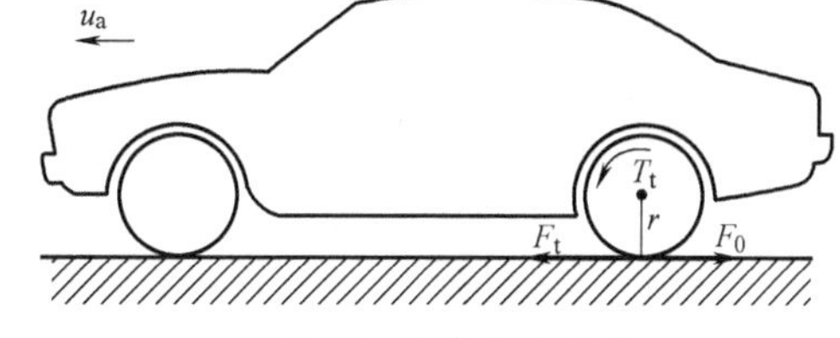

图 7-25　汽车的驱动力

汽车在水平道路上直线等速行驶时，必须克服来自地面与轮胎相互作用而产生的滚动阻力 F_f 和来自车身与空气相互作用而产生的空气阻力 F_w。当汽车在坡道上直线上坡行驶时，还必须克服其重力沿坡道的分力，称为坡度阻力 F_i，汽车直线加速行驶时，还需克服加速阻力 F_j。因此，汽车直线行驶时其总行驶阻力 F 为

$$\sum F = F_f + F_w + F_i + F_j$$

驱动力大于总行驶阻力，且地面有足够附着力，汽车才能驱动行驶。

二、其他车辆的构造与原理

1. 工程车辆

工程机械涉及面广，主要有挖掘机械、铲土运输机械、工程起重机械、叉车及工业运搬车辆、压实机械、桩工机械、路面机械、混凝土机械、市政环卫机械（含园林机械）、军用工程机械等类型。

工程机械主要由发动机、底盘、驾驶室、电气系统和工作装置等组成。

发动机通常采用柴油机，目前主要采用共轨柴油机。

底盘包括传动系统、转向系统、制动系统和行驶系统。

工作装置的种类很多，主要有挖掘斗、铲斗、推土铲、铲运斗、起吊装置、压辊、货叉等。通常采用液压系统来控制这些工作装置进行作业，由于工作装置的动作复杂，所以液压系统很复杂，也是工作装置的核心技术。

2. 拖拉机

按结构特点的不同，拖拉机可分为轮式、履带式（或称为链轨式）、手扶式和船形等类型。

按功率大小的不同，拖拉机可分为大型拖拉机（功率大于 73.6kW）、中型拖拉机

(功率为 14.7~73.6kW)、小型拖拉机（功率小于 14.7kW）。几种常见拖拉机的外形如图 7-26 所示。

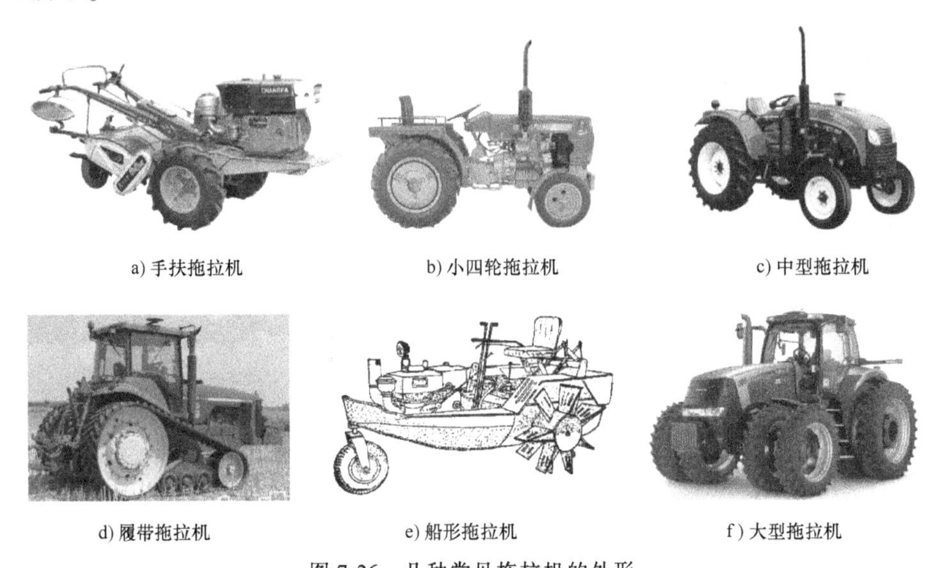

图 7-26　几种常见拖拉机的外形

拖拉机与汽车的总体构造基本相似，其一般由发动机、底盘、工作装置和电气设备组成（图 7-27）。

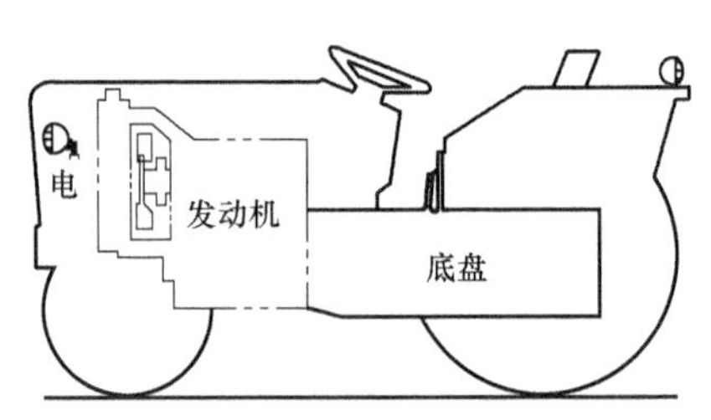

图 7-27　拖拉机的总体构造

发动机一般采用柴油机，其主要由曲柄连杆机构、配气机构、燃油供给系统、润滑系统、冷却系统、起动系统以及预热装置等组成。

拖拉机底盘由传动系统、转向系统、制动系统、行走系统和悬架系统等五个基本部分组成，各部分的功能和组成与农用汽车基本相同。拖拉机底盘各系统示意图如图 7-28 所示。

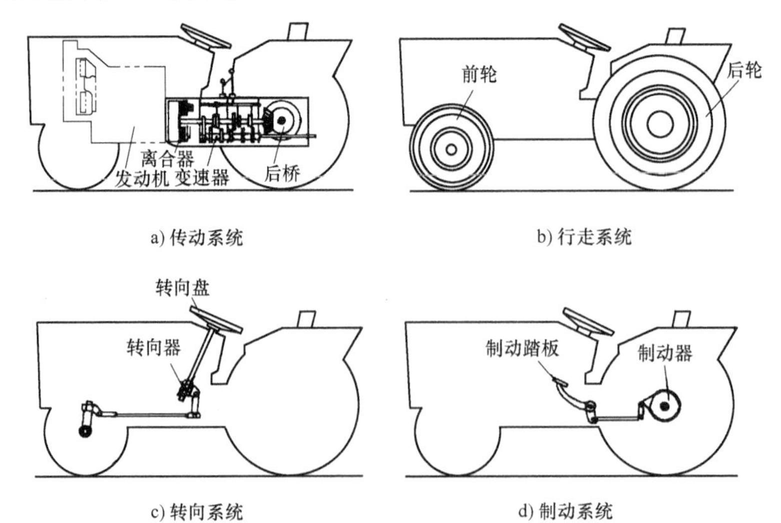

图 7-28　拖拉机底盘各系统示意图

拖拉机工作装置主要用于牵引、悬挂、驱动农具，进行各种农机作业，如图 7-29 所示。

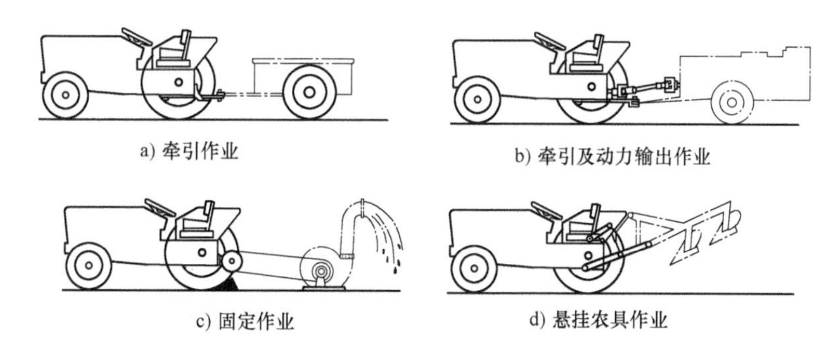

图 7-29　拖拉机的工作类型

拖拉机的电气设备主要由发电机、起动电动机、蓄电池、灯系和辅助电器等构成，各电器的原理和结构特点与汽车的电器相同。

3. 摩托车

摩托车是指由汽油机驱动，靠手把操纵前轮转向的两轮或三轮车。

按用途和结构特点的不同，摩托车可分为两轮摩托车、边三轮摩托车和正三轮摩托车三类。

摩托车主要由发动机、电气设备、传动系统、行驶系统和操纵系统等组成，如图 7-30 所示。

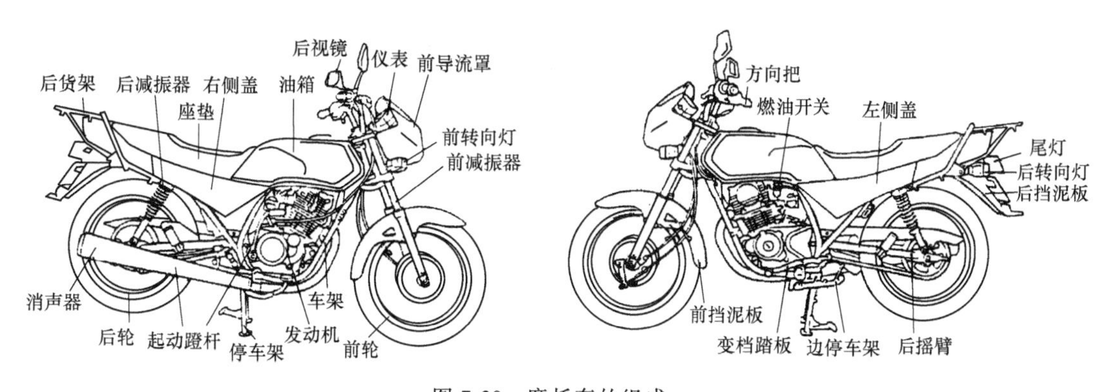

图 7-30　摩托车的组成

摩托车之所以能够行驶，主要是靠发动机的电控供油系统将汽油与空气按照一定的比例在气缸内进行混合，形成相应浓度的可燃气体，再经点火机构的点燃，被燃烧着的气体膨胀产生压力便推动气缸内的活塞进行运动，活塞有了一定的行程则带动活塞连杆做功，迫使曲轴转动并从曲轴尾部将动力传出，传出的动力一部分存储在惯性飞轮上，一部分通过传动轴（链条或传动带）送到离合器，凭借离合器有分离和接合的控制功能再把这部分动力送至变速器，变速器根据摩托车行驶具体情况的需要，通过传动轴（链）转动把动力传给后桥总成，经后传动装置中的从动齿轮便可带动摩托车的后轮（驱动轮）旋转，驱使摩托车行走（图 7-31）。

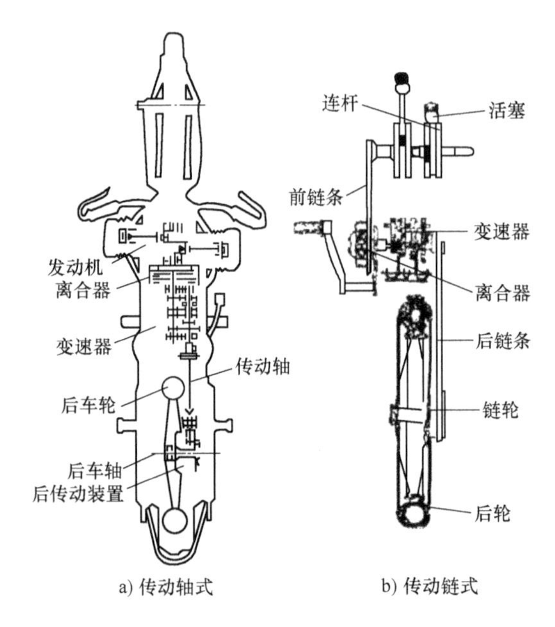

a) 传动轴式　　b) 传动链式

图 7-31　摩托车的工作原理

综上所述，摩托车工作的基本原理是：发动机源源不断地产生热能，经曲轴连杆把热能变成旋转力，再由变速传动装置用旋转力带动后车轮转动，当克服地面摩擦力之后便可驱动摩托车行驶。

第四节　车辆工程学科的前沿技术

随着经济与社会的发展，人们对车辆，尤其是汽车的使用性能和环保性提出了更高的要求。汽车传统的机械装置已经无法满足这些需求，以电子和信息技术为核心的汽车工业技术革新、技术发明层出不穷，新能源、新材料、电子技术、计算机技术与汽车融为一体的现代汽车技术应运而生。车辆工程学科的发展趋势主要体现在“节能、环保、安全、智能”四个方面，本节主要以汽车为研究对象，介绍车辆工程学科的前沿技术。

一、汽车节能技术

在全球气候不断恶化，能源危机日益加重的严峻形势下，汽车节能技术的研究尤为重要，其中发动机节能技术、整车轻量化、新能源汽车是节能的重要途径和手段。

1. 发动机节能技术

发动机节能技术是汽车节能的关键，其主要技术是如何提高发动机热效率，如何提高发动机比功率。

(1) 提高发动机热效率的措施　发动机热效率是指发动机利用燃料热能的有效程度，目前，一般汽油发动机的热效率仅为30%左右。提高发动机热效率就可以节能，其主要措施有：高压缩比、稀薄燃烧技术（均质稀薄燃烧）、缸内直喷技术、进气增压（涡轮增压、谐波增压）、增压中冷技术、可变配气技术（可变气门正时、可变气门升程）、改善

进排气过程、改变混合气在气缸中的流动方式、改进点火配置、提高点火能量（如独立点火)、优化燃烧过程、电控喷射技术、高压共轨技术、绝热发动机技术等。

(2) 提高发动机升功率 升功率是指发动机每升气缸工作容积所发出的功率。体现发动机品质高低主要是看动力性和经济性，也就是说，发动机要具有较好的功率、良好的加速性和较低的燃料消耗量。影响发动机功率和燃料消耗量的因素有很多，其中影响最大的因素有排量、压缩比和配气机构。

提高升功率的具体措施有：提高充气量、提高转速以增加单位时间内的充气量、改善混合气质量和燃烧过程、提高发动机机械效率等。

2. 汽车轻量化节能技术

随着人们对汽车安全性、舒适性、环保性能要求的提高，汽车安装空调、安全气囊、隔热隔音装置、废气净化装置、卫星导航系统等越来越普及，这无形中增加了汽车的质量、耗油量和耗材量。

减轻汽车自重是节约能源的基本途径之一。汽车轻量化是目前的前沿和热点问题，已成为汽车优化设计和选材的主要发展方向。

汽车轻量化的主要途径包括使用轻质材料和结构的优化设计，此外，先进成形工艺或焊接工艺的应用能带来明显的轻量化效果。一般全钢结构白车身通过优化设计可以减重7%左右，采用铝合金的车身可以带来30%~50%的轻量化效果，而想减轻更多的重量就只能求助于纤维复合材制。优化结构的主要途径是利用有限元和优化设计方法进行结构分析和结构优化设计，以减小零部件的质量和减少零部件的数量。而先进的加工工艺是为了应对材料和结构的变更，而提出新的工艺。

3. 新能源汽车

作为一次能源的地下石油，其储藏量随开采量的不断增长而逐渐减少，石油资源枯竭之日为期不远，石油汽车将面临饥饿和死亡。

为此，科学家不断研究开发新能源汽车，如混合动力汽车、电动汽车、燃料电池汽车、太阳能汽车、燃气汽车、代用燃料汽车等。

二、汽车减排技术

由于我国汽车工业的迅猛发展和城市化进程的加快，汽车保有量急剧增加，我国大部分城市的雾霾天气增多，PM2.5值攀升，使环境污染日趋严重，而汽车是造成环境污染的主要因素之一。为此，汽车减排是目前的热点问题之一，人们提出了许多防治汽车尾气污染的控制措施。

1. 汽油机排放控制技术

降低汽油发动机排放主要从机内净化与后处理净化两方面进行。

(1) 汽油机机内净化技术 降低汽油发动机排放的关键是从汽油机内部解决，其主要技术有：电子控制汽油喷射技术、电控点火系统、可变气门正时技术、可变长度进气歧管、废气再循环技术、进气增压技术、均质充量压燃技术、多气门技术、缸内直喷技术、可变压缩比、停缸技术、OBD诊断技术等。

(2) 汽油机后处理净化技术 随着对发动机排放要求的日趋严格，改善发动机工作过程的难度越来越大，能统筹兼顾动力性、经济性和排放性能的发动机将越来越复杂，成本也急剧上升。因此，世界各国都先后开发废气后处理净化技术，在不影响或少影响发动机其他性能的同时，在排气系统中安装各种净化装置，采用物理和化学的方法减少排气中的污染物。

汽油机后处理净化技术主要有三元催化转化技术、稀燃催化技术、热反应器、二次空气喷射等。

2. 柴油机排放控制技术

柴油机排放控制技术也包括机内净化技术和后处理净化技术。

（1）柴油机机内净化技术 相对于汽油机而言，柴油机由于过量空气系数比较大，一氧化碳（CO）和碳氢化合物（HC）排放量要低得多，但普通的燃油供给系统使柴油机具有致癌作用的微粒排放量比汽油机大几十倍甚至更多。因此，控制柴油机排放物的重点，就在于降低柴油机的 NO_x 和微粒（包括碳烟）排放。

降低柴油机 NO_x 和微粒排放的主要技术措施有燃烧室优化设计、喷油规律改进、进气控制排气控制、增压技术、废气再循环技术、高压共轨技术、均质压燃技术等。

（2）柴油机后处理净化技术 柴油机的排放污染物主要是微粒和 NO_x，其中，微粒排放是汽油机的30~80倍，仅靠机内净化技术很难使柴油机的微粒排放满足新的排放法规，所以，必须采用微粒后处理技术。

目前，柴油机微粒后处理净化技术主要有微粒捕集技术、静电分离、溶液清洗、等离子净化、离心分离袋式过滤等。

三、汽车安全技术

汽车行驶的安全性是世界汽车技术发展关注的热点问题之一。在汽车的安全性研究和现有的汽车安全技术中，汽车的安全性可分为主动安全性和被动安全性两大类。

1. 汽车主动安全性

主动安全性是指通过对汽车内部结构进行更趋合理有效的设计，优化车辆驾驶操纵系统的人机环境，主动预防事故的发生。

汽车主动安全控制系统的基本原理：首先是利用各种传感器感知驾驶人对汽车的操作情况以及汽车本身的运动状态，然后由电子控制单元（ECU）根据传感器获得的信息确定出相应的控制策略，最后控制执行机构采取相应的动作，直接影响和控制车轮滑转（移）率、车轮侧偏角和车轮垂向运动，从而间接控制轮胎和路面接触面上的纵向力、侧向力和垂向力，提高汽车的主动安全性、机动性和舒适性。汽车主动安全控制是一个多系统相互影响、相互作用的复杂控制过程。

目前汽车主动安全控制系统主要包括汽车防抱制动系统（ABS）、汽车驱动防滑系统（ASR）、汽车稳定性控制系统（ESP）、汽车制动辅助系统（BA）、汽车四轮转向（4WS）、汽车主动前轮转向（AFS）、汽车横摆运动控制系统（DYC）、汽车主动悬架（AS）、汽车主动车身控制（ABC）、汽车主动巡航系统、自动变速技术、胎压监测技术等。

2. 汽车被动安全性

被动安全性主要是指汽车在发生意外的碰撞事故时对驾乘者进行保护，尽量减少其所

受伤害。

被动安全技术主要有安全气囊（SRS）、预紧式安全带、主动式头枕、能量吸收式转向柱、发动机舱盖弹升技术、发动机舱盖气囊、车身碰撞缓冲吸能技术等。

四、智能汽车技术

智能汽车是一个集环境感知、规划决策、多等级辅助驾驶等功能于一体的综合系统，它集中运用了计算机、现代传感、信息融合、通信、人工智能及自动控制等技术，是典型的高新技术综合体。目前对智能汽车的研究主要致力于提高汽车的安全性和舒适性，以及提供优良的人车交互界面。近年来，智能汽车已经成为世界车辆工程领域研究的热点和汽车工业增长的新动力，很多发达国家都将其纳入各自重点发展的智能交通系统当中。

智能汽车的研究主要涉及信息融合、计算机视觉和自动控制等领域。

智能汽车的新技术主要有汽车防撞预警技术、汽车行驶危害警告技术、汽车辅助驾驶技术、驾驶人疲劳检测技术、智能网联汽车、无人驾驶汽车、智能钥匙、智能悬架、智能轮胎、智能安全气囊、智能空调等。

第五节 车辆工程专业的就业与升学

一、车辆工程专业的就业

1. 车辆工程专业毕业半年后的就业率

根据麦可思公司的调查研究，对2011—2019届车辆工程专业毕业半年后就业率进行了归纳，见表7-6。

表7-6 2011—2019届车辆工程专业毕业半年后就业率情况

届数	毕业半年后就业率(%)	全国本科专业就业率排名	全国本科毕业半年后平均就业率(%)
2011届	97.6	6	90.8
2012届	94.6	20	91.5
2013届	94.2	19	91.8
2014届	94.4	11	92.6
2015届	95.3	13	92.2
2016届	94.4	17	91.8
2017届	93.8	27	91.9
2018届	95.0	11	91.0
2019届	94.2	30	91.1

从表7-6中可以看出，2011—2019届车辆工程专业毕业半年后就业率均位于全国专业就业率的前30位，这表明，车辆工程专业目前是热门专业，是急需人才的一个专业，是一个绿牌专业。

2. 车辆工程专业的人才需求

汽车人才是指从事汽车产品、工艺，汽车商务研发、设计，指导汽车产品生产和再制造的工程技术人员。

在汽车产业快速发展的今天，我国汽车产业崛起的背后是人才的崛起、发展和成长。我国汽车产业的发展核心是技术，关键是人才。

我国的汽车行业一直是人才资源密集的行业，但是目前我国汽车行业正面临着人才匮乏的局面。对人才的需求从技工、技术人员到管理人员，每一个级别的职位都存在严重空缺，可谓是“普遍的短缺”：既缺乏领军人才（既懂现代汽车技术，又懂现代汽车技术管理的人才，如中国工程院院士中，汽车领域的院士寥寥无几），又缺乏交叉学科的复合型人才，如机械、电子、材料、能源、环境、美学等学科的复合型人才；同时汽车研发人才缺口也很大，现有研发人员远远不能适应汽车发展的需要。

据有关统计显示，欧美发达国家的汽车行业中，汽车研发人才一般都占到技术人才的30%以上，而我国目前成熟的研发人员骨干占技术人才的10%左右。随着自主研发热潮的兴起，研发人员作为汽车企业未来发展之路——自主研发的领航人，成为各大企业争夺的重点，培养本土高素质研发人才是当前汽车行业人才培养的当务之急。如智能驾驶方面，需要自动驾驶算法、自动驾驶系统与集成等方面的人才。车联网方面，需要人工智能、高精度地面研发、算法及深度学习、云架构与安全、大数据、核心车载系统等方面的人才。新能源汽车方面，需要“三电”人才，即电池、电机与电控。

随着我国走出了“以市场换技术”的时代，中国汽车产业进入黄金发展期，在实现制造业大国向产业强国转变的过程中，汽车设计研发、销售和服务将进入更高层面的竞争。因此，只有大力提高自主研发能力，才能具备核心竞争力，而本土研发型人才是战略转型的关键。

目前，我国汽车行业既缺乏高级人才，又缺乏高技能操作技术人员，人才总量严重短缺，需求比较旺盛。

3. 车辆工程专业就业行业分布

随着汽车工业的迅速发展，汽车的需求量也越来越大，与汽车相关的专业也逐渐“热”了起来。庞大的汽车市场，急需一批具备汽车工程设计、制造、实验、运用、研究与汽车营销等汽车专业知识的人才，特别是高级汽车、新型汽车设计开发人才的需求。

同时，围绕安全、节能、环保三大主题的汽车新技术的兴起，使汽车行业与当今的尖端科技紧密联系在一起，车辆工程专业研究的范围也更加广泛，涉及汽车、机车车辆、拖拉机、军用车辆及工程车辆等陆上移动机械新的理论、技术和方法等。甚至还涉及医学、生理学及心理学等更为广泛的领域，为本专业的学子提供了更为广阔的发展空间。

车辆工程专业的毕业生主要从事汽车整车及零部件的设计开发、车身及造型设计、车辆电子技术应用、车辆的性能测试与试验研究、汽车制造工艺、工装以及生产管理等技术工作，以及在交通运输及管理等部门从事车辆维修管理工作，或从事相关的教学及科研工作。

车辆工程专业的主要就业方向分布见表7-7。

表 7-7　车辆工程专业的主要就业方向分布

排名	就业方向	占比(%)
1	汽车及零配件	42
2	新能源	13
3	机械、设备、重工	7
4	建筑、建材、工程	7
5	互联网、电子商务	6
6	电子技术、半导体、集成电路	5
7	贸易、进出口	4
8	交通、运输、物流	4
9	计算机软件	4
10	外包服务	3
11	其他	5

二、车辆工程专业的升学

1. 报考研究生类型和学科（专业）

对于车辆工程专业的应届毕业生，主要报考学术型硕士研究生和专业学位型硕士研究生，也可以报考硕博连读生和直博生，但招收硕博连读生和直博生的学校很少，主要是少数“双一流”学校，竞争非常激烈。

（1）报考学术型硕士研究生　车辆工程专业本科生报考学术型硕士研究生的主要学科（专业）是机械工程。对于不设置一级学科的招生单位，可以直接报考机械工程一级学科（学科代码：080200），即专业；对于设有二级学科的招生单位，可报考机械工程的四个二级学科：机械制造及其自动化（学科代码：080201）、机械电子工程（学科代码：080202）、机械设计及理论（学科代码：080203）和车辆工程（学科代码：080204）。

（2）报考专业学位型硕士研究生　车辆工程专业本科生报考专业学位型硕士研究生的主要学科（专业）是机械，学科代码：0855。

2. 录取分数线

录取分数线有两种：国家复试分数线和学校复试分数线。

（1）国家复试分数线　教育部根据研究生初试成绩，每年确定了参加统一入学考试考生进入复试的初试成绩基本要求（简称国家复试分数线），原则上，达到国家复试分数线的考生有资格参加复试。

对学术型研究生和专业学位型研究生，其国家复试分数线是各不相同的，可参阅相关报道。

国家复试分数线按考生所报考地处不同，其分数也有高低不同。

（2）学校复试分数线　学校复试分数线是指各学校根据考生达到国家复试分数线的人数，与本校各专业的招生名额，来确定的复试分数线。由此可以看出，每个学校各专业的复试分数线是不同的。

如果达到国家复试分数线的人数少于某专业的招生名额，则学校复试分数线与国家复试分数线相同，不能低于国家复试分数线；反之，则高于国家复试分数线。

车辆工程专业类属工学门类，很多学校的复试分数线是按学科门类划分的，工学是热门报考专业门类，所以，一般学校工学门类的复试分数线均高于国家复试分数线。

一些名校的车辆工程专业考录比基本在3：1~7：1范围内。但一些学校的考录比非常高，如同济大学竟达到26.3：1，甚至基本不录取“统考生”，这主要是2015年后全国全面放开了“推免生”的限制所致。

由于“推免生”成为名校追逐的主要对象，一些名校录取的硕士研究生中，“推免生”比例大幅度上升。例如：清华大学、上海交通大学、北京理工大学、北京航空航天大学、东南大学、湖南大学等学校的“推免生”占总招生计划的50%以上。由于车辆工程专业是热门专业，这些专业的“推免生”指标一般均超过了80%，以至于少数大学的学术型硕士研究生只面向“推免生”进行选拔，不从全国研究生统一考试中选拔。这就意味着，很多招生指标在统考前就已经被“推免生”占据了，“统考生”想考上的难度大幅度增加，尤其是机械工程、车辆工程等专业，竞争异常激烈，难度非常大。

3. 能招收车辆工程硕士研究生的“双一流”学校

在双一流大学中，能招收车辆工程硕士研究生的一流大学有31所，一流学科大学有47所，机械工程为一流学科的学校有10所。

4. 车辆工程专业硕士研究生的入学考试专业课与研究方向

(1) 入学考试专业课 车辆工程专业入学考试专业课是指初试中的专业基础课和复试中的专业课。

1）初试中的专业基础课。各招生单位对专业基础课要求不一，一般为机械、电子、控制为基础的课程，主要有理论力学、材料力学、机械原理、机械设计、工程热力学、电子技术、电工技术、自动控制原理、汽车理论等课程中的1~2门课程的组合。具体见各校的研究生招生简章。

2）复试中的专业课。复试科目主要是专业课或专业基础课，各招生单位规定的均不相同。一般复试中的专业课是汽车构造、汽车理论、汽车设计等课程，具体见各校的研究生招生简章。

(2) 研究方向 研究方向是指从事的主要研究领域，由于车辆，尤其是汽车，涉及的领域多，如设计、材料、工艺、节能和减排等多方面，所以，各招生单位根据自身优势和基础条件不同，设计了各自的研究方向。各单位的研究方向相差较大，但都是围绕车辆这个研究平台。有的学校不设研究方向，如清华大学、上海交通大学、湖南大学、吉林大学等；一些学校设有研究方向，如江苏大学，主要研究方向有：车辆系统动力学及控制、车辆系统及零部件设计理论与方法、车辆综合节能与新能源汽车技术、车辆NVH控制及安全技术、现代汽车轮胎技术等。

思 考 题

1. 何谓车辆？车辆包括哪些种类？
2. 简述车辆工程专业的发展过程。

3. 车辆工程专业对人才素质有何要求?
4. 为何说中国是最早使用车的国家之一?
5. 为何说蒸汽机的发明和应用是第一次工业革命的标志?
6. 分析我国 1955—2020 年历年汽车生产量的变化情况。
7. 我国车产销量为何连续 12 年蝉联世界第一?
8. 你对我国汽车工业发展的前景有什么看法?
9. 试分析我国工程机械的发展现状。
10. 试分析我国拖拉机的发展现状。
11. 何谓汽车?
12. 乘用车分为哪 11 种类型?
13. 客车分为哪 8 种类型?
14. 汽车的总体构造包括哪几个部分?各部分的作用是什么?
15. 汽车发动机包括哪几个部分?各有什么功用?
16. 汽车是如何行驶的?
17. 磁悬浮列车是如何行驶的?
18. 工程机械有哪些类型?
19. 拖拉机为何只采用柴油机而不用汽油机?
20. 简述汽车节能的意义和方法。
21. 简述汽车减排的意义和方法。
22. 何谓汽车主动安全性?列举几种汽车主动安全技术。
23. 上网检索几所学校的车辆工程专业的培养方案，并与你所在的学校车辆工程专业培养方案的培养目标、毕业要求进行对比，分析异同点。
24. 上网检索几所学校的车辆工程专业的教学计划，并与你所在的学校车辆工程专业教学计划的专业基础课、专业必修课、实践环节、学分要求进行对比，分析异同点。
25. 分析车辆工程专业的人才需求情况。
26. 为何车辆工程专业的就业率比较高?
27. 车辆工程专业的主要就业方向有哪些?你对未来职业生涯有何规划?
28. 车辆工程专业应届毕业生可报考硕士研究生的主要学科有哪些?

第八章

汽车服务工程

在一个完全成熟的汽车市场，汽车销售利润占整个汽车产业链利润的20%，零部件供应利润占20%，汽车服务的总利润超过60%。因此，汽车服务业已经成为第三产业中最富活力的产业之一。本章主要介绍汽车服务工程的内涵、汽车服务业的形成与发展、汽车服务工程专业的人才培养方案，以及汽车服务工程专业的就业与升学等内容。

第一节　汽车服务工程的内涵

一、汽车服务工程学科

1. 服务的含义

服务是指为他人做事，并使他人从中受益的一种有偿或无偿的活动。不以实物形式而以提供劳动的形式满足他人某种特殊需要。

2. 汽车服务工程的概念

汽车服务工程是根据汽车的制造商或使用者为实现汽车产品的商品价值、使用价值以及权益价值等需求，以技术服务为特征所进行的应用理论研究、运用技术开发、使用过程支持及经营运作管理等工程化活动，是指将与汽车相关的要素同客户进行交互作用或由客户对其占有活动的集合。

汽车服务工程有狭义和广义之分。狭义的汽车服务工程是指从新车进入流通领域，直至其使用后回收报废各个环节涉及的各类服务，包括销售咨询、广告宣传、贷款与保险资讯等的营销服务，以及整车出售及其后与汽车使用相关的服务，包括维修保养、车内装饰(或改装)、金融服务、事故保险、索赔咨询、二手车转让、废车回收、事故救援和汽车文化等（图8-1）。

广义的汽车服务工程是指自新车出厂进入销售流通领域，直至其使用后回收报废各个环节所涉及的全部技术的和非技术的服务，还延伸至汽车生产领域和使用环节的其他服务，例如原材料供应、工厂保洁、产品外包设计、新产品测试、产品质量认证、新产品研发前的市场调研、汽车运输服务、出租汽车运输服务等。

3. 汽车服务工程的特点

汽车后市场可以提供汽车消费所需的各种服务。汽车服务工程主要涉及的是服务性工作，以服务产品为其基本特征，因而它属于第三产业的范畴。汽车服务工程的主要特点如下：

(1) 全过程服务　汽车全过程服务是指汽车从经销商将汽车销售给顾客以后，直至

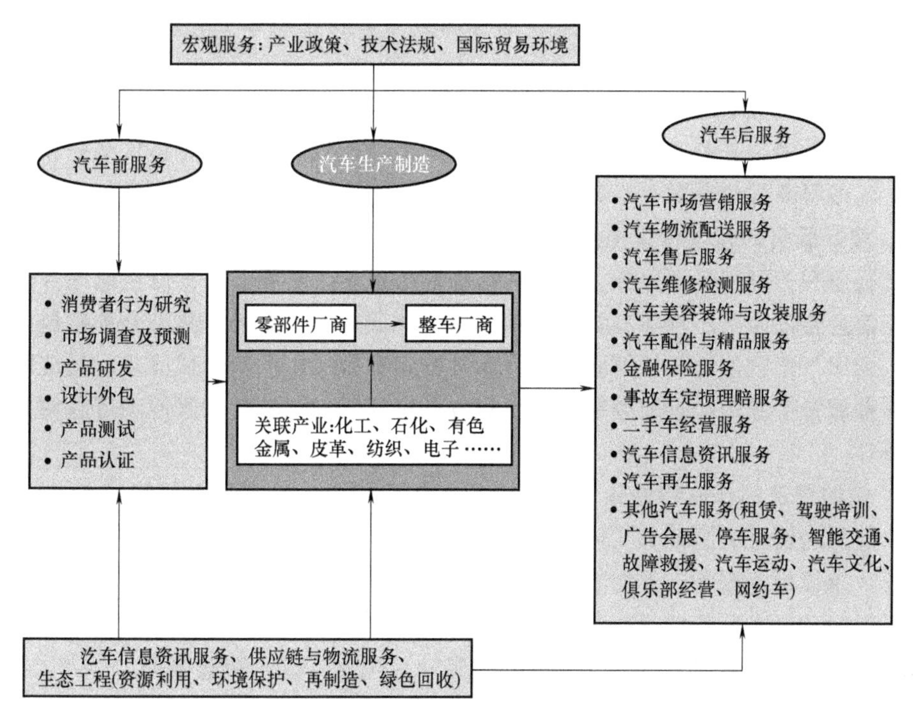

图 8-1 狭义的汽车服务工程与广义的汽车服务工程

车辆报废回收的全过程服务。

（2）全员性服务 在汽车的全生命周期内需要所有的工作人员都为用户提供服务，这种服务是汽车专业技术性服务与非技术性服务的结合。

（3）定场点服务 由于服务不可分离的特点，以及汽车本身具有的技术复杂、局部高温和高压、带电作业、带易燃油品等产品特性，汽车服务必须在汽车市场或者服务站等特定地点进行。

（4）多层次服务 在汽车服务中，对车辆的咨询、介绍、质量保证等服务是必须向用户提供的基本服务；提供专业养护和维修以及车辆改装等服务属于连带服务，也是增值服务；而帮助用户办理车辆上牌、事故车的理赔等服务是企业体现服务差别和优势的增值服务。

（5）多重性服务 汽车服务具有指导性、可靠性、及时性和善后性等作用，通过服务引导用户熟悉车辆，了解车辆性能和使用方法，并指导用户熟悉用车环境；提供及时的救援服务和备件服务，最大限度地减小因车辆问题停驶给用户带来的不便；车辆可靠性保证，除了在产品设计、生产过程中提供的设计和生产保证外，还要靠汽车的服务质量来保证；在车辆出现问题后，及时排除故障，并妥善解决好由车辆故障引发的相关事宜。

4. 汽车服务的分类

汽车服务的分类方式很多，常见的有以下分类方式：

（1）按照服务的技术密集程度分 按照服务的技术密集程度，汽车服务可以分为技术型服务和非技术型服务。技术型服务包括汽车厂商的售后服务、汽车维修、汽车美容、智能交通服务、汽车故障救援服务等，其他服务为非技术型服务，如汽车营销、保险理赔、汽车金融等。

(2) 按照服务的资金密集程度分 按照服务的资金密集程度，汽车服务可以分为金融类服务和非金融类服务。金融类服务包括汽车消费信贷服务、汽车租赁服务和汽车保险服务等，其他服务为非金融类服务。

(3) 按照服务的知识密集程度分 按照服务的知识密集程度，汽车服务可以分为知识密集型服务和劳务密集型服务。知识密集型服务包括售后服务、维修检测服务、智能交通服务、信息咨询服务、汽车广告服务和汽车文化服务等，劳务密集型服务则包括汽车物流服务、废旧汽车的回收与拆解服务、汽车驾驶培训服务、汽车会展服务、场地使用服务和代办各种服务手续的代理服务等，其他服务则是介于知识密集型服务和劳务密集型服务之间的服务。

(4) 按照服务的作业特性分 按照服务的作业特性，汽车服务可以分为生产作业型的服务、交易经营型的服务和实体经营型的服务。生产作业型的服务包括汽车物流服务、售后服务、维修检测服务、美容装饰服务、废旧汽车的回收与拆解服务、汽车故障救援服务等，交易经营型的服务包括汽车厂商及其经销商的新车销售服务、二手车交易服务、汽车配件营销与精品销售服务等，其他服务为实体（企业）经营型的服务。

(5) 按照服务的载体特性分 按照服务的载体特性，汽车服务可以分为物质载体型的服务和非物质载体型的服务。物质载体型的服务是通过一定的物质载体（实物商品或设备设施）实现的服务，如上述的技术服务、生产作业型的服务、交易经营型的服务、汽车租赁服务、汽车广告服务、汽车文化服务、展会服务、场地使用服务等；非物质载体型的服务没有明确的服务物质载体，如汽车信贷服务、保险服务、汽车信息咨询服务、汽车俱乐部等。

(6) 按照服务内容的特征分 按照服务内容的特征，汽车服务可分为销售服务、维修服务、使用服务和延伸服务。

1）销售服务：包括新车销售、二手车销售、交易服务等。

2）维修服务：包括汽车配件供应服务、汽车维修服务、汽车检测服务、汽车故障救援服务等。

3）使用服务：包括汽车维护及美容装饰服务、汽车驾驶培训服务、智能交通服务、汽车保险服务、汽车信息服务、汽车资讯服务、汽车租赁服务、汽车回收拆解服务等。

4）延伸服务：包括汽车信贷服务、汽车法律服务、汽车文化服务等。

5. 汽车服务工程的基本内容

汽车服务工程涉及面广，其基本内容见表 8-1。

表 8-1 汽车服务工程的基本内容

序号	服务类别	服务含义	服务主体	服务内容
1	汽车销售服务	指顾客在购买汽车的过程中，由销售部门的营销人员为顾客提供的各种服务性工作	汽车4S店、连锁专卖店、汽车超市、汽车交易市场	汽车产品介绍，代办各种购买手续、提车手续、保险手续及行车手续

（续）

序号	服务类别	服务含义	服务主体	服务内容
2	汽车物流服务	指汽车厂商为了分销自己的产品而建立的区域性、全国性乃至全球性的产品销售网络及物流配送网络	其服务主体包括以汽车厂商的销售管理部门为龙头的销售渠道体系，加入渠道体系的分销商、经销商、代理商和服务商（或者统称为中间商），以及提供运输、仓储、保管、产品配送和养护服务的物流服务者	1）汽车与配件的包装、装卸、搬运、配送 2）汽车原材料的配送 3）物流信息管理
3	汽车售后服务	指汽车厂商为了让用户使用好自己的产品而提供的以产品质量保修为核心的服务	其服务的主体包括以汽车厂商的售后服务管理部门为龙头的服务体系、加入该体系的各类特约维修站或服务代理商等	其服务的主要内容包括产品的质量保修、技术培训、技术咨询、产品保养、故障维修、配件（备件）供应、产品选装、客户关系管理、信息反馈与加工、服务网络或网点建设与管理
4	汽车维修检测服务	指汽车厂商售后服务体系以外的社会上独立提供的汽车维修、检测、养护等服务	其服务主体是社会上独立存在的以上述服务为其主要经营内容的汽车服务机构或个人，他们或者提供单一服务，或者提供此类综合服务	1）汽车养护 2）汽车故障诊断 3）汽车维修 4）汽车性能检测
5	汽车美容与装饰服务	指汽车厂商售后服务各体系以外的社会上独立提供汽车美容、装饰、装潢等服务	1）汽车美容机构 2）汽车改装机构 3）汽车装饰机构	1）汽车清洗、打蜡、漆面护理 2）汽车内部、外部装饰装潢 3）汽车部件的改装或增设
6	汽车配件与用品服务	指汽车厂商售后服务配件供应体系以外的汽车配件、汽车相关产品（如润滑油、脂及有关化工产品等）与汽车用品（如汽车养护用品、装饰装潢用品等）的销售服务	社会上独立存在的不属于汽车厂商服务体系的以上述产品为经营内容的各类销售服务机构或个人	1）汽车配件销售与安装 2）汽车用品销售与安装
7	汽车金融服务	指向广大汽车购买者提供金融支持的服务	其服务主体是向汽车买主提供金融服务的机构，包括银行机构和非银行机构（如提供购车消费贷款的汽车财务公司）	主要提供客户的资信调查与评估、提出贷款担保的方式和方案、拟定贷款合同和还款计划、适时发放消费贷款、帮助客户选择合适的金融服务产品、承担一定范围内的合理金融风险等服务
8	汽车保险服务	指合理设计并向广大汽车客户销售汽车保险产品，为车主提供金融保险服务	提供与汽车使用环节有关的各种保险产品的金融服务机构（保险公司）	设计合适的保险品种、推销保险产品、拟定保险合同、收取保险费用等
9	汽车定损理赔服务	指对汽车事故提高现场勘查、定损、理赔服务	1）保险公司 2）公估行 3）汽车事故鉴定机构	1）事故现场勘查 2）事故损失和责任鉴定 3）办理理赔手续
10	二手车经营服务	指向汽车车主及二手车需求者提供交易方便，以二手车交易为服务内容的各种服务	提供汽车交易服务的各类机构或个人	货源收购、二手车售卖、买卖代理、信息服务、交易中介、撮合交易、拟定合同、汽车评估、价值确定、办理手续收缴税费，乃至车况检测和必要的维修服务

（续）

序号	服务类别	服务含义	服务主体	服务内容
11	汽车信息咨询服务	指向各类汽车服务商提供行业咨询的服务和向消费者个人提供汽车导购的信息服务	提供各类汽车咨询的服务机构或个人	市场调查、市场分析、行业动态跟踪、统计分析、信息加工、汽车导购、竞争力评价、政策法规宣传与咨询
12	汽车再生服务	指依据国家有关报废汽车管理之规定，对达到报废规定的二手车，从用户手中回收，然后进行拆解，并将拆卸下来的旧件进行分门别类处理的服务，属于环保绿色服务	从事上述环节工作的服务机构或个人	废旧汽车回收、兑现国家政策（按规定的回收标准向用户支付回收费用）、废旧汽车拆卸、废旧零件分类、旧件重复利用（对于尚有使用价值的旧件）、废弃物资移送（对不能重复的废弃零部件及相关产品，分类送交炼钢厂或橡胶化工企业）及相关的保管物流服务等
13	汽车租赁服务	指向短期的或临时的汽车用户提供使用车辆，并以计时或计程方式收取相应的资金的服务，包括分时租赁	提供汽车租赁的各类机构	审查用户提供的资信凭证、拟定租赁合同、提供技术状况完好的租赁车辆和车辆上路需要的有关证照、提供用户需要的其他合理服务
14	汽车驾驶培训服务	指向广大汽车爱好者提供车辆驾驶教学，帮助他们提高汽车驾驶技术和考试领取汽车驾驶执照的服务	各类汽车驾驶学校或培训中心	驾驶培训车辆、驾驶教练和必要的驾驶场地、训练驾驶技术、教授上路行车经验、培训交通管理法规和必要的汽车机械常识、代办驾驶执照及其年审手续等
15	汽车广告会展服务	指以产品和服务的市场推广为核心，培养忠诚客户，向汽车生产经营者提供广告类服务和产品展示的服务	提供以上服务及相关服务的专门机构和个人。他们包括各种企业策划机构、广告代理商、广告创造人、广告制作人、大众传媒、会展服务商、展览馆等	企业咨询与策划、产品（服务）与企业形象包装、广告设计与创作、广告代理与制作、大众信息传媒信息传播、展会组织与服务、产品（服务）市场推介和汽车知识服务等
16	汽车停车服务	指以场地、场所及其建筑物的有偿使用为核心经营内容的，向汽车厂商、汽车服务商和汽车消费者个人提供使用场地或场所的服务	提供有偿使用场地、场所的服务机构	贯彻国家和地方的有关政策法规、商户入场资格审查、必要的辅助交易服务、市场的物业管理、代收代缴有关规费、提车服务、车辆看管、疏导场内交通服务
17	汽车智能交通服务	指向广大驾驶人提供以交通导航为核心，旨在提高汽车用户（尤其城市用户）出行效率的服务	提供交通导航的服务机构	介绍天气状况、提供地面交通信息、寻址服务、自动生成从用户出发地点至目的地的路线选择方案、诱导路面交通流量、紧急事故救援等，最终实现交通导航的目的

（续）

序号	服务类别	服务含义	服务主体	服务内容
18	汽车救援服务	指向汽车驾驶人提供因为突发的车辆事故而导致车辆不能正常行驶，从而需要紧急救助的服务	提供汽车救援服务的机构或个人，通常是汽车俱乐部或其他汽车服务商	汽车因燃油耗尽而不能行驶的临时加油服务、因技术故障导致停车的现场故障诊断和抢修服务（针对已排故障和常见小故障）、拖车服务（针对不能现场排除的故障）、交通事故报案和协助公安交通管理机关处理交通事故（针对交通肇事）等服务
19	汽车文化服务	指向广大汽车爱好者提供与汽车相关的以文化消费为主题的各类服务	提供汽车文化产品的各种机构或个人，他们包括汽车爱好者俱乐部、汽车传媒、各种专业的和非专业的汽车文化产品制作人、汽车文化产品及服务的经营者	汽车博物馆、汽车展览、汽车影院、汽车报刊、汽车书籍、汽车服饰、汽车模特、汽车旅游、汽车运动等
20	汽车俱乐部服务	指以会员制形式，向加盟会员提供能够满足会员要求的与汽车相关的各类服务	提供会员服务的各类汽车俱乐部，他们通常是汽车厂商、汽车经营者、社会团体、汽车爱好者组织的，一般属于社团型组织	1）汽车各项服务 2）汽车代驾 3）汽车文化娱乐、交友谈心

二、汽车服务工程专业的发展

1. 汽车服务工程专业的概念

汽车服务工程专业是培养具有现代机械、管理、能源、人工智能和大数据等多学科理论基础，掌握汽车工程服务技术及相关运作管理的研究与创新能力，能够胜任汽车商品企划、汽车技术支持、汽车产业链管理等智能服务领域工作要求的高级专门人才。

该专业要求学生系统学习和掌握机械设计与制造的基础理论，学习微电子技术、计算机应用技术和信息处理技术的基本知识，受到现代机械工程的基本训练，具有进行机械和车辆产品设计、制造及设备控制、生产组织管理的基本能力。

汽车服务工程专业是在汽车类专业的发展过程中进一步专业细化而来的，它经历了汽车、汽车拖拉机、汽车运用工程和交通运输等专业几十年的发展与演变的过程。

2. 20世纪50~80年代的汽车服务工程专业

早在20世纪30年代，清华大学机械工程学系设立了飞机及汽车组，开设了内燃机课程。清华大学是我国最早设置汽车专业的大学。

1952年，全国高校院系进行大调整，交通部倡议设立汽车技术使用与维修专业（大专）。在清华大学等一些大学中开始设置汽车专业、汽车拖拉机专业，学制五年。

1957年，吉林大学（原长春汽车拖拉机学院）开设了第一个“汽车运用与修理”本科专业。

1958年，长安大学（原西安公路学院）开始招收“汽车运用与修理”本科生，是第二个设立“汽车运用与修理”专业的学院。

随着国家经济建设发展的需要，交通部、农业部、林业部、国防部等所属院校相继开设了“汽车运用与修理”专业。

1980年，进行了本科生专业调整，将“汽车运用与修理”专业改名为“汽车运用工程”专业。

1989年，由教育部直属、挂靠交通部成立了全国高等学校汽车运用工程专业教学指导委员会。

至20世纪80年代末，我国有7所高校设置了“汽车运用工程”专业、18所高校设置了“汽车与拖拉机”专业。表8-2列出了20世纪50~80年代我国教育部门对汽车类专业的要求。

表8-2　20世纪50~80年代我国教育部门对汽车类专业的要求

年代	专业	专业要求
20世纪50年代	汽车拖拉机	分为四个专门化：汽车、拖拉机、汽车拖拉机发动机、汽车运输。毕业后能担任汽车、拖拉机或发动机的设计、制造、装配、运用和保修工作，及试验工作
20世纪60年代	汽车拖拉机	毕业后能在汽车或拖拉机制造厂、运输企业中保修场站等部门担任汽车、拖拉机或发动机的设计、制造、装配、运用和保修工作，及试验工作
20世纪80年代	汽车	本专业分设汽车专门化及车身专门化。毕业后，能在汽车工业部门及其科学研究机构担任汽车设计及汽车方面的研究工作，并能在学校担任教学工作
	汽车运用及修理	本专业所培养的人才要求能设计汽车及发动机的各个总成和零件，能设计汽车机件的制造、修理及技术保养工艺过程；能设计保养修理、试验以及卸装用的各种机械仪器和工具；能进行汽车和发动机的各项研究试验工作
	汽车与拖拉机	培养从事汽车与拖拉机设计、试验、研究、制造的高级工程技术人才。本专业主要学习机械设计的基础理论与方法及汽车、拖拉机性能的分析方法，解决汽车与拖拉机的整机与零、部件的设计问题
	汽车运用工程	培养能应用现代科学技术手段进行汽车运用试验、研究和从事汽车运输、使用系统设计与管理的高级工程技术人才。本专业学生主要学习公路运输车辆及其装备、电子技术、汽车运输规划和管理方面的基础理论与科学方法

可以注意到，在汽车专业的发展前期，“汽运”只是“汽拖”专业的一个专门化方向，这与当时的师资力量和社会需求是相适应的。但随着工农业生产的发展，开始大量使用汽车和拖拉机，如何保证其技术性能的完整，成为当时国民经济建设中一个亟待解决的问题。

“汽拖”和“汽运”专业针对不同的研究对象，逐步发展为相对独立的学科。

一般而言，“汽拖”专业侧重于设计、制造，“汽运”专业侧重于维修、运用。在课程设置上，两个专业的主干课程都包括力学、机械等基础课，及“汽车构造”“汽车理论”“发动机原理”等专业课。在毕业生的使用方向上，“汽拖”的学生也有去运用部门的，“汽运”的学生也有去生产企业的。这两个专业都为我国的汽车产业培养了大量人才。

所以，20世纪50~80年代的汽车服务工程专业，就是指汽车运用及修理或汽车运用工程专业。

3. 20 世纪 90 年代的汽车服务工程专业

我国几次大学本科专业调整后的专业数见表 8-3。

表 8-3 我国几次大学本科专业调整后的专业数

年份	1953	1957	1958	1962	1963	1965	1980	1987	1993	1998	2012
专业总数	215	323	363	627	432	601	1039	671	504	249	506

本科专业目录修订是一项关系高等教育改革发展全局的重要工作，对于全面提高高等教育质量特别是本科人才培养质量有着重要的基础性、全局性、前瞻性、导向性的作用。

（1）1993 年的本科专业调整 1993 年，根据经济社会发展的需要，国家形成了体系完整、比较科学合理、统一规范的《普通高等学校本科专业目录》，将学科划分为哲学、经济学、法学、教育学、文学、历史学、理学、工学、农学、医学 10 个门类，下设 71 个二级学科门类，专业种数由 671 种减少到 504 种。这次调整使专业数目进一步减少，专业口径进一步拓宽，专业设置开始以学科性质和学科特点作为基本依据，突破了与行业、部门相对应的传统模式，成为我国大学专业设置、划分走向科学化、规范化的标志。

在 1993 年的本科专业目录中，机械类下设了 17 个专业，分别是机械制造工艺与设备、热加工工艺及设备、铸造、塑性成形工艺及设备、焊接工艺及设备、机械设计及制造、化工设备与机械、船舶工程、汽车与拖拉机、机车车辆工程、热力发动机、流体传动及控制、流体机械及流体工程、真空技术及设备、机械电子工程、工业设计和设备工程与管理。保留了汽车与拖拉机、机车车辆工程专业。

另外，在交通运输类设有“载运工具运用工程”专业，主要培养汽车运用人才，即汽车服务人才。

（2）1998 年的本科专业调整 1998 年的专业调整，目的是使学科专业适应我国社会主义市场经济体制和加快改革开放的需要，适应现代社会、经济、科技、文化及教育的发展趋势，改变高等学校长期存在的专业划分过细、专业范围过窄、专业门类之间重复设置等状况。经过调整，专业数量由 504 种减少到 249 种。这次调整突出的特点是按照学科设置专业，强调了人才培养的社会适应性。

20 世纪 90 年代，没有单独设置汽车运用工程专业，即没有汽车服务工程专业，交通运输专业取代了汽车运用工程专业。

4. 21 世纪的汽车服务工程专业

在我国的教育体制中，普通高等院校的招生和培养过程都必须依照国家教育部下发的专业目录进行。随着时间的推移，为了增加高等院校的自主办学范围，国家又出台了一个引导性专业目录，目的是扩大专业口径，加强素质教育，希望能够按照大类专业招生。为了进一步适应市场的变化和人才的培养，国家鼓励一些有实力的院校，例如双一流、985 学校、211 工程学校，在师资力量雄厚、市场有需求的条件下，可以自行设置国家目录外的专业，进行招生和学生培养，但是其设置的专业需要备案。本科专业需要在教育部或者主管部门备案，如地方院校在省教育厅备案，教育部学校在教育部备案等。

新的本科专业目录设哲学、经济学、法学、教育学、文学、历史学、理学、工学、农学、医学、管理学、艺术学 12 个学科门类。新增了艺术学学科门类，未设军事学学科门类，其代码11预留。专业类由修订前的73个增加到92个；专业由修订前的635种调减到506种。在这506个专业中包括基本专业352种和特设专业154种，并确定了62种专业为国家控制布点专业。特设专业和国家控制布点专业分别在专业代码后加“T”和“K”表示，以示区分。

在《普通高等学校本科专业目录（2012年）》中，1998—2011年之间设置的目录外专业，一部分纳入基本专业，另一部分转为特设专业。汽车服务工程专业首次从目录外专业转正为目录内的专业，专业代码由080308W改为080208，摘除了W帽子。也就是说，汽车服务工程专业成为正式基本专业是在2012年。

汽车服务工程专业的发展历程是：汽车拖拉机（1950s年）→汽车运用与维修（1980s年）→载运工具运用工程（1993年）→交通运输（1998年）→汽车服务工程（W）（2002年）→汽车服务工程（2012年）。

《普通高等学校本科专业设置管理规定（2012年）》规定：《普通高等学校本科专业目录》实行分类管理，10年修订一次；基本专业5年调整一次，特设专业每年动态调整。

除了以“汽车服务工程”专业培养汽车服务工程人才之外，还有一些院校以“交通运输”专业、“车辆工程”专业的名义来培养汽车服务工程人才。

汽车服务工程是一个历史悠久，但名称又很年轻的专业，其发展经历了四个阶段，见表8-4。

表8-4 汽车服务工程发展经历的四个阶段

发展阶段	专业名称	开设院校	特点
创建期（1950—1970年）	汽车拖拉机	长春汽车拖拉机学院、西安公路学院、南京林产工业学院（现南京林业大学）等	由苏联引入
争议正名期（1980s年）	汽车运用与维修	吉林工业大学、西安公路学院等	“汽拖”与“汽运”针对不同的研究方向，从两个专业方向发展为两个独立的专业
困惑期（1990年）	载运工具运用工程、交通运输	吉林工业大学、长安大学等数十所院校	专业宽口径设置，分立招生，几乎消亡
新生期和高速发展期（2000年）	汽车服务工程	武汉理工大学、同济大学、吉林大学等187所院校	20世纪初隶属于工学机械类目录外专业，2011年正式成为目录专业

5. 开设汽车服务工程专业的学校

2002年，武汉理工大学率先申报了汽车服务工程专业，并被教育部首次批准，于2003年开始招生。随着我国汽车工业的迅速发展，至2020年我国连续11年成为世界第一汽车产销大国，我国汽车保有量已达到2.81亿辆。为此，各相关高校纷纷加大了与汽车专业相关的人力和物力投入，积极申办“汽车服务工程”专业。至2020年，全国设置有“汽车服务工程”专业的高校已达211所。汽车服务工程专业延伸和扩展了过去的载运工具运用工程、交通运输（汽车）的专业方向，更加适应于逐渐兴起和发展的汽车服务市场的人才需求。汽车服务工程专业近年来毕业生就业率维持在98%以上。

2002—2020年度经教育部备案或批准设置汽车服务工程专业的学校名单见表8-5。

表 8-5 2002—2020 年度经教育部备案或批准设置汽车服务工程专业的学校名单

年份	学校名称	数量
2002	武汉理工大学	1
2003	同济大学	1
2004	天津工程师范学院(现天津职业技术师范大学)、吉林大学、黑龙江工程学院、上海师范大学、江苏技术师范学院(现江苏理工学院)、山东交通学院、江汉大学、长沙理工大学、西华大学、长安大学	10
2005	北京联合大学、天津科技大学、河北师范大学、北京化工大学北方学院、辽宁工学院、长春大学、上海电机学院、上海师范大学天华学院、常州工学院、华东交通大学理工学院(现南昌交通学院)、青岛理工大学、安阳工学院、湖南农业大学、吉林大学珠海学院、西南大学育才学院、昆明理工大学	16
2006	同济大学同科学院、盐城工学院、淮阴工学院、宁波工程学院、温州大学、山东轻工业学院、聊城大学、黄淮学院、武汉理工大学华夏学院(现武汉华夏理工学院)、湖南农业大学东方科技学院、广西工学院、延安大学西安创新学院	12
2007	上海工程技术大学、湖北汽车工业学院、中南林业科技大学、华南理工大学广州汽车学院、广西工学院鹿山学院、重庆工学院、贵阳学院	7
2008	沈阳理工大学应用技术学院、常熟理工学院、南京航空航天大学金城学院、厦门理工学院、武汉科技大学、襄樊学院(现湖北文理学院)、湖南工程学院、湖南涉外经济学院、重庆交通大学、天水师范学院、宁夏理工学院	11
2009	上海建桥学院、南阳理工学院、湖南理工学院、深圳大学、广州大学松田学院(现广州应用科技学院)、西昌学院	6
2010	内蒙古大学、北华大学、长春工业大学人文信息学院、浙江科技学院、皖西学院、九江学院、河南农业大学、广东技术师范学院(现广东技术师范大学)、广东白云学院、重庆工商大学、西南林业大学、西京学院	12
2011	中北大学、大连科技学院、哈尔滨剑桥学院、哈尔滨华德学院、绍兴文理学院元培学院、安徽科技学院、南昌理工学院、河南科技学院、黄河科技学院、武汉科技大学城市学院、湖北汽车工业学院科技学院、攀枝花学院、昆明理工大学津桥学院	13
2012	东北林业大学、河北工程大学、大连交通大学、辽宁科技学院、沈阳航空航天大学北方科技学院、沈阳化工大学科亚学院(现沈阳科技学院)、吉林工程技术师范学院、长春工程学院、东北师范大学人文学院(现长春人文学院)、浙江海洋学院(现浙江海洋大学)、滁州学院、安徽三联学院、泉州师范学院、南昌工学院、德州学院、临沂大学、河南科技学院新科学院、信阳师范学院华锐学院(现信阳学院)、武汉生物工程学院、湖北文理学院理工学院、湛江师范学院(现岭南师范学院)、重庆科技学院、绵阳师范学院、成都师范学院、成都理工大学工程技术学院、四川师范大学成都学院(现四川工商学院)、兰州理工大学技术工程学院(现兰州信息科技学院)	27
2013	三江学院、山东英才学院、长沙学院、广东技术师范学院天河学院(现广州理工学院)、重庆三峡学院、成都工业学院、西安航空学院、银川能源学院	8
2014	北京吉利学院(现吉利学院)、保定学院、太原学院、辽宁科技大学、白城师范学院、齐齐哈尔大学、绥化学院、哈尔滨远东理工学院、南京工程学院、南京工业大学浦江学院、南京审计学院金审学院(现南京审计大学金审学院)、江西应用科技学院、江西理工大学应用科学学院(现赣南科技学院)、潍坊科技学院、黄河交通学院、黄冈师范学院、湖南工学院、湖南应用技术学院、广西大学行健文理学院、重庆大学城市科技学院(现重庆城市科技学院)、重庆工商大学派斯学院、四川大学锦城学院	22
2015	河北师范大学汇华学院、山西应用科技学院、太原工业学院、鄂尔多斯应用技术学院、大连海洋大学、南京理工大学泰州科技学院、浙江农林大学暨阳学院、同济大学浙江学院、铜陵学院、安徽新华学院、阜阳师范学院信息工程学院(现阜阳师范大学信息工程学院)、福建工程学院、江西理工大学、烟台大学文经学院(现烟台理工学院)、许昌学院、南阳师范学院、商丘师范学院、商丘工学院、商丘学院、郑州升达经贸管理学院、湖北商贸学院、武汉工程科技学院、湖北第二师范学院、广东海洋大学寸金学院(现湛江科技学院)、乐山师范学院、玉溪师范学院、兰州工业学院、浙江海洋学院	28

（续）

年份	学 校 名 称	数量
2016	唐山学院、晋中学院、中北大学信息商务学院（现山西晋中理工学院）、内蒙古大学创业学院、辽宁理工学院、长春光华学院、大庆师范学院、蚌埠学院、厦门工学院、湖南文理学院、广西师范大学、南宁学院、兴义民族师范学院	13
2017	大连工业大学艺术与信息工程学院、河海大学文天学院（现皖江工学院）、泉州信息工程学院、青岛黄海学院、山东协和学院、洛阳理工学院、河南工学院、广西科技师范学院、宜宾学院	9
2018	天津中德应用技术大学、郑州财经学院、保山学院、兰州城市学院	4
2019	江苏大学京江学院、安徽建筑大学城市建设学院（现合肥城市学院）、郑州科技学院、滇西应用技术大学、河北师范大学、湖南理工学院、延安大学西安创新学院	7
2020	南京理工大学泰州科技学院、广西大学行健文理学院、重庆城市科技学院、山东交通学院	4

注：某年度经教育部备案或批准设置汽车服务工程专业的学校，次年即可招生。

三、与汽车服务工程相关的专业

与汽车服务工程相关的专业主要有：

工学（08）门类中的机械类（学科代码：0802）中的专业有车辆工程（学科代码：080207）和汽车维修工程教育（学科代码：080212T）。

工学（08）门类中的交通运输类（学科代码：0818）中的专业有交通运输（学科代码：0801801）和交通工程（学科代码：081802）。

经济学（02）门类中的金融学类（学科代码：0203）中的专业有保险学（学科代码：020303）。

管理学（12）门类中的管理科学与工程类（学科代码：1201）中的专业有管理科学（学科代码：120101）和信息管理与信息系统（学科代码：120102）。

管理学（12）门类中的物流管理与工程类（学科代码：1206）中的专业有物流管理（学科代码：120601）、物流工程（学科代码：120602）和供应链管理（学科代码：120604T）。

管理学（12）门类中的工商管理类（学科代码：1202）中的专业有市场营销（学科代码：120202）。

第二节　汽车服务业的形成与发展

汽车服务业是指各类汽车服务彼此关联形成的有机统一体，是所有汽车服务提供者组成的产业。这个产业的兴起和发展，是由广大汽车用户对汽车服务的需要决定的，它早期起源于汽车的售后服务和汽车维修服务体系，并发展壮大于其他各种汽车服务项目的开展和从业者的快速增加。

从全球来看，汽车服务业已经成为第三产业中最富活力的产业之一。据统计，全球汽车50%~60%的利润是从服务中产生的，服务已成为汽车价值链上一块最大的“奶酪”。

一、国外汽车服务业的形成与发展

1. 国际汽车服务业的形成

汽车工业在全世界获得了迅速的发展，成为很多国家的支柱产业，带动了汽车服务业的形成和发展。汽车服务市场非常大，包括所有与汽车使用相关的业务。发达国家早就进入了汽车服务时代，汽车租赁、二手车交易、汽车维修和汽车金融等业务，被称为“黄金产业”。据权威资料统计，近几年，美、英、德等国的二手车交易量都已达到新车销售量的2倍以上，日本二手车年销量已连续6年超过了新车，二手车交易的利润也超过了新车销售利润。全球汽车租赁业的年营业额已超过1000亿美元。以美国最为典型，每9个工人中就有一人从事与汽车有关的生产、销售和服务等工作。

美国的汽车服务概念形成于20世纪初期。20世纪20年代开始出现专业的汽车服务商，从事汽车的维修、配件、用品销售、清洁养护等工作，著名的PEP-BOYS、AUTOZONE、NAPA等连锁服务商，都是在这一时期开始创业的。时至今日，他们已经成为美国汽车服务市场的中坚力量。美国PEP-BOYS已经拥有500多家大型汽车服务超市，每家面积近$2000m^2$，被称作汽车服务行业的沃尔玛；AUTOZONE发展了3000多家$700\sim800m^2$的汽车服务中心；而NAPA的终端则达到10000多家。

进入20世纪70年代，出现了世界性的石油危机，而且外国汽车大量涌入美国，不仅对美国的汽车工业带来了巨大冲击，同时也引起了美国汽车售后服务市场的巨变，经营内容大大扩展，服务理念也大大改变，汽车服务开始向低成本经营转变，注重发展连锁店和专卖店的服务形式。连锁技术的充分应用是美国汽车服务业最大的特点。在美国几乎不存在单个的汽车服务店，无论是全业务的PEP-BOYS汽车服务超市，还是单一功能的洗车店，无不以连锁的形式经营。这种模式不但能满足汽车服务行业发展与扩张的需要，而且能保证服务的专业化、简单化、标准化和统一化，得到了从业者和消费者的普遍欢迎。

美国不但有数千平方米的PEP-BOYS连锁店的大型卖场，也有AUTOZONE这样的一站式汽车服务中心；有星罗棋布的便利型连锁店，还有各式各样的专业店，比如专业贴膜、专业喷漆、专业装音响等。多种业态各有优势、相互补充，满足不同层次消费者的不同需要，各有自己的生存与发展空间。例如在美国，一家PEP-BOYS的大卖场周围，一般都会聚集很多小店，每间$100\sim200m^2$，有修换轮胎的，改装底盘的，贴太阳膜的等。每家店都充分地把自己的优势发挥到极致，又与其他的商家相结合，成行成市，一起满足消费者的要求。分工已经从生产领域扩展到了服务领域，消费者更依赖专业化，而不再相信全能。

美国的汽车服务业经过百余年的发展，已经在汽车产业链中占据重要位置，其规模达到近2000亿美元，而且是整个汽车产业链中利润最丰厚的部分。汽车维修服务业已经成为美国仅次于餐饮业的第二大服务产业，并连续40年保持持续高速增长，是美国服务行业的骨干。

2. 国际汽车服务业发展的一些新趋势

(1) 品牌化经营 一辆车的交易是一次性的，但是优秀的品牌会赢得顾客一生信赖，这就是品牌的价值所在。品牌可以使商品卖更好的价钱，为企业创造更大的市场；品牌比产品的生命更为持久，好的品牌可以创造牢固的客户关系，形成稳定的市场。

品牌经营是一种艺术。品牌经营要求企业告别平庸，打动顾客。有人认为汽车工业是重工业中唯一涉及时尚的行业，因为汽车代表着厂家的形象，也代表着用户的形象。

品牌对经营者是一种耐心的考验。品牌如同一个精美的瓷花瓶，烧制不易，价值连城，但是失手打破却是再简单不过的事。一个汽车公司或一家经销商，每天有成千上万的接触顾客的机会，每次机会都可能发生重大的影响。

在国外，著名汽车厂家的产品商标同时也是服务商标，特别是在汽车修理方面，如果挂出某一大公司的商标，就意味着提供的服务是经过该公司确认的，使用商标是经过该公司许可的。而我国汽车消费者主要认识产品商标，以服务作为品牌还没有完全认识到。近年，德尔福宣称在中国树立汽车品牌服务形象，应该说是国外品牌服务向国内进军的开始，美国的汽车快修业到我国推行连锁加盟计划，实际上就是以品牌带动服务网络建设。

（2）从修理为主转向维护为主 汽车坏了就修理还不是真正的服务，真正的服务是要保证用户的正常使用，通过服务要给客户增加价值。厂家在产品制造上提出了零修理概念，售后服务的重点转向了维护。20 世纪 80 年代，美国汽车维修市场开始萎缩，修理工厂锐减了 31.5 万家，而与此同时，专业汽车养护中心出现爆炸性增长，仅 1995 年一年就增加了 3.1 万家。目前，美国的汽车养护业已经占到美国汽车维修行业的 80%。

（3）电子化和信息化 随着汽车技术的发展，汽车的电子化水平越来越高，汽车产品已经实现了全车几乎所有功能的 ECU 控制，如动力系统、制动系统、悬架系统、空调系统、转向系统、座椅系统、灯光系统、音响系统、车载通信系统、车载上网系统、车载电子导航系统等均采用了网络数据交互和电子控制。因此汽车的维修越来越复杂，维修人员凭经验判断故障所在的时代早已经过去，现在汽车的维修需要通过专门仪器进行检测，运用专用设备进行调整。汽车修理所需要的产品数据也以计算机网络、数据光盘的形式提供，不再需要大量的修理手册。汽车厂商和修理商也会提供网上咨询，帮助用户及时解决使用中的问题。

（4）规模化经营和规范化经营 汽车维修行业的规模化经营与汽车制造业不同，不是通过建立大规模的汽车修理厂或汽车维修中心，而是通过连锁、分支机构实施经营。美国的汽车快修业在美国本土就有 1000 家加盟店，并在全世界扩展自己的网络系统。

规模化经营同规范化经营是密不可分的。在同一连锁系统内，采用相同的店面设计、人员培训、管理培训，统一服务标识，统一服务标准，统一服务价格，统一管理规则，统一技术支持，中心采用物流配送，减少物资存储和资金占用，降低运营成本。

由于汽车产品的复杂化，维修技术也越来越复杂，难度越来越高，维修的设备价值越来越高，已经不能像原来那样每个维修服务点都购置一套，为此，国外汽车公司开始实行销售和售后服务的分离，即在一个城市之间有几家规模较大的维修服务中心，备有全套的修理器材，而一般销售点只进行简易的修理和维护作业。

在汽车厂家提供越来越周到的售后服务的同时，汽车维修行业也出现专业化的经营趋势，如专营玻璃、轮胎、润滑油、美容品、音响、空调等。专业化经营具有专业技术水平高、产品规格全、价格相对比较低等优势。与此同时，综合化（一站式）经营也发展很快，如加油站同时提供洗车、小修、一般维护、配件供应等服务。

二、国内汽车服务业的形成与发展

1. 我国汽车服务业的发展历程

我国汽车服务行业的发展，根据政府职能部门对该行业的影响程度，大致可以分为四个阶段：

（1）萌芽阶段 我国从1901年开始有了进口汽车，到1936年1月，湖南长沙机械厂试制出了25辆“衡阳牌”汽车，用于长途客运，初步具备了现代汽车服务的某些特征。

这个历史阶段，并没有真正意义的汽车服务业的出现，汽车的主要社会功能是体现拥有者的尊严和地位，所谓汽车服务功能的体现更多地集中在“达官贵人”通过对汽车的使用而获得的一种尊贵的感觉。

（2）满足阶段 1956年，新中国第一辆解放牌货车下线，标志着新中国有了自己的汽车工业。汽车用户对以汽车维修为基本内容的汽车服务产生了需要，从此我国汽车服务业的发展拉开了序幕。

在当时的经济环境下，汽车服务业是在高度的计划经济体制下运行的。汽车一直作为一种重要的战略物资，实行高度的计划分配，由国家物资部门统一进行调拨、销售和供应。另外，当时的汽车生产品种单一，主要集中在货车的生产上，汽车配件的品种也很单一，此时的汽车服务更多地集中在汽车维修上。交通部门下设的汽车维修企业，是当时全社会汽车维修的主要承担者。在这个阶段，我国的汽车服务业实现了从无到有的历史性跨越，积累了一定的服务经验，特别是在汽车维修方面，形成了规模较大的汽车维修体系，为以后汽车服务业的发展奠定了基础；在汽车运输方面，形成了一批有一定规模的运输车队，为现代物流业的发展打下了良好的基础。

（3）销售阶段 1978—1993年的这个阶段称为我国汽车业的“销售阶段”。该阶段以1984年国家实施城市经济体制改革为分界点，1984年以前，称为“观念转型”阶段，此后称为“销售观念”阶段。

自改革开放以来，我国从过去严格的国家计划体制开始逐步过渡到以计划经济为主、市场调节为辅的经济运行体制。与汽车服务相关的各类企业的经济主体的利益，开始得到承认，各类经济主体得到了一定程度的经营自主权，允许在计划范围以外生产和销售部分产品。在管理体制上，由过去的中央管理为主的单层管理体制，演变为中央管理为主、地方管理为辅的双层管理体制。在汽车服务领域，由于国家的指令性计划的比重有所下降，汽车产品的指令性计划由1980年的92.7%下降到了1984年的58.3%，汽车厂商为了满足其用户的需求，争取更多的市场份额，开始在一些中心城市建立自己的特约服务站，售后服务这种新的服务模式在我国得以诞生。

1985—1993年，我国的汽车服务业进入了一个较快的发展时期。国家肯定了个人和私营企业拥有汽车及其汽车服务业的合法性，汽车运输市场和汽车消费市场相继开放，汽车保有量迅速增加，一些新的服务项目相继出现。

在汽车流通领域，汽车产品流通市场机制的作用日益扩大，由政府和市场共同作用的双轨制过渡到以市场为主的单轨制，标志着市场机制成为汽车产品流通的主要运行机制。

1988年，国家指令性计划只占当年国产汽车产销量的20%，1993年进一步下降到不足10%。汽车流通体制也开始呈现出多元化的态势，出现了以汽车厂商的销售公司及其联合销售机构为代表的企业自销系统等多种形式的汽车销售模式。企业自销系统的出现，对后来我国汽车流通体制的演变产生了重要的影响。

在汽车配件流通领域，国家对汽车配件经营的放权更大，使得配件市场呈现出一片繁荣景象。根据地理优势，各地兴建了一批区域性和全国性的汽车配件交易市场，极大地方便了买主，有效地降低了订货的成本，受到汽车配件买主的欢迎。

在售后服务领域，由于国家对城市经济体制进行改革，国内的汽车生产厂商广泛建立了自己的售后服务系统，与社会上的汽车维修企业联合建立自己的特约服务站。而特约服务站反过来又增加了汽车维修企业的商机，由于可以得到汽车生产厂商直接的技术支持和正宗的配件供应，提高了维修企业在市场上的竞争力，从而吸引更多的维修企业纷纷加入汽车生产厂商的售后服务系统中。

在这个阶段，汽车生产企业虽然强调了产品的销售环节，但仍然没有逾越“以产定销”的框框，虽然汽车生产厂商有效拓宽了销售的渠道，但却没有能力对其分销体系进行统一的规划和管理。这个阶段的汽车销售商，只提供单一的销售服务，基本不提供其他服务。特别是对于一些国有汽车生产企业，将销售和营销混为一谈，缺乏有效组织市场的方法和技巧。

(4) 营销阶段 自1994年开始，我国政府颁布并实施了第一个《汽车工业产业政策》，标志着我国汽车服务业发展开始驶入快车道。为了抑制“泡沫经济”对我国经济发展的影响，国家实行了一系列经济“软着陆”政策，使汽车市场彻底由卖方市场转入买方市场。在汽车生产厂商的生产能力得到大幅度提高的同时，受宏观调控政策的影响，汽车市场的有效需求相对不足，市场竞争空前激烈，使得原有的汽车服务体系的局限性开始显现出来，那些经营观念和经营手段落后的汽车服务企业，在市场价值规律的作用下，不得不进行有效的经营策略的改革或直接退出历史舞台；而一些与外国企业合作的汽车厂商，因其推出了先进的服务理念，通过对原有代理商的改造，以及提供整车销售（Sale）、零配件（Spare part）、售后服务（Service）、信息咨询（Survey）等的“4S”服务模式，推进了销售服务网与售后服务网统一的进程，提高了服务效率，降低了服务成本，在汽车服务领域的影响力和控制力不断增强，使汽车服务从“销售阶段”上升为“营销阶段”。当前，汽车的物流配送、二手车交易、汽车文化、汽车俱乐部等服务形式相继出现，服务由单一朝向多样化发展，极大地丰富了我国汽车服务业的内涵。

2. 我国汽车服务存在的主要问题

我国汽车服务业主要在以下六个层面上存在问题：

(1) 环境层面 环境层面包括法制法规、竞争环境，有关汽车服务业的法律制度还不够健全。

(2) 管理层面 管理层面包括管理理念、管理规范和管理制度等几个方面，管理理念落后，没有真正地认识“服务”的内涵；管理不够规范，随意性较大，既损害消费者的利益，也对自身的服务品牌带来伤害；在维修、美容和配件企业中缺少必要的完善的管理制度。

(3) 体系层面　没有建立一个完善的服务体系和服务标准体系。各自为政，一哄而上，规模小、管理乱、社会效益差，需要政府的参与和扶持，协调利益，创造环境，建立一个全方位、立体的汽车售后服务体系。

(4) 人才层面　对汽车服务人才的培养缺乏远见，偏重于培养技能人才，对专业的汽车服务人才的培养没有引起足够的重视。

(5) 竞争层面　从参与国际竞争的角度，我国汽车服务业比汽车制造业还要落后，在很多方面处于不利的竞争地位。

(6) 消费者认可度低　调查显示：我国汽车消费者普遍认为目前汽车企业服务流程不规范、服务内容不透明、服务信息不对称、服务诚信度不高。20世纪90年代初，美国哈佛大学商学院教授的研究结果表明，服务型企业的市场份额对利润并没有什么影响。他们发现：顾客忠诚度较高的服务性企业更能盈利，企业不应追求最大的市场份额，而应尽力提高市场份额质量（主要指忠诚的顾客比率），这就是著名的关系营销战略理论。由此，汽车服务企业应把提高服务质量、提升顾客满意度并达到顾客忠诚作为重中之重。提高消费者的认可度，才能获得这一市场的竞争优势。

3. 我国汽车服务业的发展趋势

(1) 汽车服务业管理规范、法规将逐步完善　自2003年以来，政府有关部门出台了一些与汽车服务业相关的重要制度与政策措施，如新《中华人民共和国保险法》《中华人民共和国道路交通安全法》《汽车金融公司管理办法》及其实施细则、《缺陷汽车产品召回管理规定》《汽车贷款管理办法》《汽车品牌销售管理实施办法》《汽车销售管理办法》及国家交通部发布的《机动车维修管理规定》等。随着汽车服务市场的发展，国家还会不断地制定和完善关于汽车服务业管理的规范、法规，将对我国汽车服务市场的发展产生积极影响。

(2) 商家提供诚信和优质的服务将是汽车服务的重心　现在许多从事汽车服务业的人士已经充分认识到优质的服务对企业和行业发展的重要意义。“企业的一切经营活动，都要围绕顾客的需求”的理念已经越来越被业内人士接受，许多商家通过自律，改正过去的服务欺诈行为，以树立自己诚信和优质服务的形象，这将带动汽车服务业整体形象的提升。

经销商为摆脱伪劣商品对市场的冲击及营销无利可图的局面，变目前单纯的商品经营模式为品牌经营、网络经营、深度开发经营、团队经营等全方位经营模式。通过经营创新，开发新的利润空间和实现差别化竞争；通过注重投资和品牌建设，把连锁经营的那种稳定感、信任感和安全感带给顾客。

(3) 汽车服务业正向“连锁店”和“一站式服务店”两个方向发展　连锁经营在汽车服务业中是比较理想的模式，它有助于提高整个行业的服务水平。我国汽车后市场已经掀起了加盟连锁浪潮，并成长了一批有影响的汽车服务企业，有的企业服务连锁店的数量已超过千家。据业内专家分析，连锁经营将是未来汽车服务行业的主流运营模式。连锁业的兴盛不但能大大提高商业流通领域的效率，而且对制造业、服务业等产业也会带来深远的影响，更重要的是它可以使消费者受益，提升人们的生活品质。

(4) “互联网+”与汽车服务业的正在深入融合　“互联网+”与汽车服务业的融合，

是时代发展的必然趋势，是汽车服务模式变革的必然选择。“互联网 +”环境下的汽车服务，企业可通过相关服务平台获得顾客需求数据，基于对数据的量化分析，准确把握顾客需求，制定精准的汽车服务营销计划，提升业务转化率，同时，通过平台获得门店的经营信息，根据市场的变化优化门店服务模式。而门店经营者可通过平台看到店内的维修、保养需求，以及正在流失或者预流失的顾客数量，从而轻松获得流失客户招揽、维修保养等商机，实现业务增值。这样不仅能减少成本支出，也能扩大门店的服务渠道，还能提升实际的经济效益，可谓是一举多得。

“互联网 +”与汽车服务业的融合模式有基础模式、交互模式和完全模式。

基础模式就是运用互联网对传统服务模式进行相应的改善，通过线上服务平台提供预约、销售、评价等服务，提升门店知名度，从而扩大门店的服务市场，具体如图 8-2a 所示。

交互模式就是运用互联网对传统服务管理体系进行相应的改善，通过信息化管理系统实现人员的管控一体化，同时拓展线上服务渠道，如线上咨询等，充分利用大数据技术促成消费，具体如图 8-2b 所示。

完全模式就是顾客、门店、企业、线上服务平台等的多方融合，是“互联网 +”与汽车服务业的最终融合形态。这一模式下的汽车服务，大数据技术精准定位顾客信息度，顾客服务满意度呈现出透明化的特点，而平台服务人员的综合素质与服务主动性更高，能够给顾客提供贴心的个性化全过程服务。另外，顾客也会对线上线下融合的服务有长期的依赖。

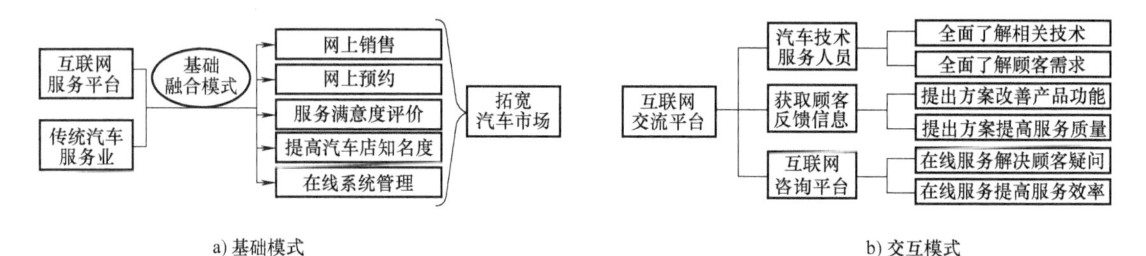

a) 基础模式　　b) 交互模式

图 8-2 “互联网 +”与汽车服务业的融合模式

目前，“互联网+”与汽车服务业还处于初级向中级过渡的阶段，还有很多问题有待解决。随着“互联网+汽车”相关政策的出台、顾客网络消费习惯的养成，以及汽车服务模式的变革，“互联网+”和汽车服务业的融合是未来汽车服务发展的必然趋势和选择。“互联网+”和汽车服务业的融合将会更加深入，更多资本将会进入“互联网+汽车服务”行业中。

（5）大数据在汽车服务业正得到深入应用　随着网络和信息技术的不断普及，人类产生的数据量正在呈指数级增长，而云计算的诞生，更是直接把人们送进了大数据时代。“大数据”作为时下最时髦的词汇，开始向各行业渗透辐射，颠覆了很多特别是传统行业的管理和运营思维。在这一大背景下，大数据也触动着汽车行业管理者的神经，搅动着汽车行业管理者的思维；大数据在汽车行业释放出的巨大价值引起了诸多汽车行业人员的兴趣和关注。

汽车大数据可分为狭义和广义两种。狭义的大数据是指来自互联网和物联网的数据，如汽车传感器、车联网搜集上传的数据。其特点是海量、来源广泛、结构复杂，包含文本、语音、图像、视频等形式，不是传统数据库的结构化数据。广义汽车大数据还包含汽车厂商的传统数据，如4S店销售网络的汽车维修保养数据、调研机构的市场调研分析数据等。

大数据在汽车服务业的主要应用有汽车市场调研、汽车战略规划、汽车产品研发和汽车市场营销等。

第三节　汽车服务工程专业的人才培养方案

一、汽车服务工程专业的培养目标

1. 通用的培养目标（教育部）

教育部于2012年9月正式颁布实施了《普通高等学校本科专业目录和专业介绍（2012年）》，对各专业的培养目标做了介绍。其中，汽车服务工程专业的培养目标是：本专业培养既具有扎实的汽车工程技术知识、汽车服务工程知识，又具有汽车营销、汽车保险与理赔、汽车评估等方面的基本技能，能从事汽车检测、汽车维修与保养、汽车贸易、汽车运输技术与管理等方面工作的高级应用型人才。

2. 各学校的培养目标

由于办学历史不尽相同，各高校的汽车服务工程专业在师资力量、实验条件上会有不同的侧重点。作为一个新设置的本科专业，汽车服务工程专业应该适应当前经济的发展和技术的进步，积极调整、大胆创新。

如何处理好本科专业与学科的关系，是近年来高教研究的一个热门课题。有关文献认为“专业不是某一级学科，而是处在学科体系与社会职业需求的交叉点上”，“确定专业口径的原则，应当是该专业的人才培养计划是否适应其所面向的社会职业领域的需要，而不是能否与某个学科的范围相一致。”教育部则进一步指出“对重点高校，设置专业时考虑学科的需求会重一些；对于一般院校，则更多的是考虑社会需求，不一定强求厚学科基础”。为此，同一个专业，各学校的培养目标是不同的，汽车服务工程专业也是如此。

开办汽车服务工程专业的初衷是与车辆工程专业很好地衔接起来，车辆工程专业的定位是汽车的研发、设计和制造；而汽车服务工程的专业定位是汽车从出厂以后的一系列后市场问题，包括汽车物流、汽车销售、汽车上牌、维修、钣金、美容、保养、汽车保险与理赔、二手车鉴定与评估、汽车零部件采购、汽车产品服务等，几乎包含了汽车的整个产业链；还与汽车相关的产业政策、技术法规、国际贸易环境等宏观服务构成了一整套服务体系。

对于汽车服务工程专业，各院校的专业定位是不同的，有的学校侧重于汽车维修与诊断技术，有的学校侧重于汽车非技术（如汽车营销），有的学校侧重于汽车钣金与喷涂技术。由于各学校的专业定位不同，其人才培养目标也不同，几所高校汽车服务工程专业的培养目标见表8-6。

表 8-6 几所高校汽车服务工程专业的培养目标

学校名称	汽车服务工程专业的培养目标
武汉理工大学	本专业面向汽车及其智能服务产业，围绕新能源汽车、智能网联汽车、汽车共享服务需求，培养具有扎实的机械、管理、能源、人工智能、大数据等理论基础，具备“懂技术、善经营、会服务”的能力素质，能够胜任汽车商品企划、汽车技术支持、汽车产业链管理等领域工作，具有扎实的专业知识、较强的管理能力和宽广的国际视野的复合型创新人才
天津职业技术师范大学	本专业立足服务汽车专业职业教育发展和京津冀协同发展，面向国内职业院校汽车服务相关专业和汽车服务行业企业，实施“本科+职业技能等级证书”双证书的人才培养模式。在学生完成汽车服务工程专业基础课程学习的基础上，构建以“汽车营销”和“汽车技术服务”为特色的专业课程体系，所培养的学生能够在汽车服务工程领域从事汽车维修、汽车营销、汽车保险和二手车鉴定与评估等方面的“一体化”职教师资，也能从事汽车维修、汽车营销、汽车保险与理赔和二手车鉴定与评估等工作
吉林大学	本专业培养适应社会主义现代化建设和未来社会与科技发展需要的，德、智、体、美、劳全面和谐发展与健康个性相统一，富有良知和社会责任感，具有创新精神、创业意识、实践能力和国际视野，具备多学科交叉综合知识基础，掌握机械工程、汽车服务工程、电子与控制工程学科专业理论，具备在汽车服务工程领域从事科学研究、产品设计与经营管理等工作能力的高素质专门人才
江苏理工学院	本专业以汽车服务产业人才需求为导向，以汽车工程技术服务为主线，以培养应用型“现场工程师”基本素质为目标，掌握扎实的汽车服务工程专业理论和实践知识，具备“懂技术、擅经营、会服务”综合素质及解决复杂工程问题的能力，胜任汽车检测与故障诊断、汽车营销、二手车评估、保险理赔等相关岗位工作，具有继续学习能力、创新性潜质及国际视野的高级工程应用型人才
长安大学	本专业旨在培养汽车维修、销售、生产、金融保险和管理等汽车技术服务和经营管理等的复合型高级人才。学生在校期间主要学习机械电子技术、机电控制理论与技术、企业经营与管理、汽车结构、汽车理论、汽车电工与电子技术、汽车故障诊断学、汽车计算机控制技术、汽车服务工程、汽车使用技术、汽车检测诊断技术、汽车维修工程、汽车服务系统规划与设计、汽车装饰与美容、汽车营销、金融与保险、汽车再生技术等方面的专业知识。使学生具有扎实的基础知识和专业技能，成为技术、经营、服务复合型的汽车服务工程领域的高级人才
淮阴工学院	本专业培养适应社会主义现代化建设和地方经济社会发展需要，德、智、体、美全面发展，具有创新创业精神和社会责任感，掌握扎实的汽车技术和汽车服务理论知识，具备汽车营销与服务、汽车维修与诊断、汽车保险与理赔等基本能力，面向汽车后技术市场，从事汽车维修与故障诊断、汽车销售与保险理赔等方面的工作，获得汽车销售、汽车技术服务、汽车运用与管理等一线工程师基本训练的应用型高级工程技术人才
同济大学	本专业旨在培养学生掌握扎实的车辆工程基础理论、面向车辆及车辆集群服务的人工智能方法以及相关技术及管理方法，能够胜任汽车服务工程领域的新能源汽车服务设计、智能产品和技术开发以及团队管理。通过中德合作平台，培养学生的国际视野和跨文化交流能力，使得学生能够满足未来智慧车辆及智能网联发展要求，成为全面发展的工程及管理人才
湖北汽车工业学院	本专业培养适应国家及地方经济建设和行业发展需求，掌握扎实的汽车技术和汽车服务理论知识，具备较强的汽车技术服务与经营管理能力，能在汽车整车与零部件制造企业售后服务部门从事汽车技术服务、汽车检测与诊断、汽车运用与评估、汽车保险理赔、汽车营销等工作的高级应用型人才
南京工业大学浦江学院	本专业以汽车服务产业人才需求为导向，以培养“汽车工程师”基本素质为目标，德、智、体、美、劳综合发展，掌握扎实的汽车服务工程的基础理论和专业技能，具备“善学习，会思考，能工作，懂文化，明是非，有担当”综合素质及解决复杂工程问题的思维方式和能力，具有较强的学习能力、知识应用能力、实践动手能力和创新创业能力。学生通过汽车构造、理论、电子、材料、运用、管理等知识的学习和工程训练，能解决汽车服务工程所涉及的分析与设计、测试与控制、维修与检测、管理与运用等复杂工程问题，能在汽车服务行业和领域中从事汽车故障诊断、汽车营销、汽车企业管理、汽车金融、汽车评估、汽车零部件设计制造等方面工作的高素质应用型工程技术人才

3. 汽车服务工程专业人才培养定位

高等学校汽车服务工程专业培养人才的目的，是塑造能为祖国社会主义现代化建设服务的第一线的汽车服务工程师。由于在学校进行的是工程师的基本（或初步）训练，学生毕业后只能是助理工程师。他们必须经过一定的实践锻炼和考核，才能成为工程师。

汽车服务工程专业所培养的未来工程师，属于技术家的范畴。本科阶段的学习是为了打好扎实的技术科学理论基础。大学生在学习过程中既要重视基础科学和技术科学的学习，又要重视本专业工程基础，而且在学好基础科学和技术科学理论的基础上，要更加重视本专业工程技术相关技能的学习和应用。

社会对人才的需求和学校对人才的培养之间存在着两个根本矛盾：一是社会需求的多样性和学校培养人才的规格较为单一之间的矛盾，二是社会需求的多变性和学校教学的相对稳定性之间的矛盾。此外，人的个性发展需要和学校规定的学习内容之间也不一定协调。因此，大学生在学好本专业规定的必修课之外，还应该具备一些其他知识，以适应多样和多变的社会需求和个性发展的需要。

以人类活动的过程和目的作为人才分类的标准，将人才类型总体上分为两大类，一类是发现和研究客观规律的人才，即学术型人才；另一类是应用客观规律直接投身社会实践的人，即应用型人才。应用型人才可细分为工程型人才、技术型人才和技能型人才。汽车服务工程专业人才培养定位是应用型人才。应用型人才可分为工程型人才、技术型人才和技能型人才三种。

（1）工程型人才 工程型人才是指把科学原理转化成可以直接运用于社会实践的工程设计、发展规划和运行决策的人才。工程型人才可再细分为工程研究型、工程规划型和工程应用型。工程应用型人才主要是运用工程理论和技术手段去实现工程目标的人才，这类人才糅合了学术与技能、工程与技术，是中间人才，也就是常说的工程技术人才。

对于有机械工程一级学科为基础的学校，汽车服务工程专业应以培养工程型人才为定位，突出汽车服务业的技术创新和管理策划能力的培养。

（2）技术型人才 技术型人才是指掌握和应用技术手段为社会谋取直接利益的人才，技术型人才的任务是为社会谋取直接利益，常处于工作现场或生产一线工作。在人类社会劳动的链环中，技术型人才处于工程型人才和技能型人才之间，所以也称为中间人才。

对于一些二本或三本的院校，汽车服务工程专业应以培养技术型人才为定位，突出汽车服务业的技术应用，并兼具技术创新能力的培养。

（3）技能型人才 技能型人才是指在生产和服务等领域岗位一线，掌握专门知识和技术，具备一定的操作技能，并在工作实践中能够运用自己的技术和能力进行实际操作的人员。

对于一些职业技术大学或职业技术学院，汽车服务工程专业通常以培养技能型人才为定位，突出汽车服务业的技术应用，并兼具技能的培养。

二、汽车服务工程专业人才素质的基本要求

汽车服务工程专业的目标是培养应用型汽车服务工程师，能从事汽车产品规划与开发、性能检测、生产管理、质量控制、汽车营销、技术服务、汽车及零部件设计、汽车试

验等工程领域的工作。

毕业生应达到见习汽车服务工程师技术能力的要求，可获得见习汽车服务工程师技术资格。汽车服务工程专业的毕业生应达到以下具体要求：

1. 工程知识

能够将数学、自然科学、工程基础和专业知识，用于解决汽车整形、汽车涂装、汽车故障诊断、汽车试验、汽车设计、汽车事故鉴定等技术服务中的复杂工程问题，也能解决汽车企业管理、汽车营销、汽车金融、汽车评估等非技术服务中的复杂工程问题。

2. 问题分析

能够应用数学、自然科学和工程科学的基本原理，通过文献研究、分析以上复杂工程问题，并能识别、表达这些复杂工程问题以获得有效结论。

3. 设计/开发解决方案

能够设计针对以上复杂工程问题的解决方案，设计满足特定需求的系统、单元（部件）或工艺流程，并能够在设计环节中体现创新意识，考虑社会、健康、安全、法律、文化以及环境等因素。

4. 研究

能够基于科学原理并采用科学方法对以上复杂工程问题进行研究，包括设计实验、分析与解释数据，并通过信息综合得到合理有效的结论。

5. 使用现代工具

能够针对以上复杂工程问题，开发、选择与使用恰当的技术、资源、现代工程工具和信息技术工具，包括对以上复杂工程问题的预测与模拟，并能够理解其局限性。

6. 工程与社会

能够基于工程相关背景知识进行合理分析，评价专业工程实践和以上复杂工程问题解决方案对社会、健康、安全、法律以及文化的影响，并理解应承担的责任。

7. 环境和可持续发展

能够理解和评价针对以上复杂工程问题的专业工程实践对环境、社会可持续发展的影响。

8. 职业规范

具有人文社会科学素养、社会责任感，能够在工程实践中理解并遵守工程职业道德和规范，履行责任。

9. 个人和团队

能够在多学科背景下的团队中担任个体、团队成员以及负责人的角色。

10. 沟通

能够就以上复杂工程问题与业界同行及社会公众进行有效沟通和交流，包括撰写报告和设计文稿、陈述发言、清晰表达或回应指令。掌握一门外语，通过相应的等级考试，具备较强的听、说、读、写能力，具备一定的国际视野，能够在跨文化背景下进行与汽车服务工程专业领域相关的国际交流、竞争与合作的能力。

11. 项目管理

理解并掌握工程管理原理与经济决策方法，并能在多学科环境中应用。

12. **终身学习**

具有自主学习和终身学习的意识，有不断学习和适应发展的能力。

汽车服务工程人才应具备的能力和素质如图 8-3 所示。

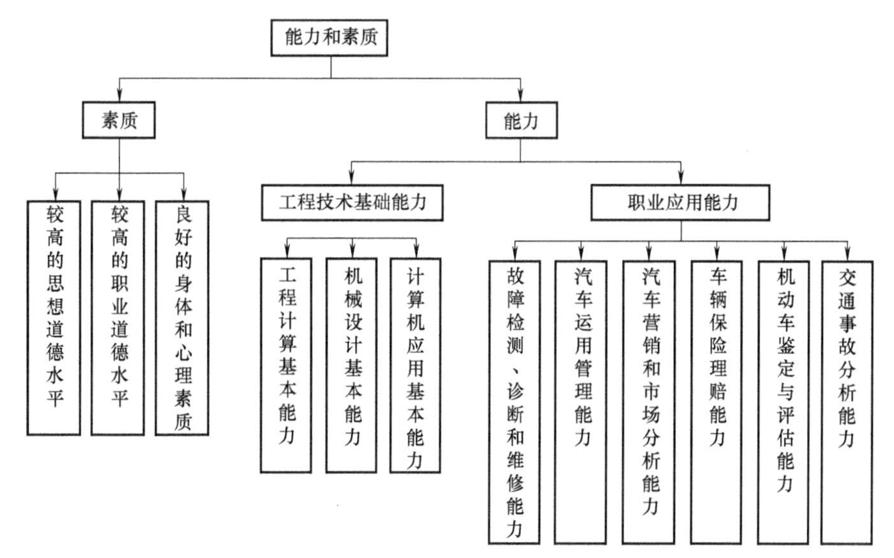

图 8-3　汽车服务工程人才应具备的能力和素质

三、汽车服务工程专业的教学体系

汽车服务工程专业覆盖面较宽，加之汽车技术服务发展迅速，不同院校的汽车服务工程专业教学体系有所不同，但总体上大同小异。由于压缩总学时的要求，汽车服务工程专业的总学分一般在 160~180 分，每个学分为 16 学时，则汽车服务工程专业总学时应控制在 2560~2880 学时。

汽车服务工程专业的教学体系包括理论教学体系、实践教学体系和综合素质教育教学体系三大部分。

1. **理论教学体系**

理论教学体系是指学生就业所必需的若干理论课程互相联系而构成的一个整体。

汽车服务工程专业理论教学体系主要包括通识教育课程、学科基础课程、专业教育课程三个方面。

(1) 通识教育课程　通识教育又称为普通教育或通才教育，可为受教育者提供通行于不同人群之间的知识和价值观。

对于汽车服务工程专业，其通识教育课程与理工科各专业的通识教育课程基本一致。

通识教育课程一般包括思想政治理论类课程、英语类课程、计算机类课程、体育课程、国防军事课程、就业指导六部分。

有的学校还设置了通识教育选修课，分为人文科学、社会科学、自然科学和应用技术四类。学生需修满一定的学分，且在每一类课程中无须修满规定的学分，且不得修读与主修专业内容和性质相同或相近的课程。

(2) 学科基础课程 学科基础课程是指高等学校根据专业培养目标而开设的自然科学和人文社会科学基本理论、基本技能的课程。学科基础课程一般为必修课，但少数学校还设置了选修课。

1）学科基础的必修课。根据工科教学指导委员会推荐，学科基础的必修课一般是：高等数学、概率论与数理统计、线性代数、计算方法、物理学、物理学实验、工程制图、理论力学、材料力学、热流体、机械原理、机械设计、电工电子学、材料科学基础、机械制造基础、工程化学、控制工程基础等。

2）学科基础的选修课。一些学校设置了学科基础选修课，主要有汽车控制技术基础、物流基础、汽车设计基础、汽车性能实验技术、计算机网络技术、汽车运输工程、液压与气压传动、微机原理与接口技术等课程。

(3) 专业教育课程 专业教育课程一般分为必修课和选修课。

1）专业教育的必修课。又称为专业核心课，汽车服务工程专业的专业核心课比较成熟，大部分教材均是国家级精品教材，其教学辅助材料（如多媒体课件）也很齐全，可在国家精品课程网站查找。根据汽车服务工程学科教学指导委员会推荐，专业必修课（核心课）一般是：专业导论（或学科导论）、汽车构造、发动机原理、汽车电器与电子、汽车材料、汽车理论、汽车电子控制技术、汽车服务工程、汽车营销、汽车检测与诊断技术、汽车保险与理赔、汽车评估等课程。

2）专业教育的选修课。专业推荐选修课是体现汽车服务工程专业内涵和特色的一组选修课程，目的是为学生进一步扩充和强化专业相关知识和技能。各学校汽车服务工程专业的专业选修课设置相差较大。但主要有：汽车试验学、汽车空调、供应链管理、汽车制造工艺学、专业英语、汽车运用工程、客户关系管理、汽车人机工程、汽车美容、汽车涂装技术、汽车整形技术、现代企业管理、汽车三维建模、新能源汽车、汽车节能与减排、汽车事故鉴定学、汽车文化、智能网联汽车、大数据、人工智能、云计算等。

2. 实践教学体系

实践教学一般是指课程实验、课程设计、实习（认识实习、生产实习及暑期自主实习）和毕业设计（集中实践）等，这一环节的教学目的主要是解决学生“怎么做”的问题。汽车服务工程专业是一个操作性、应用性很强的专业，特别是专业课，如汽车检测与故障诊断技术、汽车修复技术等实践性偏重的课程，单凭理论讲授很难讲清讲透。因此，对汽车服务工程专业实践性教学要充分保证教学时间，而且要创造特定的条件，包括高水平的教师、专业训练场所及规范化的管理来进行保证。

为了达到“以提高学生动手能力、解决实际问题能力和知识的综合应用能力”为重点的应用型人才培养要求，并“基于最终目标零距离”人才培养理念，必须强化实践环节，可采用“四年不断线、四个层次相呼应”汽车服务工程专业应用型人才培养的实践教学体系，如图 8-4 所示。

“四年不断线”是从实践教学的时间设计上考虑的，主要体现“全过程实践”的原则，即将实践教学贯穿到学生的整个学习过程中，学生在学校期间参加实践的时间不断线。

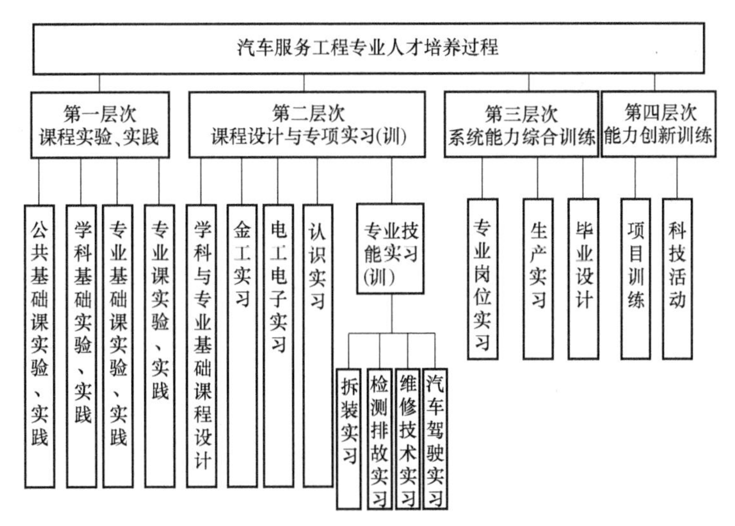

图 8-4 汽车服务工程专业的实践教学体系

“四个层次相呼应”主要是从实践教学的内容设计上考虑的，所谓四个层次是指：第一层次课程实验、实践；第二层次课程设计与专项实习；第三层次系统能力综合训练；第四层次能力创新训练。四个层次之间互相呼应，前一层次是第二层次的铺垫，后一层次是前一层次的结果和目标。

3. 综合素质教育教学体系

在我国汽车服务业迅猛发展的背景下，其服务的广度和深度大大增加，对人才的要求也越来越高，不仅要求学生具有良好的专业素质，更强调包括思想素质、能力素质、创新素质及文化素质、身心素质在内的综合素质的高低。

一些世界知名品牌的跨国汽车公司在录用员工时重综合素质，轻专业技术，在笔试面试的试题中，重点放在思维、应变、表达、沟通、协调、合作等能力上，他们认为在技术与素质的权衡上，以素质为重，素质起关键作用。有的公司甚至把道德素质看成是企业发展的第一资源。因此，悉心培养具有较高综合素质的汽车服务工程人才，科学规划和架构人才培养的综合素质体系，事关重大。这不仅是社会提出的要求，也是培养合格人才的最终目标。

基于上述考虑，汽车服务工程专业综合素质教学体系应围绕“三个课堂”展开，即以第一课堂（课堂教学）为主着力培养学生的专业素质，以第二课堂（有教师指导的各类课外活动）为主着力培养学生的能力素质，以第三课堂（有计划地走出学校开展各种社会实践活动）为主着力提高学生的创新素质。

三个课堂之间的关系为：第一课堂是针对第二课堂和第三课堂对知识储备的要求而设置的，第二、第三课堂的主要任务是通过开展各类课外活动来培养学生的能力素质和科学研究的创新素质，引导学生自主进行科研活动和积极参加教师的科研课题研究，最终形成系统和科学的人才培养综合素质体系。学生的思想素质、文化素质、身心素质的锻炼养成则贯穿于三个课堂教育中。大学生的综合素质教育按类别可分成讲座、活动、实践、创新等模块，汽车服务工程专业的综合素质教育教学体系如图 8-5 所示。

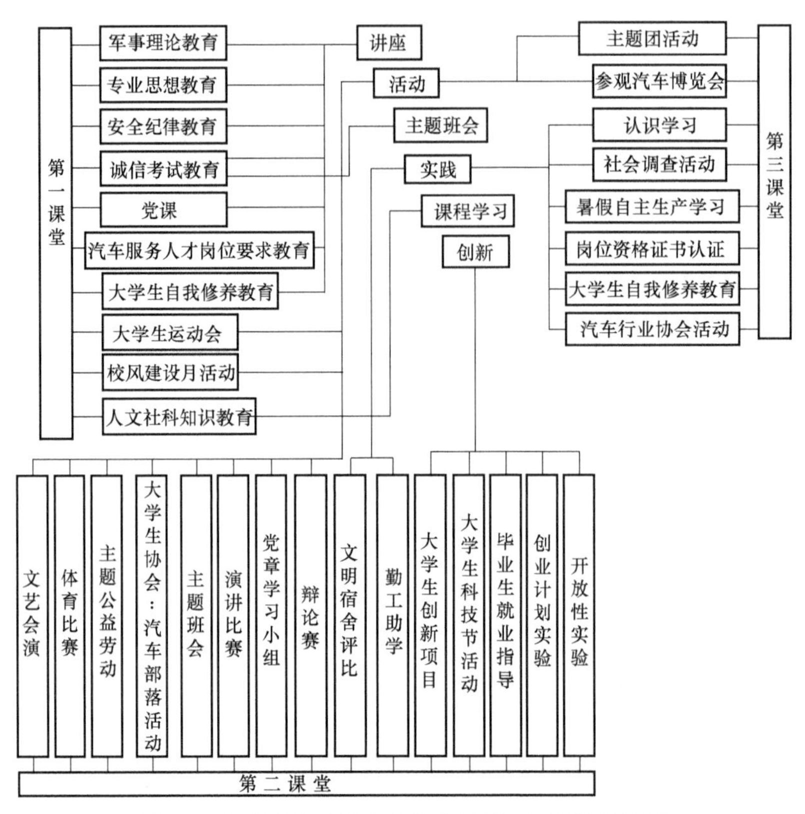

图 8-5　汽车服务工程专业的综合素质教育教学体系

第四节　汽车服务工程专业的就业与升学

在大学毕业之季，站在人生的又一个十字路口，是选择考研、留学，还是选择就业，是摆在每位大学生面前的难题，一直困扰着当代大学生。他们一方面想早一步进入社会，为家里分担解忧，离开象牙塔；另一方面又对招聘单位的高学历、高技能要求望而却步，不甘心目前的定位。为此，本节主要分析汽车服务工程专业的考研与就业情况。

一、汽车服务工程专业的就业

1. 汽车服务工程专业的人才需求

随着汽车行业的发展，我国汽车服务行业从传统的维修保养走向专业化、标准化、多元化，这就要求汽车服务专业人才更加多样化。

（1）汽车营销人才需求　一名优秀的汽车销售人员要具有高尚的品德素质，热情待客，仪表端正，更重要的是具有宽广的专业知识，掌握并向顾客介绍所售汽车的配置以及性能指标。

（2）汽车维修保养人才需求　优秀的维修保养人才既能掌握传统机械维修技术和现代电子维修技术，并且有很多的工作经验和掌握汽车保养的专业知识。

(3) 汽车物流人才需求 物流人才需要能够在整车及汽车零部件运输、存储、包装、装卸、配送、信息处理等过程中保证物流信息及时准确、汽车完好无损地到达目的地。

(4) 汽车美容装饰人才需求 我国汽车美容装饰改装人才紧缺，如汽车美容技师、贴膜技师、音响技师、汽车改装技师和钣金技师等。

(5) 二手车人才需求 在美国、法国、日本等发达国家，二手车交易量是新车的两倍多，但我国只有很少的人愿意买二手车，这和我国的二手车市场有一定关系，二手车评估、二手车检验等方面的人才相当紧缺。

(6) 汽车电商人才需求 电商已经颠覆了传统的营销模式，汽车行业也即将进入电商领域，汽车之家、爱卡汽车等汽车电商网站也促进了汽车电商的发展。

(7) 汽车金融保险人才需求 近年来，我国汽车金融保险服务也在服务领域、服务理念、经营方式等方面有了深刻的变革，随着服务范围的扩大，服务方式的改变，服务标准的提高，对汽车金融保险从业人员在专业知识的广度、深度提出了更高的要求，汽车金融保险方面的人才发展也迫在眉睫。

(8) 其他汽车服务专业人才需求 汽车置换、汽车租赁、汽车改装、汽车模特、汽车零配件、汽车回收、汽车博览会等方面的汽车服务专业人才也比较短缺。

2. 汽车服务专业人才需求特点

我国汽车服务专业的现状是市场混乱、人才短缺，汽车服务专业人才也越来越受到重视，高素质的专业人才，尤其是既懂专业知识又懂经济管理的复合型人才是最紧缺的。

(1) 岗位职责专业化 随着我国汽车保有量的爆发式增长，汽车行业的快速发展，对汽车服务专业人才越发需求。汽车服务专业人才的岗位职责也更加专业化，汽车专职人员更加受到重视。

(2) 岗位需求多元化 我国汽车行业的发展需要更加多元化，同时这方面的人才岗位需求也更加多元化。汽车经纪人、汽车俱乐部、汽车回收再生服务等方面的人才需求也更加多元化。

(3) 岗位人才复合化 我国汽车服务市场的从业人员中，技师和高级技师仅占总数的8%。从业人员总体素质较差，导致生产率低下，服务质量不到位，管理水平不高等问题。最近几年，高素质的专业人才，尤其是掌握多种专业知识和技能的复合型人才仍然非常短缺。

(4) 岗位需要应用化 汽车服务专业人才要求具有从事汽车技术服务及经营管理等工作的基本能力。在未来相当长的一段时期，汽车维修、汽车事故定损等技术服务，汽车贸易、汽车保险理赔等非技术服务的专门应用型人才岗位需求量将越来越多。

3. 汽车服务工程专业的就业率

2011—2019届汽车服务工程专业毕业半年后的就业率情况见表8-7。

表8-7 2011—2019届汽车服务工程专业毕业半年后的就业率情况

届数	汽车服务工程专业就业率(%)	专业就业率排名	全国本科平均就业率(%)
2011届	97.3	8	90.8
2012届	96.9	2	91.5

（续）

届数	汽车服务工程专业就业率(%)	专业就业率排名	全国本科平均就业率(%)
2013 届	93.6	32	91.8
2014 届	—	—	92.6
2015 届	94.0	18	92.2
2016 届	93.8	26	91.8
2017 届	93.7	28	91.9
2018 届	94.2	24	90.0
2019 届	93.8	35	91.1

从表 8-7 中可以看出，2012 届汽车服务工程专业的就业率很高，达 96.9%，在所有专业中排名第 2。2011—2019 届汽车服务工程专业毕业半年后的就业率均很高，这表明，汽车服务工程目前是热门专业，是急需人才的一个专业。

4. 汽车服务工程专业的就业方向

汽车服务工程专业的就业方向主要有：大中型汽车生产企业、汽车改装和专用汽车生产企业、汽车经销类企业、汽车检测与维修企业、交通类研究院所、政府机关和事业单位、汽车运输类企业、汽车服务类企业、汽车和交通相关的报纸杂志和出版社等。

（1）大中型汽车生产企业就业 完成汽车服务工程本科学业后，可以去整车公司，如上汽 SAIC（上海汽车集团股份有限公司）、东风汽车 DFM（东风汽车公司）、中国一汽（中国第一汽车集团有限公司）、长安汽车（中国长安汽车集团股份有限公司）、北汽 BAIC（北京汽车集团有限公司）、广汽 GAC（广州汽车集团股份有限公司）、长城汽车 GreatWall（长城汽车股份有限公司）、华晨汽车（华晨汽车集团控股有限公司）、吉利汽车 GEELY（浙江吉利控股集团有限公司）、江淮汽车 JAC（安徽江淮汽车集团股份有限公司）等整车公司，从事汽车后市场服务工作或在其生产车间和科室从事生产管理、质量管理、整车试验、汽车物流等工作，最后向工程师、高级工程师、车间主任、公司经理等方向发展；也可以从事汽车设计领域工作。

毕业生也可以去汽车零部件企业从事零部件设计工作。

（2）汽车维修企业就业 完成汽车服务工程本科学业后，如果选择在汽车维修业就业，可以到各地的一类汽车维修企业、二类汽车维修企业、三类汽车维修业户、专修店、连锁店等汽车维修企业从事汽车维修前台接待、服务顾问、机电维修、钣金、油漆、配件管理、汽车维修质量检验员、销售顾问、保险专员等岗位就业，最后向汽车维修技师、工程师、技术总监、4S 店经理等方向发展。

（3）汽车后市场相关行业就业 在汽车后市场相关行业就业主要有以下几个方面：

1）去保险公司从事保险车辆交通事故查勘定损、保险理赔等工作，保险公司主要有：中国人民财产保险股份有限公司、中国平安财产保险股份有限公司、中国太平洋财产保险股份有限公司、中国人寿财产保险股份有限公司、中华联合财产保险股份有限公司、中国大地财产保险股份有限公司、阳光财产保险股份有限公司、太平财产保险有限公司、中国出口信用保险公司、天安保险股份有限公司等。

2）去全国各地二手车评估鉴定机构、二手车交易市场、汽车置换公司等从事二手车评估鉴定、交易、销售等工作。

3）去全国各地的汽车性能检测站、汽车安全检测站等单位从事汽车检测工作。

4）去全国各地的汽车租赁公司从事汽车租赁汽车行业的业务员、租赁汽车车辆管理、租赁汽车安全管理员等工作。

5）去全国各地的汽车改装和专用汽车生产企业，从事汽车改装、专用车设计等工作。这些工作岗位对学生的专业知识和实践动手能力要求很高，工作比较辛苦，不过对毕业生的培养和成长很有好处。

（4）考取公务员 通过公务员考试：一是进入全国各地的交通运输管理部门从事汽车运营、汽车维修等技术管理工作；二是进入全国各地的公安交通管理部门从事车辆技术管理工作。当然也可考入其他部门就业。在机关事业单位工作，工作较轻松而有规律，且稳定，有一定发展潜力，但工作较单调、按部就班，没有刺激性，要有耐得住寂寞的思想准备。

（5）去学校从事教育工作 从事学校教育工作，必须要持有教师资格证，报考教师资格证其普通话应达到相应水平，所以在校时应通过普通话达标考试，并持证，以便在报考教师资格证时提供支撑材料。在学校工作，工作稳定而有规律，发展潜力大，但工作压力大，生活较清淡，要有打硬仗的思想准备。

1）在职业中学任教。完成学业后，可以在全国各地的职业中学任汽车构造、汽车维修、汽车营销、汽车车身钣金修复技术、汽车车身涂装技术等课程的教学工作。

2）在中等职业技术学校任教。在中等职业技术学校任教，可以讲授汽车构造、汽车维修技术、汽车车身修复技术、汽车车身涂装技术、汽车销售、汽车保险与理赔等汽车专业课程，同时还能胜任汽车专业各课程实践教学工作。

3）在高等职业技术院校任教。在高职院校任教，可以讲授汽车制造与装配技术、汽车检测与维修技术、汽车电子技术、汽车造型技术、汽车试验技术、汽车改装技术、新能源汽车技术、汽车运用与维修技术、汽车车身修复技术、汽车运用安全与管理、新能源汽车运用与维修、城市轨道交通车辆技术、城市轨道交通机电技术、汽车营销与服务等专业课程的理论课和实践课。

4）在其他行业从事相关工作。在其他行业从事自己喜好的、与自己兴趣爱好相投的相关工作，闯出另一番天地。

（6）去汽车和交通相关的报纸杂志和出版社工作 主要从事与本专业知识相关的编辑类工作。

汽车和交通相关的出版社主要有机械工业出版社、人民交通出版社、高等教育出版社、国防工业出版社、中国劳动社会保障出版社、科学出版社、清华大学出版社、北京大学出版社、各地方出版社等。

汽车和交通相关的报纸杂志主要有《中国汽车画报》《中国汽车报》《汽车》《汽车与配件》《汽车工业研究》《汽车维修》《汽车工程师》《时代汽车》《北京汽车》《汽车维修技师》《汽车博览》《大众汽车》《汽车与驾驶维修：汽车版》《汽车知识》《汽车工程》《汽车画刊》《汽车运用》《汽车维护与修理》《重型汽车》《汽车工艺与材料》《汽车导报》《汽车纵横》《汽车技术》《专用汽车》《汽车周刊》《客车技术与研究》《上海

汽车》《汽车电器》《汽车与你》《汽车科技》《汽车测试报告》《家用汽车》《汽车导购》《汽车工程学报》《汽车公社》《汽车与运动》《汽车与驾驶维修》《汽车与安全》《人民公交》《轻型汽车技术》《商用汽车》《汽车之友》《车主之友》等。

汽车服务工程专业就业方向分布见表 8-8。

表 8-8 汽车服务工程专业就业方向分布

排　名	就　业　方　向	占比(%)
1	汽车及零配件	35
2	机械/设备/重工	11
3	电子技术/半导体/集成电路	8
4	仪器仪表/工业自动化	7
5	计算机软件	7
6	新能源	7
7	互联网/电子商务	6
8	贸易/进出口	6
9	专业服务(咨询、人力资源、财会)	5
10	外包服务	3

二、汽车服务工程专业的升学

1. 汽车服务工程专业应届毕业生可申报的研究生类型

对于汽车服务工程专业的应届毕业生，可报考学术型硕士研究生、专业学位型硕士研究生、硕博连读生和直博生四种。报考学术型硕士研究生和专业学位型硕士研究生是主体。招收硕博连读生和直博生的学校很少，主要是少数双一流、985 学校、211 学校，其竞争非常激烈。

(1) 报考学术型硕士研究生　汽车服务工程专业本科生报考学术型硕士研究生的主要学科（专业）是机械工程和交通运输工程两个一级学科。对于不设置一级学科的招生单位，可以直接报考一级学科，即专业；对于设有二级学科的招生单位，可报考机械工程的四个二级学科，或交通运输工程的四个二级学科，具体见表 8-9。

表 8-9 汽车服务工程专业本科生的考研主要学科（专业）

<table>
<tr><th>硕士研究生类型</th><th>一级学科</th><th>二级学科(专业)</th><th>学科(专业)代码</th></tr>
<tr><td rowspan="8">学术型硕士研究生</td><td rowspan="4">机械工程</td><td>机械制造及其自动化</td><td>080201</td></tr>
<tr><td>机械电子工程</td><td>080202</td></tr>
<tr><td>机械设计及理论</td><td>080203</td></tr>
<tr><td>车辆工程</td><td>080204</td></tr>
<tr><td rowspan="4">交通运输工程</td><td>道路与铁道工程</td><td>082301</td></tr>
<tr><td>交通信息工程与控制</td><td>082302</td></tr>
<tr><td>交通运输规划与管理</td><td>082303</td></tr>
<tr><td>载运工具运用工程</td><td>082304</td></tr>
<tr><td rowspan="2">专业学位型硕士研究生</td><td colspan="2">机械</td><td>0855</td></tr>
<tr><td colspan="2">交通运输</td><td>0861</td></tr>
</table>

（2）报考专业学位型硕士研究生　汽车服务工程专业本科生报考专业学位型硕士研究生的主要学科（专业）是机械和交通运输两个学科（或专业）。

对于每个汽车服务工程专业的本科生，考研专业的选择，除了要考虑专业背景之外，还需要考虑兴趣理想、个人能力、职业规划、考研地域等因素（图 8-6）。

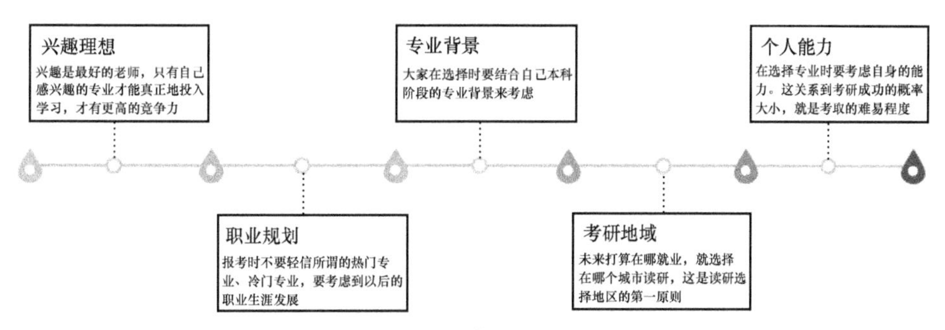

图 8-6　选择考研专业需考虑的因素

2. 报考的研究方向

研究方向是指从事的主要研究领域，由于汽车涉及的领域多，如设计、材料、工艺、节能和减排等多方面，所以，各招生单位根据自身优势和基础条件不同，设计了各自的研究方向。各单位的研究方向相差较大，但都是围绕汽车这个大平台。

机械工程学科主要包括四个二级学科方向（或专业）：机械设计及理论、机械制造及其自动化、机械电子工程、车辆工程。其中，车辆工程方向（或专业）是一门研究汽车、拖拉机、机车车辆、军用车辆及工程车辆等陆上移动机械的理论、技术和设计等问题的工程技术领域，涉及力学、机械设计、材料、流体力学、化工、机械电子工程、计算机、电子技术、测试计量技术、控制技术等。汽车工程方向（或专业）是车辆工程的研究领域之一，汽车服务工程专业的知识基础可以满足车辆工程学科相关研究方向的需要。

汽车工程方向（或专业）主要是围绕汽车产品开发设计、测试试验、生产制造等相关的科学问题、关键技术开展基础性、创新性和应用性研究，并随着汽车产品的电动化、智能化、网联化和共享化的发展不断拓展研究领域。其主要研究方向及内容包括：

1）汽车动力学及振动与噪声。主要研究汽车系统动力学理论与控制方法、汽车系统动力匹配及优化、汽车底盘集成化协调控制，汽车振动与噪声的产生机理、对人体的影响、振动噪声分析测试、噪声源识别方法以及主动及半主动控制方法等。

2）汽车节能与排放控制技术。主要研究内燃机高效燃烧系统及排放控制方法。

3）汽车碰撞安全及乘员保护。主要是采用先进的设计方法和实验技术进行车辆整车结构设计与零部件开发，包括汽车安全结构设计优化、乘员约束系统构型设计优化、车身材料与结构力学表征、人体碰撞损伤评估与行人防护以及事故重建与分析等。

4）汽车空气动力学与造型设计。主要包括汽车空气动力学实验、汽车空气动力学计算、整车性能计算及仿真分析，汽车造型形态与特征、汽车造型设计理论等。

5）汽车先进制造技术及新材料。主要进行汽车轻量化、可靠性及关键零部件设计、试验，新材料开发与应用，整车及零部件智能制造等研究。

6）新能源汽车技术。主要研究新能源汽车混合动力系统构型、混合动力系统动态控制、分布式电驱动系统、能量管理系统、电动汽车测试技术以及整车测试评价等。

7）智能车辆及网联技术。主要研究车辆复杂运行环境感知与多源信息融合、信息安全机理与防护、高精度地图定位与局部场景构建、车辆轨迹规划与自主决策、车辆全状态参数辨识与纵/横向运动控制、群体学习与智能决策、行驶安全风险评估、人车交互与人机共驾、无人驾驶汽车测评、多车队列自组织与协同控制、数据高效存储与深度挖掘等。

3. 初试科目

初试科目一般为思想政治理论、外国语、数学（一）和专业基础课，共4门。各科的考试时间均为3小时，思想政治理论、外国语满分各为100分，数学（一）和专业基础课满分各为150分，总分为500分。

思想政治理论、英语、数学（一）均为全国统考科目，由教育部考试中心统一命题，考试大纲由教育部制定，具体考试范围参考国家统一制定的考试大纲。

专业基础课由各招生单位自行命题。各招生单位对专业基础课要求不一，对于工学，一般为机械、电子、控制为基础的课程，主要有理论力学、材料力学、机械原理、机械设计、工程热力学、电子技术、电工技术、自动控制原理、汽车理论等课程中的1~2门课程的组合。

对机械工程、车辆工程等专业硕士研究生入学考试的专业基础课详见各招生单位的研究生招生简章。

4. 复试科目

各招生单位根据国家录取政策、招生规模以及考生初试成绩、学习经历、身体状况等进行综合分析后确定参加复试名单。一般实行差额复试方式。

复试科目主要是专业课或专业基础课，各招生单位规定的均不相同。一般复试中的专业课是汽车构造、汽车理论、汽车设计、专业综合等课程，详见各招生单位的研究生招生简章。

5. 录取分数线

教育部根据研究生初试成绩，每年确定了参加统一入学考试考生进入复试的初试成绩基本要求（简称国家复试分数线），原则上，达到国家复试分数线的考生有资格参加复试。国家复试分数线每年均有少量变化，通常在265分以上。

6. 复试中的专业课

复试科目主要是专业课或专业基础课，各招生单位规定的均不相同。一般复试中的专业课是汽车构造、汽车理论、汽车设计、专业综合等课程。

思考题

1. 广义的汽车服务工程涉及的服务内容有哪些？狭义的汽车服务工程涉及的服务内容有哪些？
2. 汽车服务工程有何特点？
3. 汽车服务工程有哪些分类方式？
4. 简述汽车服务工程专业的发展历程。
5. 为何设置汽车服务工程专业的学校越来越多？
6. 简述国内汽车服务业的形成过程。

7. 简述我国汽车服务业的发展趋势。

8. “互联网+汽车服务”有哪些主要模式？各有何特点？

9. 何谓大数据？在汽车上有哪些应用？

10. 上网检索几所学校的汽车服务工程专业的培养方案，并与你所在的学校汽车服务工程专业培养方案的培养目标、毕业要求进行对比，分析异同点。

11. 上网检索几所学校的汽车服务工程专业的教学计划，并与你所在的学校汽车服务工程专业教学计划的专业基础课、专业必修课、实践环节、学分要求进行对比，分析异同点。

12. 为什么汽车服务工程专业人才培养以应用型为主？你所在的专业的培养类型是什么？是如何定位的？

13. 分析汽车服务工程专业的人才需求情况。

14. 汽车服务专业人才需求有哪些特点？

15. 为何汽车服务工程专业的就业率比较高？

16. 你对汽车服务行业的哪些工作岗位感兴趣？

17. 汽车服务工程专业的主要就业方向有哪些？你对未来职业生涯有何规划？

18. 汽车服务工程专业应届毕业生可报考硕士研究生的主要学科有哪些？

19. 你对学术型与专业学位型研究生的差别有何认识？

参考文献

[1] 宾鸿赞. 机械工程学科导论 [M]. 武汉：华中科技大学出版社，2011.

[2] 程治方. “十五”期间化工装备制造业发展概况及提高产业核心竞争力的相关对策 [J]. 石油和化工设备，2003（6）：5-11.

[3] 储江伟，李世武. 汽车服务工程专业导论 [M]. 北京：机械工业出版社，2020.

[4] 来诚锋，段滋华. 过程装备技术进展 [J]. 化工装备技术，2008，29（3）：65-67.

[5] 李庆领，陈建国，周艳. “过程装备与控制工程”专业内涵探析 [J]. 青岛科技大学学报（社会科学版），2009，25（2）：105-107.

[6] 李志义，刘志军. 对过程装备与控制工程专业背景的认识 [J]. 化工高等教育，2003（1）：11-14.

[7] 鲁植雄. 车辆工程专业导论 [M]. 2 版. 北京：机械工业出版社，2017.

[8] 鲁植雄. 汽车服务工程 [M]. 3 版. 北京：北京大学出版社，2017.

[9] 鲁植雄. 汽车服务工程专业导论 [M]. 北京：机械工业出版社，2018.

[10] 钱伯章. 我国立足自主的石化国产化设备取得显著进展：上 [J]. 化工装备技术，2011，32（1）：45-53.

[11] 钱伯章. 我国立足自主的石化国产化设备取得显著进展：下 [J]. 化工装备技术，2011，32（2）：46-55.

[12] 时铭显. 我国化工过程装备技术的发展与展望 [J]. 当代石油石化，2005，13（12）：3-6.

[13] 宋鹏云，胡明辅，姚建国. 过程装备与控制工程和过程工程 [J]. 化工高等教育，2004（2）：79-82.

[14] 涂善东. 过程装备与控制工程概论 [M]. 北京：化学工业出版社，2009.

[15] 王晓军. 机械工程专业概论 [M]. 北京：国防工业出版社，2011.

[16] 王妍玮，于惠力. 机械工程专业导论 [M]. 哈尔滨：哈尔滨工业大学出版社，2018.

[17] 许崇海. 机械工程学科专业概论 [M]. 北京：电子工业出版社，2015.

[18] 姚层林. 汽车服务工程专业导论 [M]. 武汉：华中科技大学出版社，2018.

[19] 余世浩，杨梅. 材料成型概论 [M]. 北京：清华大学出版社，2012.

[20] 袁军堂. 机械工程导论 [M]. 北京：清华大学出版社，2020.

[21] 张文洁，于晓光，王更柱. 机械电子工程导论 [M]. 北京：北京理工大学出版社有限责任公司，2016.

[22] 张宪民，陈忠. 机械工程概论 [M]. 3 版. 武汉：华中科技大学出版社，2018.